电解法生产铝合金

杨 昇 杨冠群 编著

北 京

冶金工业出版社

2010

内 容 提 要

本书较全面地介绍了电解法生产铝合金的研究开发进程及最新成果。主要内容有：铝及铝合金简介及其生产工艺的比较，我国铝资源概况及特征，硅钛氧化铝生产工艺，硅钛氧化铝的物理化学性质，电解法生产铝硅钛合金，电解法生产铝钪合金实验研究，电解法生产铝硅、铝钛、铝-稀土、铝锰、铝锆、铝硼、Al-Ti-B、铝锶等合金简介，电解铝合金的微观结构和性能以及电解铝合金的应用实例。

本书内容涉及铝土矿地质、矿物学、选矿、湿法冶金、熔盐电解、合金材料及其加工应用，可供大专院校相关专业本科生、研究生及从事相关领域技术工作的人员参考。

图书在版编目(CIP)数据

电解法生产铝合金/杨昇,杨冠群编著.—北京：冶金工业出版社,2010.6

ISBN 978-7-5024-5273-5

Ⅰ.①电… Ⅱ.①杨… ②杨 Ⅲ.①铝合金—电解冶金 Ⅳ.①TF821

中国版本图书馆 CIP 数据核字(2010)第 085052 号

出 版 人 曹胜利
地　　址 北京北河沿大街嵩祝院北巷 39 号，邮编 100009
电　　话 (010)64027926 电子信箱 postmaster@ cnmip. com. cn
责任编辑 张熙莹 美术编辑 张媛媛 版式设计 葛新霞
责任校对 王贺兰 责任印制 牛晓波
ISBN 978-7-5024-5273-5
北京百善印刷厂印刷；冶金工业出版社发行；各地新华书店经销
2010 年 6 月第 1 版，2010 年 6 月第 1 次印刷
148mm×210mm；8 印张；235 千字；244 页
26.00 元
冶金工业出版社发行部　电话：(010)64044283　传真：(010)64027893
冶金书店　地址：北京东四西大街 46 号(100711)　电话：(010)65289081
(本书如有印装质量问题，本社发行部负责退换)

前　言

　　铝是一种非常重要的金属材料，无论从产量、消费量或是应用范围来说，铝都仅次于钢铁而远居各有色金属之首。2008 年世界原铝产量达到 38831kt，我国近 13177kt。但是纯铝的应用并不太多，不到铝消费总量的 1/4。绝大多数的铝是以合金形态进入应用领域，广泛用于航天、航空、汽车、电力、建筑、食品包装等许多行业。

　　铝合金的传统生产方法是用熔配（对掺）法，合金化过程是用纯金属通过熔融配制。往往在生产纯金属时千方百计除去的杂质，正是熔配合金时所需要的合金元素。有些合金元素的密度或熔点与铝有较大差别，熔配过程容易产生成分偏析；有些合金元素在熔配过程中容易被氧化烧损。为了获得组成稳定、准确而分布均匀的工作合金，对这些元素必须事先熔配成铝的中间合金，然后再熔配成工作合金。将纯金属在大气环境下经过多次重熔，不仅造成合金元素的烧损，而且增加合金液吸气和氧化夹杂的可能性，从而降低合金品质。因此，熔配法大都流程长、工艺复杂、能耗高、成本贵、产品质量受到影响。

　　本书介绍的电解法生产铝合金，是将还原电位比铝正或与铝接近的合金元素的化合物加入普通铝电解槽，使这些元素与铝在阴极共同析出而完成合金化过程。这种方法缩短了合金生产流程，某些情况下还可实现矿物资源综合利用，减少工业废渣。特别是由于合金化过程的电解共析特征，使其合金元素分布之均匀，微观组织结构之细密，都是熔配法所不可比拟的。而且电解共析合金化过程是在电解质保护与空气隔绝的情况下完成的，避免了吸气和氧化夹杂的可能，为提高合金品质提供了条件。

本书重点介绍了作者在主持或承担的电解法生产铝合金实验研究中取得的经验和教训，也介绍了国内外学者在这方面取得的成果。主要包括以下内容：我国铝矿资源概况及特征，硅钛氧化铝的生产及其物理化学性质，电解法生产铝硅钛合金，电解法生产铝钪合金，电解法生产铝硅、铝钛、铝-稀土、铝锰、铝锆、铝硼、Al-Ti-B、铝锶等合金的简介，电解铝合金的微观结构和性能及电解铝合金的应用实例。

本书可作为大专院校相关专业的本科生、研究生的学习参考资料，也可供从事冶金和金属材料等研究的专业技术人员参考。

谨以此书献给邱竹贤、刘英、田庚有等老一辈科技工作者，并衷心感谢支持或参与电解法生产铝合金实验研究及开发的每位领导和同仁。

本书涉及铝土矿地质、矿物学、铝土矿选矿、湿法冶金、熔盐电解、金属材料及其应用，专业跨度较大。因作者水平所限，书中不足之处，敬请读者指正。

作　者

2009 年 10 月于郑州

目　　录

1 绪 论

本书中电解法生产铝合金指的是在普通铝电解槽中，经高温电解直接制取以铝为基的合金。主要介绍 Al-Si-Ti、Al-Sc、Al-Si、Al-Ti、Al-Mn、Al-Sr 以及铝-稀土合金的电解法生产和它们的试验研究。

1.1 铝及铝合金概述

1.1.1 金属铝简介

金属可以按其密度分类，密度大于 $5.0g/cm^3$ 的称为重金属，密度小于 $5.0g/cm^3$ 的称为轻金属。铝在 20℃ 时的密度为 $2.69g/cm^3$，属于轻金属。除铝（Al）以外，还有锂（Li）、钠（Na）、钾（K）、铷（Rb）、铯（Cs）、铍（Be）、镁（Mg）、钙（Ca）、锶（Sr）、钡（Ba）、钛（Ti）等十几种金属属于轻金属。硅（Si）是一种半导体，或称半金属，就其密度而言（室温下为 $2.34g/cm^3$），也属于轻金属的范畴。

从产量、消费量或是应用范围来说，铝都仅次于钢铁而居各有色金属之首。2005 年世界原铝产量为 31895kt，2006 年为 33219kt，增长 4.16%；2007 年为 38151kt，递增 14.85%；2008 年达到 38831kt。2009 年因受金融风暴的影响，产量略有下降，为 37910kt[1~3]。

近几年来，我国铝生产能力以及产量大幅度增加，2001～2009 年电解铝产量和产能见表 1-1。2001 年以来，铝的进口和出口相抵略有净出口。

表 1-1 我国 2001～2009 年的电解铝产量[4,5]　　（kt/a）

年份	2001	2002	2003	2004	2005	2006	2007	2008	2009
产量	3575.8	4511.1	5563.0	6671.0	7806.0	9358.4	12558.6	13176.6	12846
产能			8338.2	9000	10200	12000	15200	16110	18360

我国铝的消费量随产量同步增长，1990 年为 860kt，2003 年增至 5039kt，2004 年为 6195kt，14 年增长了 6 倍多。2005 年和 2006 年的铝消费量分别为 7122kt 和 8670kt，增长率仍分别高达 15% 和 21.7%。而全世界（未计入中国消费量）的平均增长率为 4.8%。我国铝消费增长量约占世界的 1/2。目前，我国铝消费总量居世界第二位，占全世界的五分之一，仅次于美国；但人均消费量仅为 6.7kg，稍高于世界人均水平，约为发达国家平均消费量的 1/3[6]。

铝以单一元素的金属材料应用并不太多，主要用于电缆、电线、铝箔等行业，不到铝消费总量的 1/4。绝大多数的铝，以合金形态进入应用领域，广泛应用于航天、航空、汽车、电力、建筑、食品包装等许多行业。表 1-2 列举了我国、日本以及美国铝产品消费分配百分比[7~9]。

表 1-2 铝产品消费分配举例

国家	铝产品消费分配比例/%								
	交通	建筑	耐用品	包装	通信	机器设备	电气	出口	其他
中国	24	33	5	8		10	15		5
日本	35	18	12	11		3	1	7	9
美国	31.8	14.6	6.7	21.1		5.8	6.3	10	3.7

交通、建筑和包装是三大用铝领域，占铝制品总量的 60% ~ 70%，其中汽车又占第一位，达到总量的 1/3。汽车工业的发展起到了带动铝工业发展的作用。

1.1.2 铝合金简介

铝合金材料分为变形铝合金和铸造铝合金。变形铝合金包括棒材、板材、箔、管材、线材以及各式型材等，占铝消费总量的 50% 左右；铸造铝合金仅占 1/3 左右，而我国不足 20%。铝硅系合金大约占了铸造铝合金中的 80%，占铝消费总量的 20% ~ 30%，广泛用于汽车制造、矿山机械、农用机械和轻化工业等领域[10,11]。

汽车用铝总量的 80% 为铸造铝合金，其中铝硅系合金大约占 80%，用于生产发动机零件、车轮及传动系统等（见表 1-3）[12,13]。

有些零件采用 Al-Mg 合金。车架、底盘以及部分车轮等零部件采用 5000 或 6000 系列变形铝合金[14]。

表 1-3　德国汽车铝质零件所用合金牌号

零件名称	合金（德国）牌号	中国牌号
缸　体	$AlSi_{(6\sim17)}Cu_{(3\sim4)}$	ZL107
缸　盖	$AlSi_9Cu_3$	ZL107
曲轴箱	$AlSi_9Cu_3$	ZL107
活　塞	$AlSi_{12}CuMgNi$	ZL109
发动机其他零件	$AlSi_9Cu_3$	ZL107
万向节	$AlMgSi/AlMgMn$	ZL302
齿轮箱	$AlSi_8Cu_3$	ZL107
差动齿轮箱	$AlSi_{12}$（Cu）	ZL108
铸造车轮	$AlSi_7Mg$	ZL101
锻造车轮	$AlMgSi_1$	6063
组合式车轮	$AlMg_{2.7}Mn$	5A02
刹车盘	$AlSi_7Mg$	ZL101
挡泥板	$AlSiMg$（6000）	6063
车　门	$AlSiMg$（6000）	6063
车身结构件	$AlMg$（5000）	5056

　　20 世纪 70 年代的石油危机结束了廉价石油时代，节油成了汽车行业瞩目的焦点。日益恶化的生态环境唤醒世人认真思考大气污染以及汽车尾气对人类健康的危害。目前，全世界汽车污染物排放量几乎占各行各业全部排放量的 21.6%，是名符其实的重大污染源头[15]。我国汽车尾气污染尤为严重。据我国环保中心预测，若不采取有力措施，2010 年我国汽车排放量将占空气总污染量的 64%。因此，20 世纪 70 年代以来，发达国家先后出台了一系列法规，限制车辆燃油消费量及尾气排放量。这里，汽车轻量化起着重要的作用。据报道，汽车质量每减少 10%，油耗节省 6%~8%[16]。每应用 1kg 铝材，在车辆使用年限内，用油量节省约 8.5L，CO_2 排放量减少约 20kg，相当于 10m³（标态）。采用铝合金，节能和降低排放量的效果显著。这就

促使汽车行业大量采用铝合金，加速了汽车轻量化的进程。近年来，铝合金在汽车中的使用量已超过铸铁，仅次于钢材。欧洲每辆新车上的平均用铝量，从 1990 年的 50kg 增加到 2005 年的 132kg，提高了 164%。预计 2010 年可达 158kg 左右[17]。北美和日本的汽车用铝量也大幅增长。图 1-1 所示为 1973～2003 年美国和日本（欧洲和日本的增长趋势基本一致）每辆汽车用铝量的增长情况[18]。

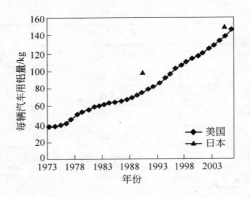

图 1-1 1973～2003 年美国和日本每辆汽车用铝量增长情况

20 世纪 60～70 年代美国每辆汽车用铝量仅为 30～45kg，占车重的 2% 左右。70 年代石油危机后，开始大量采用铝合金代替黑色金属。80 年代美国每辆汽车用铝量增至 60～70kg，占车重的 5% 左右，2003 年达到 8%，轿车用铝量平均为 114kg，其中铝铸件为 90kg，其他为冲压件或锻件。近几年来，美国车辆用铝量迅速增长，单辆车达到 143kg，占车重的 12% 左右，一些豪华轿车和跑车用铝量甚至达到 225kg，成为世界上最大的汽车用铝户[19]。福特公司于 2000 年推出的高铝密集型汽车 P2000，用铝量超过车总重的 37%。长期以来，欧洲和日本每辆车用铝量比例远远超过美国。90 年代，日本已达到 6%～9%。日本、法国、德国汽车铝铸件分别占铸件总量的 75%、75% 和 67%，1990 年每辆汽车用铝量为 100kg，2005 年达到 150kg 左右[20]。铝质材料的应用范围已从发动机、传动系统、悬挂系统的铸件扩展到车架、保险杠等压延件，大幅度减轻了车重。

我国汽车轻量化过程远远落后于发达国家。据报道,90年代,我国每辆轿车用铝量为60~80kg,而载重卡车仅为40kg,相当于车重的1%[21]。近年来,我国推出的新款轿车或货车,用铝量已达到80kg甚至在100kg以上,但主要用于发动机系统及车轮的铝硅合金铸件,例如,缸体、缸盖、进气歧管、齿轮室罩、水泵壳以及散热器等。至于采用压延铝合金生产要求性能很高的车架、保险杠等有待继续开发研制。

汽车轻量化面临车辆安全性下降和成本增加等问题,尽管铝合金冲击能量吸收率比钢约大一倍[22],但据统计,撞车时汽车质量小于对方10%或20%的一方,乘员死亡人数将分别高于对方45.8%及112%。所以,开发冲击能量吸收率高的轻质新材料以及设计高抗冲击汽车是解决汽车轻量化和车辆安全性相互矛盾的有效途径。

同样,为了节能减排的目的,铝合金在轨道车上的应用也在飞速增长。

我国1995年修订的国家标准GB/T 1173—1995,根据质量分数最大的合金元素把铸造铝合金分为4大类,共26种牌号。硅作为主要合金元素的牌号占了15个。其中的ZL101、ZL101A、ZL104、ZL107、ZL108和ZL109等,都是汽车制造业中常用的铝合金。

硅在变形铝合金中也具有重要的作用,变形铝合金中Al-Si合金占有一定的比例。我国2008年修订的《变形铝及铝合金化学成分》(GB/T 3190—2008)分为8个系列,共273个牌号。其中1×××系列的49个牌号属于纯铝,含铝量不小于99.0%。其他7个系列224个牌号均为铝合金,根据主合金元素的不同,又可分为Al-Cu系、Al-Mn系、Al-Si系、Al-Mg系、Al-Mg-Si系、Al-Zn系等。其中有68个牌号规定Si为合金元素之一。这里,硅起到改善合金铸造性能以及提高合金强度的作用。

在各国铝合金牌号中钛含量变化最大。钛在纯铝及铝合金中具有重要的作用。一是降低纯铝导电性,因此,严格限制纯铝钛含量。二是细化铝及铝合金α铝相晶粒,通常钛作为晶粒细化剂广泛用于工业纯铝、单相铝合金以及亚共晶Al-Si合金。三是提高合金高温强度及耐磨性[23]。生产上,钛作为热强元素用于共晶Al-Si合金。发达国家铸造铝合金中几乎全部加钛（见表 1-4），许多变形铝合金也规定加钛。我国 1974 年公布的《铸造铝合金》（GB 1173—1974）中共有18 个合金牌号，由于钛价格昂贵，其中只有 3 个牌号规定加钛；11个铝硅合金牌号中，规定加钛的只有一个牌号。1986 年修订的铸造铝合金标准，合金牌号数增加到 26 个，随着对钛改善合金性能的进一步认识，以及钛供应状态的改善，规定加钛的牌号增加到 11 个，占 42%；另外，还有 9 个牌号对钛含量的限制为不超过 0.15% 或0.20%。在合金生产过程中，如果不是有意加入钛，是不可能达到这么高含量的，而作为合金中的晶粒细化剂或热强元素，一般 0.15% ~0.2% 的量也就足够了，因此，意味着这 9 个牌号有条件可以加钛，没有条件可以不加钛，不做硬性规定。这样，含钛合金牌号实际占到77%。1995 年修订的国家标准 GB/T 1173—1995 仍保持了推广应用含钛合金的趋势。

表 1-4 发达国家铸造铝合金加钛情况

国　家	标　准	合金牌号数	加钛牌号数	所占份额/%
美　国	AA 铝业协会	45	36	80
日　本	JISH 5202—1990	18	18	100
英　国	BS 1490—1988	20	20	100
法　国	NFA 57-702—1981	26	26	100

钛在变形铝合金中的应用与铸造铝合金有着相似的发展趋势。国家标准 GB/T 3190—2008 中，有 47 个牌号规定加入合金元素钛，另有 83 个牌号允许含钛量达到 0.10% ~ 0.20%。由此可见，在我国，随着钛资源开发的进步，钛在铝合金中的应用正不断得以推广。

我国铝矿资源的化学组成和矿物结构都不利于生产冶金级氧化铝，电供应不足、电价高、成本高，这些因素制约了铝工业的发展。铸造铝合金成分不稳定，杂质多；熔体去气效果差，纯净度不高；合金金相组织波动大，塑性及韧性低，降低了铸件品质。变形铝合金成形性差，表面质量低，影响了高端产品的开发。例如，我国尚不能生产供易拉罐用的高性能细晶粒铝材，仅从 1994 ~ 2001 年 7 年间就进口这类冲压铝合金高达 1900kt，价值 30 亿美元，占国内市场 95%。

用于航空器壁板、高速列车车体、地铁及磁悬浮列车车体、集装箱、船用壁板等大型薄壁、宽幅、高精度和复杂断面的铝合金型材也基本依靠进口。因此，立足于国内资源，开发低成本、细晶粒纯铝以及高强度、高韧性铝合金就成为了铝冶金工作者面临的一项具有开创性的任务。

1.2 几种生产铝合金工艺的比较

1.2.1 熔配法

合金化过程是用纯金属通过熔融配制，这种获得合金的方法通常称做熔配法[24]。一般来说，熔配法的合金元素分三种方式加入：

（1）对于熔点较铝低的合金元素，如镁，可直接投入铝熔体中。但镁在熔配过程中烧损较为严重，一般达 4% ~ 8%，有时甚至更高。因此在熔配镁时，一方面要考虑镁的实收率，另一方面要精心操作，严格监测，尽量减少镁的烧损和保证合金含镁量精确。

（2）对于熔点较高或较难熔的金属，如锰、铜、钛、镍等合金元素，以铝基中间合金形式加入。

（3）采用高纯合金元素粉末与助熔剂混合压制成形后，加入铝熔体中。

无论采用何种加入方式，都必须保证合金元素在熔体中弥散且均匀分布。

以铝硅钛合金为例（这里我们把硅和钛作为合金元素之一的铝合金，包括工作合金和中间合金，通称为铝硅钛合金），其传统生产方法是用纯金属熔配。用纯铝和纯硅配制成铝硅中间合金，用纯铝和纯钛配制成铝钛中间合金，然后将中间合金配制成所需牌号的铝硅钛合金。

熔配法生产铝硅钛合金的工艺流程简图如图 1-2 所示。

为了获得纯铝、纯硅和纯钛，生产过程都很复杂。

纯硅的生产多用电热还原法。要挑选很纯的硅矿物和高质量的碳质还原剂，消耗大量电能在电热炉中高温还原制取。硅生产过程的原料选择和产品质量评估，都把铝作为重要杂质考虑，千方百计除去

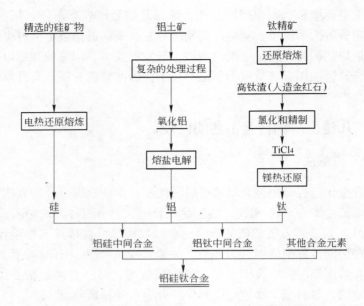

图 1-2 熔配法生产铝硅钛合金工艺流程简图

铝。生产铝时，硅和钛则是最有害的杂质。而在熔配铝硅和铝钛中间合金时，又将二者熔配在一起。这种不合理现象在熔配法中频频出现。

我国钛的生产主要采用镁热还原法。即将含钛矿物（如钛铁矿），首先熔炼成高钛渣，经氯化制取四氯化钛，再经精制，然后用镁还原精制四氯化钛获得海绵钛。镁本身是一种贵重的有色金属，在这里却作为还原剂被消耗掉。因此，钛的冶炼成本昂贵，而且工艺复杂、能耗高、环境治理困难。根据我国 20 世纪末的生产技术指标，平均每吨钛的综合电耗为 47000kW·h 左右，还约需 2.5t 高钛渣、1.6t 石油焦、6.2t 氯气和 1.2t 镁（部分氯气和镁可以再生）。

我国是钛资源大国，但冶炼开发较为落后，生产能力只占世界生产能力的 3%，是世界人均水平的 1/7，与发达国家相比，差距更大一些。目前，国内的钛产量只能满足低水平需求的 50%，其余依靠进口。即使这样，主要也只能满足钛材与钢铁行业的需要，用在铝合金行业的比例很少。原因还是因为钛的供不应求和价格昂贵，含钛铝合金的推广应用受到限制。

铝的生产则更为复杂。首先必须从铝土矿提取氧化铝，然后熔盐电解获得铝。我国铝土矿资源的化学组成具有高硅、高钛的特点。硅和钛是氧化铝生产过程中最有害的杂质，为了除硅、除钛，使生产设备和流程十分复杂化，原材料消耗增加，能耗和成本提高。

我国90%以上铝土矿床的矿物结构属一水硬铝石型，化学活性低，氧化铝提取过程需要高温高压，工艺条件十分苛刻。技术上的难度不仅增加产品的能耗和成本，而且直接阻碍氧化铝产业的发展，使得国内氧化铝一直处于供不应求的局面，每年约40%~50%的需求量依靠进口。近年来局面得以扭转，但也花费了高昂的代价。

综上所述，我国钛供不应求，且氧化铝生产受矿物资源特征的限制，因此熔配法生产铝硅钛合金流程长、能耗高、成本贵，显得不太适合我国国情。

1.2.2 电热还原法

电热还原法生产铝硅合金，是选用合适的含铝和硅的矿物原料，加碳质还原剂，经配料、造球、干馏，然后在电热炉中加热，在2400~2500K高温下还原获得粗铝硅合金，然后经精炼和成分调配，得到所需牌号的铝硅合金。

乌克兰在该领域一直处于领先地位。早在20世纪70年代已有22500kV·A的三相矿热炉投入生产。

电热还原法的优点是流程较短，单台设备生产能力大，启动和停产较为灵便，可以利用如水力发电之类的季节性电源，对原料的要求也相对较为宽松。但该法的缺点也较明显，主要有：

（1）目前该法的最先进生产技术水平也只能获得含铝65%左右的粗合金，必须经精炼和调配才能获得工作合金。已被采用的精炼方法有离心法、过滤法、选择溶解法和稀释法等。前三者设备复杂，技术条件苛刻；后者则需消耗大量纯铝。

（2）该法生产的粗合金含钛量很低，达不到铝硅钛合金对含钛量的要求，要获得含钛合金，仍需用纯铝和纯钛熔配铝钛中间合金，然后配制工作合金。

（3）高温还原过程不易控制，金属挥发损失严重，技术难度较大。我国从 20 世纪 60 年代开始对该工艺进行实验研究，断断续续，到目前仍未完全过关，只能稳定生产含铝 40% ~ 45% 的粗合金，这种粗合金可用作炼钢脱氧剂或金属热还原法炼镁的还原剂。要精制铸造铝合金则因提取率太低而很不经济。

1.2.3　电解法

我国绝大部分铝土矿中各金属元素含量按以下顺序递减：铝、硅、钛、铁（或铁稍高于钛）、钙、镁、钾、钠以及其他稀有元素。电解法生产铝硅钛合金[25~27]是充分利用铝土矿（或其他含铝矿物资源）中所含的铝、硅、钛及其他有用元素如稀土等，只除去铁等有害杂质，经煅烧和成分调配，制得物理化学性能符合电解要求的一种原料，称为硅钛氧化铝（即含硅和钛的氧化铝），然后熔盐电解，获得铝硅钛合金。

电解法生产铝硅钛合金的工艺流程简图如图 1-3 所示。

电解法与熔配法相比，流程较为简短，且适合我国铝土矿资源高硅、高钛、低铁以及一水硬铝石型矿物结构的特点。

我国铝土矿一般含 2% ~ 4% 的 TiO_2，个别达 5% 左右。每年有 100 多万吨氧化

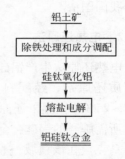

铝土矿

除铁处理和成分调配

硅钛氧化铝

熔盐电解

铝硅钛合金

图 1-3　电解法生产铝硅钛合金工艺流程简图

钛进入氧化铝生产的工业废渣（赤泥）之中。如果全面推广电解法生产铝硅钛合金，则合金中的全部钛和大部分硅直接来自铝土矿（硅钛氧化铝）。我国铝硅钛合金按年用量 1500kt 和平均含钛量 0.2% 计，则电解法每年从铝土矿中以较低的成本获得 3000t 钛，还有相当数量的硅和稀土元素等，在一定程度上实现了铝矿资源的综合利用，也减少了工业废渣对环境的污染。如果用熔配法生产这些合金，加上熔配过程的烧损，则需消耗目前全国钛产量的 20% 左右。

电解法生产的合金具有比熔配法合金优越得多的力学性能[28]（详见第 6 和第 7 章）。究其原因，尚有待进一步探索研究。目前基

本有以下两种解释：

（1）因各合金元素熔点和密度的很大差异，熔配法为了使合金元素混合均匀，需延长熔配时间或强烈搅拌，从而大大增加了合金元素烧损、吸氢和氧化夹渣等有害因素。而电解法中，各合金元素以原子形态共同沉析出来，其元素分布及微观组构的均匀性是熔配法所不可比拟的。而且合金化过程是在电解质保护，并与空气隔绝的情况下进行的，避免了吸气和氧化夹杂等有害因素。

（2）就合金元素的强化作用而言，除钛的主要作用之外，还可能因为除铁矿粉中所含的稀土、锆、钒等稀有元素进入合金而起到了改善合金性能的作用。

因此，无论从适合我国资源特征、缩短工艺流程、降低能耗和成本以及改善合金性能等各个方面，电解法都有一定优势。

1.3 电解法生产铝合金简史和现状

电解法生产铝合金的发展与铝冶炼的历史是分不开的。

人类炼铝事业的发展可以分为几个阶段[29]。从 1825 年丹麦人奥斯特（H. C. Oersted）用钾汞还原无水氯化铝得到铝的金属粉末开始，到 1886 年美国的霍尔和法国的埃鲁发明熔盐电解法炼铝之前，是化学还原法炼铝阶段，在这 60 年里，全世界共制得了约 200t 铝。

由于铝的化学性质很活泼，极易被氧化，而其氧化物十分稳定，很难被还原，因此，铝与铜、铁等金属不同，不能用碳还原其氧化物而获得纯金属。用碳还原氧化铝需 2400K 以上的高温，而且只能得到铝、碳化铝和氧化铝的混合熔体。氧化铝是高熔点化合物，熔点高达 2015℃，在目前工业条件下无法直接电解熔融的 Al_2O_3 获得金属铝，也不能像其他金属那样，用电解其盐的水溶液来获得纯金属，因为电解铝盐水溶液时，分解的是水而不是铝盐。尽管采取增加氢的阴极极化和降低铝的析出电位等技术措施，也只能在阴极获得含铝很低的合金。作者曾实验获得含铝低于 8% 的铁铝合金，且电流效率极低，90% 以上的电流仍被消耗于水的分解。

如何找到一种既能溶解 Al_2O_3，而在 Al_2O_3 分解时其他成分又不分解的电解质体系，是实现熔盐电解的关键。直到 1886 年，美国的霍尔（C. M. Hall）和法国的埃鲁（P. L. T. Heroult）异地同时实验成功冰晶石-氧化铝熔盐体系电解法制铝，才开始了被称为霍尔-埃鲁（Hall-Heroult）电解法炼铝的新阶段。

有了霍尔-埃鲁法的铝电解技术，是否能获得足够数量且制造成本可以被接受的氧化铝成了问题的关键。1888～1892年，奥地利的拜耳（K. J. Bayer）发明了用高品位铝土矿生产氧化铝的方法（即拜耳法），极大程度地满足了霍尔-埃鲁法对氧化铝的需求。这就使得霍尔-埃鲁法如虎添翼，从此奠定了现代铝工业的基础，铝工业得到了迅猛的发展。表1-5列出了在这些发明之后世界原铝产量逐年增长的情况。

表 1-5　世界铝产量逐年增长情况　　　　　　（kt）

年份	1890	1910	1950	1990	2000	2002	2004	2006	2007	2008	2009
产量	0.18	44.0	1506.9	19000	24422	26090	29922	33219	38151	38831	37910

有了霍尔-埃鲁法炼铝，人们几乎同时开始了电解法生产铝合金的探索。1891年，Minet 在 Na_3AlF_6-$NaCl$-SiO_2 体系中电解获得了铝硅合金。以后人们围绕该领域陆续完成了一系列基础研究。如 Weill、Fyfe、Zhurin 等人于1964年分别发表了 Al_2O_3-SiO_2-Na_3AlF_6 在 800℃ 和 1010℃ 的等温相图。

20世纪70～80年代，电解法生产铝基合金的研究出现了一个高潮。

1971年，《加拿大冶金季刊》发表用铜阴极在 Na_3AlF_6-Al_2O_3-SiO_2 体系中电解获得铝硅合金的著名文章。文中论述了用冰晶石熔体电解铝硅合金时，电解质的密度和电导随 Al_2O_3 和 SiO_2 浓度的变化规律，测定了以铜作阴极时 Al_2O_3 和 SiO_2 的分解电压。

捷克人 Fellner 和 Parol 于1972年申请了在普通铝电解槽中生产铝硅合金的专利[30]。专利文件中叙述：在普通铝电解槽的电解质体系中添加 Al_2O_3 和 SiO_2 的混合物，其比例为 1∶1～15∶1，混合物的添加量是冰晶石电解质总量的 0.5%～15%，槽电压不大于5V，电流密度小于 $200A/dm^2$ 的条件下，可以电解生产铝硅合金。电解质中添加 Al_2O_3 与 SiO_2 的比例取决于希望制取的合金成分。比如，合金中含硅不大于10%，则添加的混合物 Al_2O_3 与 SiO_2 的比例不小于9：1，其量是冰晶石电解质总量的7%～10%。当电解质中 Al_2O_3 含量下降至低于2%时，再加入新的准确称量的混合物。如此可以获得理想成分的合金产品。

苏联在电解法生产铝合金方面做了不少工作。Черков 于1973年申请了电解离子熔体制取铝硅合金用的电解质方面的专利，提出了电解含有硅氟酸钠和氯化钠的离子熔体制取铝硅合金。他认为，为了降低电解过程的温度，增加合金中硅的含量，改善电解质的工艺参数，电解质组成（质量分数）应控制为：冰晶石 0.5%～70%，硅氟酸钠 5.0%～25.0%，氟化钠 0.5%～5.0%，氯化钠为剩余量。1977年苏联公布了新的关于电解铝硅合金用的电解质方面的专利[31]，称制取铝硅合金用的电解质成分包括 AlF_3、NaF、Al_2O_3、SiO_2，它们的组成范围（质量分数）为：AlF_3 39.1%～45.0%，NaF 52.8%～58.7%，Al_2O_3 0.3%～3.5%，SiO_2 0.24%～0.38%。

1978年 Ануфриева 又申请了制取铝硅合金用的电解质的专利[32]，确定其基本成分包括：NaF、AlF_3、Al_2O_3、SiO_2，其组成（质量分数）为：AlF_3 29%～37%，CaF_2 1%～7%，MgF_2 1%～5%，KF 0.5%～6%，LiF 1%～5%，Al_2O_3 5%～7%，SiO_2 0.1%～0.5%，含锂浓缩物 0.01%～1%，余量为 NaF。而 NaF 对 AlF_3 的摩尔比控制在 2.6～3.4 的范围内。

H. Сенинв 等人于1981年发表了在铝电解槽中生产铝硅合金的可行性研究报告[33]。

美国学者也研究过电解法生产铝合金。C. Meminn 等人于1975年申请了在铝电解槽中生产铝硅合金的专利[34]。

波兰人 Z. Orman 于1976年发表文章[35]，论述了用波兰本土的原料在 Na_3AlF_6-Al_2O_3-SiO_2 熔体中电解生产铝硅合金的可行性。他认为，在 Na_3AlF_6-Al_2O_3 体系中加入 SiO_2，对电解质的性质，包括其挥发性，没有明显的影响；在阴极上同时析出铝和硅是可能的。实验所用的 SiO_2 原料是生产玻璃或生产氟化盐的废料，这些废料价格低廉，含 SiO_2 较纯，在冰晶石中溶解迅速，适合于生产铝硅合金。

1977年联邦德国也公布了在铝电解槽中生产铝硅合金的专

利[36]。专利提出先从普通铝电解槽中抽出一定数量的熔融铝，然后将同样体积的熔融铝硅中间合金加入到该电解槽中，使整个熔池的硅含量达到所要求的数值，随后就立即转入铝硅合金的生产。合金电解过程的加料方法是将氧化硅和氧化铝的混合物直接加到金属熔体的表面。每两小时加入的氧化硅量不应超过熔池中金属质量的 2%。每次加料前要先等熔池温度升高 5~15℃，并产生阳极效应，以保证沉淀物彻底熔化。阳极效应后，第一次加料只加入氧化铝。每隔 48h，至少要抽取一次铝硅合金产品。

英国于 1979 年发表了电解法生产铝硅合金的专利[37]。K. Grjotheim 等人于 1982 年发表文章，他们通过 Na_3AlF_6-Al_2O_3-SiO_2 体系的实验室电解试验，研究了 SiO_2 与电解质成分之间的化学反应以及熔体的物理化学、电化学性质，建立数学模型，从而获得工业应用所需的数据，并与工业生产实践的结果进行比较，得出结论认为：电解法是一种可以替代传统的铝硅合金制取法的大有潜力的方法。

日本人也做过这方面的工作[38]。

斯洛伐克人 Norák Milan 于 1983 年发表了在铝电解槽中制取硅和钛的铝基中间合金的文章[39]。实验采用了一种同时含有 Al_2O_3、SiO_2 和 TiO_2 的熔渣作原料，在铝电解槽中直接制取铝合金用的铝硅钛中间合金。熔渣的组成（质量分数）为：Al_2O_3 55%~70%，TiO_2 20%~30%，CaO 4%~9%，MgO 2%~4%，Fe_2O_3 1%~3%，SiO_2 0.5%~3%，其余成分不大于 2%。熔渣的粒度分两种：大于 $100\mu m$ 的颗粒量分别为 65% 和 7%，大于 $500\mu m$ 的颗粒量分别为 10% 和 1%；制得的合金含钛不大于 1%。结果表明，使用颗粒细而均匀，CaO 与 MgO 含量较少的熔渣作为原料，其效果较好。

国内的有关研究要追溯到 1960 年。当时国内新建了一批小型电解铝厂，但氧化铝的供应严重短缺。部分电解铝厂为了解决原料问题，用铝土矿粉代替氧化铝进行电解。一般将块状矿石在简易立窑中煅烧后，破碎，磨粉，不经任何处理，就加入电解槽中。由于设备简陋，工艺制度不严谨，过烧和欠烧的现象普遍存在。过烧部分在电解质中不易溶解，容易产生槽底沉淀；欠烧部分则向电解槽带进大量水分，造成电解质大量挥发。结果，电流效率低，原材料消耗高，环境污染严重。而且矿粉组成未经控制和选择，杂质成分没有排除，所得合金产品普遍含铁过高，一般为 2% ~ 3%，甚至更高。这种产品力学性能极差，应用范围很受限制。因此，这种试验和生产没有坚持多久就逐渐停了下来。

我国较系统而严谨的研究开始于 20 世纪 70 年代。这些研究工作大致可分为以下三方面的内容：

（1）以铝土矿为原料，经除铁处理，制取硅钛氧化铝，在普通铝电解槽中电解铝硅钛合金。作者及其他研究人员于 1975 年开始了这项研究工作，研究内容涉及我国铝土矿的性质和特征，铝土矿除铁及硅钛氧化铝的制备技术，硅钛氧化铝的电解技术，铝硅钛合金的结构、性能及应用研究。这些研究工作又可划分为两个阶段：1986 年以前，只是将铝土矿粉进行除铁处理，直接电解。1986 年以后才更加注重硅钛氧化铝的物理化学品质，明确提出进电解槽的原料必须严格控制硅和钛的含量、粒度、流动性能和活性等，硅钛氧化铝的制备不仅仅是铝土矿除铁技术，而且必须有成分调配和物理化学性能的严格控制，为此还专门进行了国内部分地区低钛铝土矿资源的调查。

硅钛氧化铝生产技术于 1987 年完成工业试验，90 年代建立了示范工厂。硅钛氧化铝电解于 1979 年完成 12kA 自焙槽上的工业试验，1992 年完成 60kA 自焙槽上的工业试验，1998 年完成 140kA 预焙槽上的工业试验。1998 年获得电解法生产铝硅钛合金国家发明专利[40]。

合金应用方面的研究，完成了对材料结构和性能的大量测试；完成了将该合金用于汽车、摩托车轮毂；汽油、柴油发动机活塞、缸体、缸盖及总成等领域的工业试验。研究结果表明，该材料具有很好的耐磨性、高温强度及体积热稳定性，是一种很有希望和潜力的工程材料。

（2）以工业氧化铝与氧化硅、工业氧化铝与氧化钛（如钛白粉和金红石等）或工业氧化铝与稀土化合物的混合物为原料，在普通铝电解槽中电解 Al-Si 合金、Al-Ti 合金或铝-稀土（Al-RE）合金。这些研究都于 20 世纪 80 年代中期完成了在 60kA 自焙槽上的工业试验。目前国内的部分铝厂仍在继续使用电解法生产 Al-Ti 和 Al-RE 合金的生产工艺。

(3)电解法生产 Al-Cs、Al-Mn、Al-Zr、Al-B、Al-Ti-B、Al-Sr、Al-Li 等合金的研究。这些大都还处于实验室研究或工业试验阶段。

参 考 文 献

[1] 陈祺, 等. 我国电解铝工业高空加速产能疯扩现象剖析[J]. 中国铝业, 2008(5): 70.

[2] 朱妍. 全球铝工业将朝何处去[J]. 中国铝业, 2008(8): 18~21.

[3] 王飞虹. 2008 年铝市场回顾与 2009 年展望[J]. 中国铝业, 2009(1): 28~42.

[4] 李扬. 2008 年中国铝产品进出口贸易形势综述[J]. 中国铝业, 2009(2): 15~26.

[5] 郭大展. 中国铝工业走出 2009[J]. 中国铝业, 2010(2): 2~9.

[6] SALTER J. RIETH B. China- Markt treiber fur den globalen aluminium verbrauch[J]. Aluminium, 2005, 81(5): 372~381.

[7] JIAZHU P. Current situation of China aluminum industry and its development trend[C]. 2003 China Aluminum Forum. Antaike, China: Beijing Antaike Information Development Co. Ltd. , 2003: 1~11.

[8] JIANLAI Y. Current situation and development of China's autos industry and its demand for aluminum[C]. 2003 China Aluminum Forum. Antaike, China: Beijing Antaike Information Development Co. Ltd. , 2003: 148~161.

[9] 王竹堂. 2006 年全球和中国铝消费[J]. 中国铝业, 2007(9): 55.

[10] KIRGIN K H, LESSIYER M J. US metal casting demand and supply trends—2002[J]. Engineered Casting Solutions, 2002, 4(1): 25~28.

[11] KIRGIN K H. US casting shipments expected to increase 6. 3% in 2003[J]. Engineered Casting Solutions, 2003, 5(1): 25~30.

[12] GRAY A. The growth of aluminium in automotive heat exchangers[J]. Aluminium, 2005, 81(3): 197~201.

[13] MILLER W S, et al. Recent development in aluminum alloys for the automotive industry[J]. Mat. Sci. Eng. , 2000, A280: 37~49.

[14] 板倉浩二. 車体・シヤシにぉける軽金属鋳物の適用動向と今後の課題[J]. 鋳造工学. 2004, 76(12): 956~961.

[15] 佐藤理通. 自動車用鋳物部品の動向とこれからのものづくり[J]. 鋳造工学. 2004, 76(12): 952~956.

[16] JACKSON M R, BROOKS M. Aluminum Surpasses Iron as Second Most Used Auto Material Worldwide. Aluminum Now March/April 2006. www. autoaluminum. com.

[17] 刘援朝. 铝和钢在汽车生产中的博弈[J]. 中国铝业, 2007(6): 33~40.

[18] MILLBANK P. Steady progressive in quest for automotive market growth[J]. Aluminium International Today, 2004, 16(6): 21, 22.

[19] JACKSON M R. Trend in aluminum usage[J]. Autotech Daily, 2006, 19(4): 21~26.

[20] MILLBANK P. Steady progressive in quest for automotive market growth[J]. Aluminium International Today, 2004, 16(6): 21~22.

[21] 冯美斌. 汽车轻量化技术中新材料的发展及应用[J]. 汽车工程, 2006(28): 213~220.

[22] EVENS L. Causal influence of car mass and size on driver fatality risk[J]. Am. J. Public Health, 2001(91): 1076~1081.

[23] 广州前进冶炼厂. 加钛铸造铝合金研制简介[J]. 铸工, 1974(2): 26~32.

[24] 杨冠群, 等. 铝硅系合金不同生产工艺的比较[J]. 有色金属 (冶炼部分), 2000(4): 28~29, 41.

[25] 杨昇, 等. 电解法生产铝基合金[J]. 特种铸造及有色合金, 2001(2): 102~104.

[26] 杨冠群. 我国铝土矿资源综合利用的探讨[J]. 有色金属 (冶炼部分), 1991(6): 29~31.

[27] 杨冠群. 煤矸石综合利用新途径的探讨[J]. 煤炭加工利用, 1986(2): 14~17.

[28] 杨冠群, 等. 铝矿处理并直接电解生产铝硅钛合金 (3) [J]. 有色金属 (冶炼部分), 1994(3): 8~10.

[29] 杨昇, 杨冠群. 铝电解生产技术[M]. 北京: 冶金工业出版社, 2010.

[30] FELLNER P, MATIAŠOVSKÝ K, BRATISLAVA. Spôsob Býroby Zliatiny Hliníka s Kremíkom: VYNÁLEZY OBJEVY, 156971[P]. 1975.

[31] СЕКИН В. Н, ФРОЛОВА Э Б, ЛЕЩИНСКИЙ Р Г. Электролит для Получения Алюминево-кремниевых Сплавов: СССР Изоьретение, 554319[P]. 1977.

[32] АНУФРИЕВА. Электролит для Получения Алюминево-кремниевых Сплавов: СССР Изоьретение, 918336[P]. 1982.

[33] СЕНИНВ Н. Современное Достижение в Производстве и Абработки Алюминия и Его Сплавов[M]. 1981, 44~48.

[34] McMINN C J, et al. Production of Aluminum-Silicon Alloys in an Electrolytic Cell. US, 3980537[P]. 1976.

[35] ORMAN Z, et al. Electrolytic production of aluminum-silicon alloys in fused cryolite using domestic raw material[J]. Rudy i Met. Nieželaz., 1976(5): 162~164.

[36] McMINN, et al. Verfahren zur Herstellung einer Aluminium-Silicium-Legierung: DE, 2641304[P], 1977.

[37] McMINN C J, et al. Production of Aluminium Silicon Alloys: US, 1556460[P]. 1979.

[38] ジョセフ. コーュソ. アルミナ质鉱石から高纯度のアルミナを制造する方法: 日本, 昭 57-47131[P]. 1979.

[39] MILAN N., Hutnik (ČSSR), 1983, 33(4): 142~145.

[40] 郑州轻金属研究院 (杨冠群, 顾松青, 田庚有, 等). 用电解法生产铝硅钛多元合金: 中国, ZL94116235. 4[P]. 1998.

2 硅钛氧化铝

2.1 我国铝矿资源概况及特征

2.1.1 含铝矿物简介

地壳中铝的含量按质量比约占 8.13%，折合成 Al_2O_3 约为 15.36%。在各元素中仅次于氧和硅，居第三位，而在各金属元素中则居首位。铝的化学性质十分活泼，在自然界中多以化合物形态存在而很难见到自然铝。铝的化合物分布极广，自然界中的含铝矿物约有 250 余种，其中以铝硅酸盐最多，约占各含铝矿物的 40%，其次是水合氧化物或它们的共生矿物。

从工业应用而言，铝土矿是最重要的含铝矿物之一。所谓铝土矿，是以氧化铝的水合物为主要矿物成分，与各种脉石矿物共生在一起所构成的，在当前技术经济条件下能用于提取工业氧化铝和金属铝的工业矿床。

铝土矿的主要用途是用来提取工业氧化铝。世界上 95% 以上的氧化铝是用铝土矿生产的，仅此一项，每年消耗各种品位的铝土矿 100Mt 以上。铝土矿的其他用途是用作耐火材料、磨料以及工业陶瓷等的原料。自然界中具有工业价值的含铝较高的主要矿物列于表 2-1。

表 2-1 自然界中主要的含铝矿物

矿物名称	常用化学表达式	Al_2O_3 质量分数/%
刚 玉	$\alpha\text{-}Al_2O_3$	100
一水硬铝石	$\alpha\text{-}AlOOH$ 或 $\alpha\text{-}Al_2O_3 \cdot H_2O$	85.1
一水软铝石	$\gamma\text{-}AlOOH$ 或 $\gamma\text{-}Al_2O_3 \cdot H_2O$	85.1
三水铝石	$\gamma\text{-}Al(OH)_3$ 或 $\gamma\text{-}Al_2O_3 \cdot 3H_2O$	65.4

矿物名称	常用化学表达式	Al_2O_3 质量分数/%
拜耳石	$\beta\text{-}Al(OH)_3$ 或 $\beta\text{-}Al_2O_3 \cdot 3H_2O$	65.4
诺耳石	新 $\beta\text{-}Al(OH)_3$ 或新 $\beta\text{-}Al_2O_3 \cdot 3H_2O$	65.4
红柱石	$Al_2O_3 \cdot SiO_2$	63.0
蓝晶石	$Al_2O_3 \cdot SiO_2$	63.0
硅线石	$Al_2O_3 \cdot SiO_2$	63.0
高岭石	$Al_2O_3 \cdot 2SiO_2 \cdot 2H_2O$	39.5
明矾石	$KAl_3(SO_4)_2(OH)_6$	37.0
霞石	$(Na,K)_2O \cdot Al_2O_3 \cdot 2SiO_2$	32.3~36.0

2.1.2 我国铝土矿地质特征

根据铝土矿的地质特征及矿物成因[1,2]，国际上 E. Vadasz 将铝土矿划分为红土型、喀斯特型和机械碎屑沉积型，它们分别占世界铝土矿总储量的84%、15%和1%。占世界铝土矿储量最多的红土型铝土矿床是红土化风化作用形成的，其上无地层覆盖，可以露天开采，其主要铝土矿物为三水铝石。

廖士范等人将中国铝土矿划分为古风化壳型（相当于国际上流行的喀斯特型）和红土型两大类。古风化壳型铝土矿床是由铝硅酸盐岩或碳酸盐岩风化，原地或异地堆积或沉积而成的，但其上有地层覆盖，绝大部分不能露天开采，需表面剥离或坑采。其含铝矿物主要是一水硬铝石，上覆地层越老，一水硬铝石越多，三水铝石越少。古风化壳型铝土矿床约占我国现已查明铝土矿储量的98.8%，红土型只占1.17%，这两者之间的比例几乎将全世界两种铝土矿床的比例倒过来。由此可见，与世界其他国家和地区的铝土矿相比，我国铝土矿地质具有显著的特殊性。

另外，我国古风化壳型铝土矿中，石炭纪有一种极为独特的铝土矿，占我国铝土矿石总储量的73.7%，它的下部有海相或湖相水体中沉积的扁豆状或透镜状铁矿，上部才是铝土矿或致密黏土岩。这种矿床在其形成时的迁移就位过程中，曾经对其成矿地域有过填平补齐作用，使铝土矿有广阔良好的就位场所，其矿层厚度及品位稳定，矿体规模较大,一般矿石储量达数千万吨,个别达 200Mt。这种极为独特的铝土矿,在世界其他地方尚极少见报道。

2.1.3　我国铝土矿矿物结构特征

我国铝土矿地质的特殊性造成了矿物结构的特殊性[3~7]。铝土矿按其含铝矿物的结构形态可分为三水铝石型、一水软铝石型、一水硬铝石型以及它们的混合型,如三水铝石-一水软铝石型和一水软铝石-一水硬铝石型等。部分一水硬铝石型铝土矿中还含有少量刚玉。它们的化学活性是随三水铝石、一水软铝石、一水硬铝石、刚玉而递减的。作为提取工业氧化铝的原料,化学活性是其重要的性能指标。化学活性越高,提取氧化铝越容易,能耗和成本越低。

目前,世界 90% 以上的氧化铝是用拜耳法生产的。拜耳法就是拜耳(K. J. Bayer)于 1889~1892 年提出的用碱处理铝土矿提取氧化铝的方法。它的基本流程如图 2-1 所示[8]。

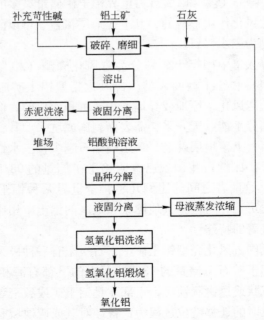

图 2-1　拜耳法生产氧化铝的基本流程

溶出过程是拜耳法流程中最关键的步骤之一。化学活性越低的矿石溶出越困难，溶出的工艺条件越苛刻，需要越高的温度和压力。因此，从这个意义上说，一水硬铝石的性能远不如三水铝石优越。在某些三水铝石溶出条件下，一水硬铝石不能与碱溶液反应，几乎无法溶出。

表 2-2 列举了不同矿物在碱溶液中的平衡溶解度。表 2-3 则列举了不同类型铝土矿采用拜耳法生产时的不同溶出条件。

表 2-2 不同类型铝土矿在碱液中的平衡溶解度

三水铝石				一水软铝石				一水硬铝石			
95℃				200℃				250℃			
Na_2O		Al_2O_3		Na_2O		Al_2O_3		Na_2O		Al_2O_3	
质量分数/%	浓度/g·L^{-1}	质量分数/%	浓度/g·L^{-1}	质量分数/%	浓度/g·L^{-1}	质量分数/%	浓度/g·L^{-1}	质量分数/%	浓度/g·L^{-1}	质量分数/%	浓度/g·L^{-1}
2	20.84	1.34	13.96	6	68.24	5.60	63.69	12	156.4	14.45	188.4
6	67.60	4.41	45.10	10	114.50	9.95	113.93	14	190.3	17.45	237.2
10	121.90	8.27	100.08	14	187.10	14.85	198.42	16	226.3	20.40	288.5
14	185.50	13.60	180.20	18	259.86	20.65	297.83	18	264.4	23.45	343.7
18	262.90	22.50	328.60	22	340.63	29.20	452.10	20	305.61	26.95	411.81
20.9	325.84	29.25	454.68	26	447.26	39.40	672.26	20	305.61	26.956	411.81
22	328.50	19.93	297.60	26.1	450.79	39.20	687.08	22	351.38	31.50	503.12
26	357.10	5.60	76.90	30	514.78	30.35	508.85				

表 2-3 不同类型铝土矿溶出条件举例

铝土矿类型	溶出温度/℃	溶出液含 Na_2O 浓度/g·L^{-1}	溶出液含 Al_2O_3 浓度/g·L^{-1}	摩尔比 (Na_2O/Al_2O_3)
三水铝石	145	110	130	1.40
一水软铝石	200	150	165	1.50
一水硬铝石	250	255.4	279.07	1.51

国外铝土矿多为三水铝石型，探明储量或开采量均占总量的 80%～90%；少部分三水铝石-一水软铝石型。如世界铝土矿主要产

地的几内亚、澳大利亚、巴西、印度、牙买加、印度尼西亚等国家或地区都是三水铝石型铝土矿。欧洲以一水软铝石型居多,前苏联几乎拥有各种类型铝土矿。而我国95%以上是一水硬铝石型,因此,我国氧化铝生产的拜耳法工艺与国外相比,要求有更细的磨矿粒度、更高的碱溶液浓度、更高的溶出压力和温度,因而设备投资大、生产成本和能耗高。作为提取氧化铝的原料,我国铝土矿资源的矿物结构存在劣势,但如果采用酸法除铁生产硅钛氧化铝,则因其化学活性低而恰能转变为优势。此在2.2.1节将有论述。

2.1.4 我国铝土矿化学组成特征

我国铝土矿地质的特殊性也造成了化学组成的特殊性。铝土矿中氧化铝的含量变化范围很大,低的不足40%,高的可达75%左右。但作为提取氧化铝的原料,衡量其品质的优劣,不单纯是含氧化铝的高低,有时更注重于其杂质元素的种类、含量及存在状态。

铝土矿中所含杂质主要有氧化硅、氧化铁、氧化钛以及钙、镁、钾、钠等的化合物,还有微量镓、钒、锌、铬、钪、稀土等稀有元素,有些铝土矿含有较高硫、磷、有机物等有害杂质。

三水铝石型铝土矿虽然含氧化铝不一定很高,但其杂质主要是结晶水和氧化铁等,这些杂质不会给氧化铝生产过程带来很大麻烦。我国铝土矿95%以上是一水硬铝石型,化学组成具有高铝、高硅、高钛、低铁的特点。表2-4列举了我国和国外几个铝土矿样化学组成的比较。

表 2-4 国内外铝土矿样化学组成举例

试样来源		化学成分(质量分数)/%						摩尔比 (Al_2O_3/SiO_2)
		Al_2O_3	SiO_2	Fe_2O_3	TiO_2	其他	灼减	
国外	匈牙利	50.78	6.26	20.22	2.61	2.16	18.0	8.11
	澳大利亚	55.3	3.1	8.3	2.5	1.5	29.3	17.84
国内	贵 州	67.75	11.13	2.56	2.77	2.3	13.5	6.09
	河 南	69.52	7.84	2.50	3.0	3.14	14.0	8.87
	广 西	56.82	6.21	18.10	3.30	1.77	13.8	9.15
	山 西	74.20	7.12	0.51	3.41	1.3	13.3	10.42

硅是氧化铝生产过程中最有害的杂质之一，在一水硬铝石溶出条件下，它几乎全部参与反应，生成水合铝硅酸钠（俗称钠硅渣），最终进入废渣（赤泥），造成碱和铝的损失。如果有少量钠硅渣进入产品，则降低产品质量。钠硅渣还极易在生产器壁特别是传热面上形成结疤，显著降低传热系数，增加能耗。结疤还减少容器或管道的有效空间，增加设备的清理和更新频度。因此，铝土矿中硅含量的高低是其质量好坏的重要标志，为此，引用氧化铝和氧化硅含量的质量比（铝硅比）作为铝土矿质量的重要指标之一。目前，拜耳法选用的原料要求铝硅比在 9 以上，才能获得有经济意义的氧化铝。个别国家为了充分利用资源，将此标准降至 7 以上。

我国铝土矿已查明的工业储量和远景储量主要集中分布在华北、中南和西南三个地区。根据 20 世纪 90 年代末的资料，其中山西占全国总储量的 36.4%（未将台湾省的储量计算在内，以下同），矿石含氧化铝 56%～57%，平均铝硅比为 4.8；贵州占全国总储量的 21.8%，矿石含氧化铝 65%，平均铝硅比为 6.8；河南占全国总储量的 14.4%，矿石含氧化铝 64%，平均铝硅比为 5.5；广西占全国总储量的 11.1%，与国内其他地区相比，广西铝土矿稍显特殊，部分矿床含一水软铝石较高，含铁量较高，经选矿除铁，精矿含氧化铝 56%～57%，铝硅比可达 9.3；四川和云南各占全国总储量的 4.6% 和 4.1%，平均铝硅比分别为 5.2 和 6.1，但四川和云南的很多矿床含硫较高，应用较为困难；分布在全国其他各地的铝土矿约占 7.6%，其中只有海南和福建有少量三水铝石型矿床，且品位偏低。

由上可知，我国铝土矿铝硅比普遍偏低，有大量不适合拜耳法工艺的中低铝硅比矿石资源。为了开发利用这部分资源，我国自主发展了具有特色的烧结法工艺。

烧结法一般指的是已被较广泛工业应用的碱石灰烧结法，就是将矿石、纯碱和石灰（或石灰石）按比例配料，经高温烧结，使铝转变为可溶的铝酸钠，硅转变为不溶的原硅酸钙，然后经溶解、液固分离、碳酸化分解或种子分解，获得氢氧化铝，经煅烧获得氧化铝。

烧结法是目前唯一得到实际应用的处理铝硅比为 4 以下矿石的方法。烧结法除处理低铝硅比矿石外，还可以处理拜耳法的赤泥。这就有了拜耳法和烧结法组成的联合法。目前，国内已有效利用的联合法是混联法。混联法的特点是烧结法系统同时处理拜耳法赤泥和低铝硅比铝土矿，烧结法系统的精液一部分与拜耳法精液合并进行种子分解，另一部分进行碳酸化分解，获得的细氢氧化铝供给种子分解工序作为晶种，碱的补充集中在烧结法系统，用碳酸钠而不用氢氧化钠。其基本流程如图 2-2 所示。

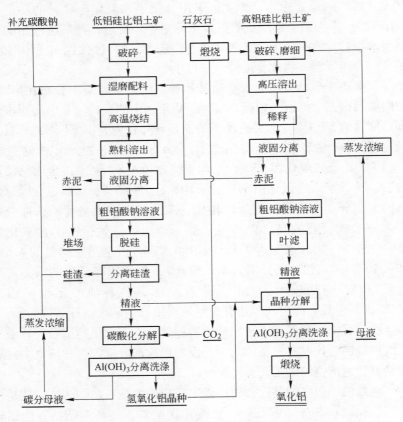

图 2-2 混联法生产氧化铝基本流程

由此可见，烧结法虽然可以处理低铝硅比的铝土矿，但与拜耳法相比，其流程复杂、设备投资大、生产能耗和成本高。

除硅以外，钛也是氧化铝生产中很有害的杂质。在一水硬铝石溶出条件下，氧化钛会生成钛酸钠，不仅造成碱的损失，而且会在铝矿物表面生成一层致密的保护膜，使铝的进一步溶出变得十分缓慢甚至溶出几乎不能进行。为了破坏钛的保护膜，须添加石灰。但这一来增加了赤泥量，同时又加重了钛结疤的生成。因为钙与钛生成的钙钛渣往往在高温部位，比如 180℃ 以上的器壁上形成钛结疤，十分致密、极难清洗、严重影响传热、增加能耗。对近年发展起来的管道化溶出技术，钛结疤的危害显得更为突出。

所以，我国铝土矿化学组成高硅、高钛的特点，降低了其作为提取氧化铝的原料的品质。但是，如果用它生产硅钛氧化铝，则正需要含有一定量的硅和钛，无论矿物结构或化学组成，都由劣势变成了优势。

2.1.5 我国的低钛铝土矿资源

我国电解法生产铝硅钛合金，在 1986 年以前的研究阶段，实际上只有铝土矿除铁、焙烧，然后就直接进行电解。对于铝土矿中硅和钛含量的高低对电解过程有何影响，缺乏足够的认识。1986 年以后才重视原料进电解槽之前成分的严格控制，其中包括对硅和钛含量的控制，这才有了成分调配和硅钛氧化铝生产的完整工艺。

硅钛氧化铝中 TiO_2 含量一般控制在 1.5% 以内，而国内铝土矿含 TiO_2 常在 2% 以上。为了控制硅钛氧化铝中的钛含量以及硅和钛的相对比例，最好选用含钛较低和铝硅比适中的铝矿物作原料。如果能找到符合要求的低钛铝土矿资源，则可以缩小成分调配的幅度，减少工业氧化铝的用量。为此在河南省境内对低钛铝土矿资源做了初步调查。调查结果归纳为以下几种情况：

（1）个别矿床可以采到很好的低钛铝土矿样，但它们没有形成固定层位，难以单独开采。采自三门峡的两个矿样属于这种情况，它们的化学组成见表 2-5。

表 2-5　来自三门峡的低钛铝土矿样

试样编号	化学组成（质量分数）/%						
	Al_2O_3	SiO_2	TiO_2	Fe_2O_3	CaO	灼减	质量比（Al_2O_3/SiO_2）
1	78.01	2.19	1.7	0.85	0.22	13.37	35.6
2	78.90	1.57	1.5	1.24	0.25	13.38	50.3

（2）含钛低的铝土矿大都集中在含矿系的最上层，与石灰岩层紧密相邻。因此含碳酸钙较高，一般都在2%以上。表2-6是含矿系上层的低钛铝土矿的几个代表性试样的化学组成。

表2-6　含矿系上层的低钛铝土矿代表性试样化学组成

试样编号	化学组成（质量分数）/%						
	Al_2O_3	SiO_2	TiO_2	Fe_2O_3	CaO	灼减	质量比（Al_2O_3/SiO_2）
ZK5213	58.87	20.56	1.30	1.45	1.81	15.45	2.86
ZK5219	59.63	13.47	1.28	0.72	5.68	16.02	4.43
ZK5667	55.47	17.42	1.30	0.85	6.55	17.78	3.18
ZK5672	54.39	25.00	1.90	1.57	1.28	14.48	2.18
ZK5920	62.62	12.74	1.31	1.76	4.12	16.47	4.92

因石灰岩层覆盖于其上且紧密相邻，开采时难免有少量石灰石机械混杂于铝矿中，所以正式开采的矿石含钙量还会高些。钙含量过高，酸浸除铁时，不仅酸耗高，且因产生大量气泡，料浆膨胀，容易冒槽。

（3）低钛铝土矿在含矿系中独立形成层位，但其铝硅比也较低，一般在4以下。其矿物成分含高岭石、水云母、伊利石、地开石等黏土矿物较多，钾含量一般也较高。这些都不利于制取硅钛氧化铝。表2-7是来自平顶山的这种矿样的代表。

表2-7　来自平顶山的含矿系中低钛铝土矿层的化学组成

试样编号		A	B	C	D	E
化学组成（质量分数）/%	Al_2O_3	64.54	64.42	60.54	60.54	59.70
	SiO_2	15.15	15.83	15.37	19.72	18.32
	TiO_2	1.45	1.65	1.77	1.77	1.96
	质量比（Al_2O_3/SiO_2）	4.3	4.1	3.9	3.1	3.3

由此可见，河南省境内尚未找到很理想的适合生产硅钛氧化铝的低钛铝土矿资源。除湘西某矿区含钛低之外，国内其他主要铝土矿产区情况与河南大同小异。

2.2 硅钛氧化铝的生产

2.2.1 铝土矿酸法除铁

2.2.1.1 铝土矿除铁方法简介

从铝土矿制取硅钛氧化铝，关键在于除去矿石中的铁[9,10]。为了各自不同的目的，不少国家都研究过含铝矿物的除铁处理。其中前苏联的报道较多[11~13]。他们的一项研究是将铝土矿经 1000℃ 以上还原焙烧，然后用盐酸处理，可以除去矿石中 90% 左右的氧化铁。产品含氧化铁降至 0.6% ~ 1.0%，用于电热还原法生产粗铝硅合金。为了同样的目的，另一种处理方法是将铝土矿在分级悬浮炉中磁化焙烧，再经 14000e 以上电磁选矿，可以除去高铁铝土矿中 70% 的氧化铁。为了用铝土矿代替工业氧化铝用于高铝耐火材料的一项研究，采用铝土矿直接氯化除铁，经氯化后，氧化铁含量降至 1.5% 或 1.0% 以下。

澳大利亚铝土矿十分丰富，但多为高铁三水铝石型，不宜作耐火材料。为此，他们研究了将铝土矿在 650 ~ 800℃ 活化焙烧，再在 1040 ~ 1100℃ 还原焙烧，最后用酸法或氯化法除铁的工艺流程，可以除去矿石中 85% 以上的氧化铁，但由于原矿中含铁量高，产品中仍含氧化铁 1.0% 左右[14]。

为了制取低铁硫酸铝、氯化铝，或为了提高铝土矿品位，美国、英国也发表过一些除铁方法的专利[15~18]，多为磁化焙烧加磁选或还原焙烧加氯化的流程。见于报道的还有南非、德国、波兰和匈牙利等国。

国内除以生产硅钛氧化铝为目的之外，部分研究人员为了提高铝土矿的品位做过一些选矿研究，但重点在除硅，提高铝土矿的铝硅比。耐火材料和陶瓷行业也有过不少除铁研究，但更多的是以黏土矿为原料[19~23]。

酸法除铁生产硅钛氧化铝是选用我国低铁一水硬铝石型铝土矿为原料，用盐酸或硫酸直接溶出。其基本流程如图 2-3 所示。

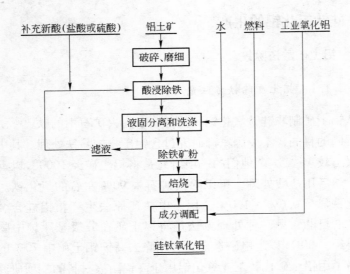

图 2-3 酸法除铁的基本流程

酸法除铁与上述几种除铁方法的比较列于表 2-8。

表 2-8 几种除铁工艺的比较

国 别	方 法	产品 Fe_2O_3 含量/%	工 艺 特 点
澳大利亚	650～800℃ 焙烧，再 1040～1100℃ 加碳还原，然后盐酸溶出或氯化	0.5～1.0	受资源限制用高铁铝土矿为原料，工艺复杂，除铁深度有限，但铝损失少，能适用于三水铝石
美 国	先磁选，再 625～1500℃ 煅烧，然后用还原氯化剂在 850～1500℃ 氯化除铁	<0.05	工艺复杂，成本高，铝损失较大，但除铁彻底
前苏联	先 1000℃ 以上还原焙烧，再盐酸溶出	0.6～0.8	工艺复杂，但除铁深度较好
前苏联	直接氯化	<1.5	工艺较简单，但除铁深度有限
南 非	盐酸溶出	0.6～1.0	工艺较简单，除铁深度有限
我 国	盐酸溶出	≤0.5	利用我国低铁硬铝石型资源特点，工艺较简单，除铁深度能满足硅钛氧化铝质量要求

2.2.1.2 酸法除铁的原料

A 原料选择原理

氧化铝生产过程中，占铝土矿成分90%的氧化铝和氧化硅等都经过从固相到液相再到固相的转变过程。与氧化铝生产工艺相比，酸法除铁的最大不同是原料中的主体成分（氧化铝、氧化硅和氧化钛等）在整个工艺过程中保持固相形态不变，只有氧化铁等杂质成分进入溶液。无疑，这就大大减少了物料流量，简化了设备和流程，降低了能耗和成本。

根据这一特点，酸法除铁的原料从矿物结构的角度，应尽量选择所含氧化铝活性较小、氧化铁活性较强的矿床类型。从化学组成的角度，应该选择含铝、硅、钛、稀土等有用成分较高，含铁和其他杂质特别是碳酸盐较低的铝土矿。在酸处理过程中，碳酸盐会被酸分解使酸的消耗增加。

铝土矿中的含铁矿物基本上可分为酸溶性和酸不溶性（或难溶）两大类。前者如赤铁矿、黄铁矿和针铁矿等，它们在酸处理过程中，只要选择适当的工艺条件，基本上都能被酸溶解，在一定含量范围内不致对除铁深度有明显影响。后者如伊利石、叶蜡石、电气石、黑云母以及铝针铁矿等，它们难以被酸溶解，影响除铁深度，部分铁残留进入硅钛氧化铝，最终影响合金产品质量。

如果原料中其他不溶于酸的有害杂质含量过高，也会降低产品质量。

我国铝土矿95%以上是一水硬铝石型，氧化铝化学稳定性很好，不易与酸发生反应，且除广西矿外，大部分含铁较低。因此从矿物资源而言，我国具有酸法除铁工艺得天独厚的优势。

针对生产不同品种的合金，硅钛氧化铝的成分可做相应调整，或者说可生产不同规格型号的硅钛氧化铝。为此，应尽量选择铝硅比、铝钛比适中的原料。硅钛氧化铝中钛含量如果过高，会给电解工艺带来麻烦，使合金在电解槽中发生钛的偏析，在槽底形成结块或沉淀，合金铸锭也有困难。所以尽管钛是宝贵的合金元素，也不宜选择含钛过高的原料（硅钛氧化铝中氧化钛的含量一般控制在不大于1.5%）。这样可以减少硅钛氧化铝生产过程中成分的调配量,减少工业氧化铝的消耗。

原料的铝硅比也应适中。铝硅比过高,造成优质资源的浪费;铝硅比过低,不仅产品含硅量太高,而且,我国铝土矿中硅主要以高岭石形态存在,铝硅比低的矿石一般含高岭石多,在酸浸除铁工艺条件下,高岭石具有一定活性,部分溶解于酸,造成铝、硅和酸的损耗,并且由于溶液中铝离子增多而降低其流动性,给液固分离和洗涤带来困难。

钾的含量也是一个需要注意的因素。我国铝土矿中的含钾矿物以云母类为主,往往不易被酸完全分解,部分钾最后进入硅钛氧化铝中。合金电解时,钾在电解槽中积累。随着电解过程的延续,电解质的钾含量在积累和损耗中建立动态平衡。如果硅钛氧化铝的钾含量过高,电解质中钾含量将会超出允许范围,有可能发生钾离子对炭素材料的渗透而影响电解槽的寿命。因此,应尽量避免含钾量过高的原料。

我国铝土矿中的钙和镁大多以碳酸盐,如方解石和白云石等形态存在,它们易被盐酸分解,虽不致影响产品质量,但会造成酸的损耗,而且在分解过程中放出 CO_2,容易引起料浆膨胀,甚至冒槽,给酸浸过程带来麻烦。如果用硫酸处理,则因生成硫酸钙的包裹作用而增加除钙的困难。另有约20%的钙和镁不以碳酸盐形态存在,这部分钙和镁往往不易被除去而进入硅钛氧化铝。因此,原料选择也要注意钙和镁含量不宜过高,只要选用的铝土矿钙和镁含量适中,少量钙和镁进入电解质,对合金电解没有危害。

B 选用原料实例

根据上述几方面的原则,我国河南、山西和贵州等地不难找到合适的资源。来自河南巩义和新安的两个样品有一定的代表性。这两个矿床均位于嵩山背斜北沿,属于一水硬铝石型,是我国发现较早的大型矿床之一。两个矿样的化学组成见表2-9。

表 2-9 酸法除铁原料的化学组成举例

矿样编号	化学组成(质量分数)/%								
	Al_2O_3	SiO_2	TiO_2	Fe_2O_3	CaO	MgO	K_2O	Na_2O	灼减
新安矿样	71.40	6.66	3.34	2.90					14.15
巩义矿样	70.83	8.03	3.47	1.25	0.57	1.42	0.87	0.09	14.23

河南、山西和贵州等地铝土矿的主要矿物成分有：一水硬铝石 α-AlOOH、高岭石 $Al_2O_3 \cdot 2SiO_2 \cdot 2H_2O$、多水高岭石 $Al_4[Si_4O_{10}]$ $(OH)_8 \cdot 4H_2O$、叶蜡石 $Al_4[Si_{18}O_{20}](OH)_4$、伊利石 $K_{0 \sim 1}(Al, Fe)_2$ $(OH)_2 \cdot [AlSi_3O_{10}] \cdot nH_2O$、石英 SiO_2、白云母 $K_2Al_4[Si_6Al_2O_{20}]$ $(OH, F)_4$、绿泥石 $(Mg, Fe, Al)_6(Si, Al)_4O_{16}(OH)_8$、赤铁矿 Fe_2O_3、针铁矿 $FeOOH$、锐钛矿 TiO_2、金红石 TiO_2、方解石 $CaCO_3$、电气石 $(Na, Ca)(Li, Mg, Fe^{2+}, Al)_3(Al, Fe^{2+})B_3Si_6O_{27}(O, OH, F)_4$、锆英石 $ZrSiO_4$，以及其他稀有矿物。

表 2-9 中巩义矿样的 X 射线衍射图谱如图 2-4 所示，综合热分析图如图 2-5 所示。矿物组成的定量分析结果见表 2-10。

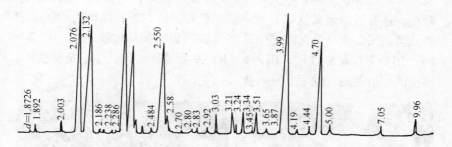

图 2-4　巩义矿样的 X 射线衍射图谱

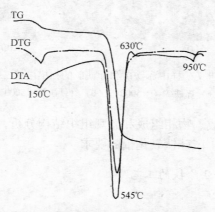

图 2-5　巩义矿样的综合热分析图谱

表 2-10　巩义矿样的矿物组成定量分析结果

成分	一水硬铝石	伊利石	高岭石	锐钛矿	方解石	叶蜡石	石英	赤铁矿	针铁矿
质量分数/%	76.0	12.5	3.2	2.5	1.0	0.9	0.7	0.6	0.4

　　新安矿样的矿物组成与此大同小异。伊利石含量如此之高是部分豫西矿的特点之一，因此巩义矿样含钾量较高。而我国其他地区矿样更普遍的现象是高岭石含量远高于伊利石。

　　巩义矿样虽然伊利石含量很高，但该伊利石中含铁量不高（铁在伊利石中以类质同晶或固溶体形态存在，并非定组成成分，所以不同的伊利石含铁量差别很大）。铁主要以赤铁矿，其次是针铁矿形态存在，还有极少量黄铁矿，大多解理较好，有利于有用矿物和铁矿物的分离。图2-6是巩义矿样中几种含铁矿物的扫描电镜照片，图2-6（a）中心部位是赤铁矿；图2-6（b）左面是针铁矿，中心是黄铁矿。这些图像清楚地反映了上述特点。

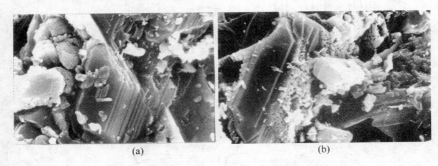

(a)　　　　　　　　　　　　　　　　(b)

图 2-6　巩义矿样中赤铁矿和针铁矿的扫描电镜二次电子像
(a) 赤铁矿（×5000）；(b) 针铁矿（×5000）

　　根据化学组成、物相组成和微观组织结构分析，上述矿样基本都能满足酸法除铁生产硅钛氧化铝的要求。

2.2.1.3　酸法除铁的工艺

A　概述

酸法除铁的设备流程如图2-7所示。

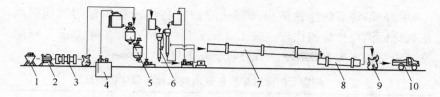

图 2-7　酸法除铁设备流程

1—原矿；2—粗碎；3—细碎；4—酸储槽；5—溶出反应器；6—液固分离和洗涤；
7—焙烧；8—冷却；9—成分调配和包装；10—成品出厂

粗略的物料平衡计算结果如图 2-8 所示。

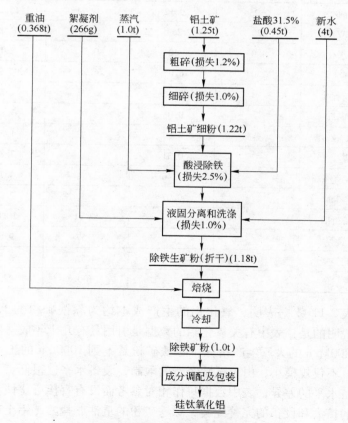

图 2-8　酸法除铁物料平衡

每吨焙烧后的除铁矿粉（酸法除铁）各项消耗指标与我国混联法氧化铝消耗指标的比较，按工业试验当时价格，"成本分配"以除铁矿粉总成本为100%计，结果列于表2-11。

表 2-11 焙烧后的除铁矿粉各项消耗指标与氧化铝的比较

成本项目	单 耗		成本分配/%	
	除铁矿粉	氧化铝	除铁矿粉	氧化铝
铝土矿/t	1.25	1.60	19.03	24.36
工业盐酸/t	0.40		12.67	
絮凝剂/kg	0.26	0.20	0.29	0.22
重油/t	0.25	0.12	31.71	15.22
电/kW·h	120	254	3.81	8.05
新水/t	4.0	40	0.51	5.07
汽/t	1.0	6.05	6.98	42.21
石灰石/t		0.36		1.74
纯碱/t		0.06		3.81
过滤布/m²		0.85		1.65
煤/t		0.31		7.86
压缩空气/km³		1.46		4.71
CO_2/km³		0.07		2.26
设备折旧			12.91	10.80
工资等			7.57	9.68
车间经费			4.52	4.52
合 计			100	142.16

表 2-11 数据表明，氧化铝的生产成本约为除铁矿粉的 1.4 倍。值得说明的是：表中有关氧化铝的数据是引用具有几十年成熟生产经验的 800kt/a 的大厂生产指标，除铁矿粉是不到 1000t/a 的工业试验指标，不仅规模小，由于试验经费的限制，装备水平也很低。因规模和装备水平的差异，表中数据只作相对参考而没有直接可比性。随着规模的扩大和设备的完善配套，除铁矿粉的重油、盐酸、铝土矿等消耗以及设备折旧、工资、车间经费等，有很大潜力可挖，成本可望有

较大幅度降低。

由于浸出液的循环利用，浸出液中的 $AlCl_3$ 和 $FeCl_3$ 或 $Al_2(SO_4)_3$ 和 $Fe_2(SO_4)_3$ 会不断积累，可加以综合利用[24]。方法之一是用萃取的办法将铝盐和铁盐提取出来，酸再生后返回流程。铝盐、铁盐或它们的含酸溶液可用于水的净化处理或造纸、制革等行业。试验表明，铝土矿中的钪，在酸法处理过程中，大多进入浸出液，这样，钪在很大程度上被富集，可用离子交换和萃取工艺提取含钪化合物。如将硅钛氧化铝生产与电解法生产铝钪合金结合起来，很可能成为铝土矿综合利用的一大亮点[25]。酸法除铁尾液的种种综合利用，既减少环境污染，又提高经济效益。但要实现工业化生产，尚需做进一步的试验研究和市场开发。

B　铝土矿的破碎、磨细

酸浸除铁是液固反应，研究表明，反应速度受扩散控制。固相粒度越细，比表面积越大，越有利于加快反应速度。但磨制的粒度过细，不仅需要消耗过多的能量，且会给液固分离、焙烧和收尘带来困难，浮游物损耗和飞扬损失都会增加。最佳粒度范围的选择要视工厂装备水平而定。一般以 0.121 ~ 0.060mm（120 ~ 240 目）最为适宜。工业试验和试生产时，因受设备条件的限制，粒度控制不很理想，粗细不够均匀，列举的粒度分布数据仅供参考。曾经采用过的矿样粒度分布为：大于 0.121mm（120 目）为 19.94%，小于 0.060mm（240 目）为 49.30%，0.121 ~ 0.060mm（120 ~ 240 目）为 30.76%。其中小于 0.104mm（150 目）的约占总量的 70%，这部分粒径分布见表 2-12。

表 2-12　矿粉中小于 0.104mm（150 目）部分的粒径分布

粒径范围/μm	0 ~ 2.0	2.0 ~ 5.0	5.0 ~ 10.0	10.0 ~ 20.0	20.0 ~ 40.0	40.0 ~ 60.0	60.0 ~ 80.0	80.0 ~ 100.0
比例(质量分数)/%	13.9	8.8	10.1	16.5	26.3	9.3	8.2	6.9

C　酸浸除铁

酸浸除铁在带有加热装置的耐酸反应器中进行。工艺条件：温度为 60 ~ 100℃；酸浓度（HCl）为 5% ~ 25%；搅拌速度为 40 ~ 120r/min；反应时间为 20 ~ 150min。

盐酸除铁反应速度很快，在盐酸浓度为 15%，温度为 80℃的条件下，15min 后 Fe_2O_3 溶出率可达 75% 以上。所以酸浸过程不宜过分延长时间，否则，不仅能量浪费，而且铝的损失和酸耗都会增加。

温度对溶出效果影响明显，基本符合一级反应的动力学规律，温度每提高 10℃，反应速度增加一倍[26]。在盐酸浓度为 15%，反应时间为 60min 的条件下，Fe_2O_3 溶出率与温度的关系如图 2-9 所示。

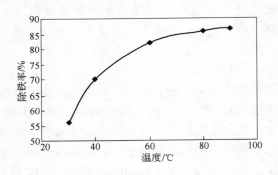

图 2-9   温度对 Fe_2O_3 溶出率的影响

其次是盐酸浓度对溶出效果的影响。随着盐酸浓度增加，反应速度加快，但当 HCl 浓度大于 15% 时，这种影响逐渐变得不明显。盐酸浓度很低时仍有一定的反应能力，2.7% 的 HCl 在适当条件下仍能除去 45% 的 Fe_2O_3。根据这一特性，宜采用逆向多次浸出。用上一次浸出的滤液浸取新矿粉，过滤的滤饼再用新酸浸取，这就构成了两级逆向浸出，以此类推，可以构成多级逆向浸出。这就为酸的循环利用提供了很好的条件。

在温度为 80℃，浸出时间为 60min 的条件下，HCl 浓度与 Fe_2O_3 溶出率的关系如图 2-10 所示。

搅拌速度对除铁效果也有影响。随着搅拌速度的增加，除铁效果略有提高。当搅拌速度达到一定值之后再提高搅拌速度，Fe_2O_3 溶出率没有明显的变化。搅拌速度的控制范围视设备形状和大小而异，一般以 40 ~ 120r/min 为宜。

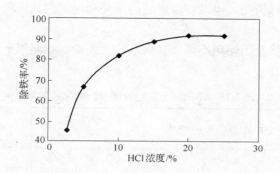

图 2-10 HCl 浓度对 Fe_2O_3 溶出率的影响

时间、温度、酸浓度和搅拌速度对酸浸过程中 Al_2O_3 损失率的影响规律与铁的溶出率相似。

表 2-9 中的巩义矿样经盐酸除铁后的生料化学组成见表 2-13。

表 2-13 酸浸除铁后生料的化学组成

成分	Al_2O_3	SiO_2	TiO_2	K_2O	MgO	Fe_2O_3	CaO	Na_2O	灼减
质量分数/%	70.66	8.63	2.82	1.07	0.43	0.37	0.14	0.074	14.2

根据表 2-9 和表 2-13 及物料平衡，可计算出各成分的实际溶出率和理论酸耗。对铝土矿中能被酸分解的几个主要成分进行计算，其结果列于表 2-14。

表 2-14 几个主要成分的实际溶出率及理论酸耗

成 分	主要反应	实际溶出率/%	每吨除铁矿粉的理论酸耗（HCl）/kg
Fe_2O_3	$Fe_2O_3 + 6HCl \Longrightarrow 2FeCl_3 + 3H_2O$	71.2	15.0
CaO	$CaO + 2HCl \Longrightarrow CaCl_2 + H_2O$	76.5	7.0
Al_2O_3	$Al_2O_3 + 6HCl \Longrightarrow 2AlCl_3 + 3H_2O$	1.5	28.0

可见，将其他成分也考虑在内，每吨焙烧后的除铁矿粉理论酸耗略高于 50kg HCl，折合成 31.5% 的工业盐酸约为 160kg。表 2-11 中所列除铁矿粉盐酸单耗 400kg，是在规模很小、设备条件较差的工业

试验中的实际消耗，也没有考虑酸的循环利用。因此该项指标有很大潜力可挖。

各项指标会因使用不同原料而有较大差别。不同铝土矿的溶出结果列于表 2-15。

表 2-15　不同铝土矿经盐酸浸出的除铁效果

试样编号	原矿组成（质量分数）/%			除铁矿粉组成（质量分数）/%		浸出率/%	
	Al_2O_3	SiO_2	Fe_2O_3	SiO_2	Fe_2O_3	Al_2O_3	Fe_2O_3
I	57.91	22.80	0.90		0.39	1.58	56.67
II	71.65	9.33	1.34		0.37	0.33	72.40
III	76.89	2.09	1.43	2.10	0.22	0.83	84.61
IV	69.80	8.40	1.48		0.44	0.71	70.27
V	71.71	7.10	1.50	7.20	0.30	0.14	80.00
VI	69.01	10.80	1.85	10.80	0.31	0.64	83.24
VII	71.28	7.12	2.48	7.20	0.42	1.13	83.06
VIII	71.26	6.66	2.90	6.85	0.38	1.05	86.90
IX	66.59	14.54	3.00	14.65	0.13	0.50	95.67
X	70.39	8.10	3.54		0.44	1.45	87.57
XI	75.00	2.40	3.99	2.10	0.31	0.24	92.23

表 2-15 中的矿样来自河南和山西等不同地区，品位也有较大差异，但除铁结果均能满足电解合金的要求。与 E. Fobay 及其同事的试验结果相比，由于原矿含铁量有很大差别，上述产品含 Fe_2O_3 低于 E. Fobay 实验结果。

E. Fobay 和 K. Tittle 用澳大利亚韦帕矿为原料，破碎至 0.246 ~ 0.104mm（60 ~ 150 目），经 700℃ 活化焙烧，用 77% 的活化焙烧矿粉配 23% 碳还原剂，在 1040℃ 还原焙烧 1h，然后酸浸或氯化，所得产品含 Fe_2O_3 0.5% ~ 1.0%。试验结果分别列于表 2-16 和表 2-17。

表 2-16 经活化焙烧和还原焙烧的韦帕矿在 100℃酸浸除铁的结果

所用浸出剂	浸除时间/min	浸出率/%		
		Fe_2O_3	TiO_2	Al_2O_3
0.2mol/L HCl	30	90.9	0.9	2
0.75mol/L HCl	30	90.6	2.4	2
2.5mol/L HCl	30	91.1	2.9	2
6.0mol/L HCl	30	91.3	4.3	2
6.0mol/L HCl	360	92.5		
0.3mol/L H_2SO_4	30	85.9		2
3.0mol/L H_2SO_4	30	89.7		2

表 2-17 经活化焙烧和还原焙烧的韦帕矿氯气用量为
理论量的 200%，氯化时间 45min 时的氯化结果

氯化温度/℃		550	600	640	680	730
去除率/%	Fe_2O_3	91.7	92.0	92.3	92.6	93.8
	TiO_2	27.2	41.1	50.1	60.2	67.7
	Al_2O_3	少　量				

我国铝土矿酸浸除铁工艺的除铁深度大致以残留 0.3% Fe_2O_3 为极限。因为我国铝土矿都含有一定量的铝针铁矿，铁以类质同晶进入 AlOOH 的晶格中，少量铁以类质同晶进入 TiO_2 的晶格中，还有少量铁存在于伊利石、叶蜡石、云母类矿物中。这部分铁都是很难被酸完全浸出的。

X 射线衍射及综合热分析仪的分析结果表明，酸浸除铁后的生料主要矿物成分为：一水硬铝石、伊利石、高岭石、锐钛矿、金红石、绿泥石、电气石及微量硫磷铝锶石。与原矿矿物成分相比，可见赤铁矿、针铁矿、方解石等矿物成分已基本被酸分解完毕。

图 2-11 是除铁后生料的 X 射线衍射图谱，图 2-12 是它的综合热分析图谱。

D　液固分离和洗涤

经酸浸除铁的矿浆，铁等有害成分大部分进入液相，铝、硅和钛

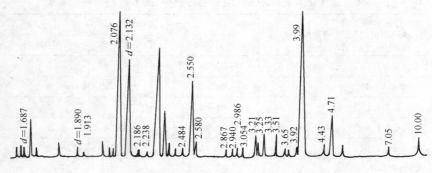

图 2-11   除铁后生料的 X 射线衍射图谱

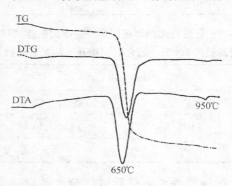

图 2-12   除铁后生料的综合热分析图谱

等有用成分则绝大部分保留在固相不变，经液固分离和洗涤即可排除铁。固相送去煅烧和成分调配，液相返回酸浸。

　　液固分离可采用常规的沉降分离洗涤或过滤分离洗涤。常用的过滤设备有真空转鼓过滤机、盘式过滤机、带式压滤机和板框压滤机等。无论采用沉降或过滤，一般都经二次、三次或多次逆向洗涤，在此不做详细叙述。本书重点推介工业试验和试生产曾经用过的新型流态化洗涤设备——低床高效流态化洗涤塔，其设备流程如图 2-13 所示。

　　流态化洗涤是在竖直系统中进行固液相逆流洗涤的技术。其特点是设备简单、占地小、用水量少以及洗涤效率高。但常规流态化洗涤塔也有不足之处，一是难以同时保证既将底流洗净，又能使溢流澄

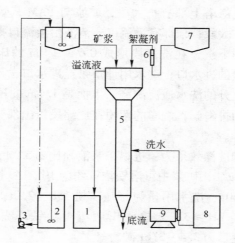

图 2-13 低床高效洗涤塔工艺流程示意图

1—溢流液槽；2—矿浆槽；3—矿浆提升泵；4—矿浆稳压槽；5—洗涤塔；
6—浮子流量计；7—絮凝剂槽；8—洗水槽；9—计量泵

清，两者不能兼得；二是塔身太高，设备建造和辅助设备选型有一定困难。针对铝土矿酸浸除铁矿浆的性能特征开发的低床高效洗涤塔基本解决了上述问题。

由于酸浸除铁矿浆的特性，给流态化洗涤设备提出如下要求：

（1）高的洗涤效率。洗涤前矿浆含游离 HCl 3～6mol，洗涤后要求矿浆 pH≥3，即底流酸度为进料浆酸度的 1/3000～1/6000。如果采用常规流态化洗涤塔单段洗涤，这是不可能达到的。

（2）为了保证除铁效果，原矿粒度往往磨得较细，经酸浸除铁后有进一步细化的趋势，洗涤过程中跑浑现象需着力避免。

（3）浸出矿浆含有较高浓度游离酸，必须返回利用，所以要求洗涤过程尽可能地少用洗水。

（4）物料为浓盐酸体系，为了减轻耐酸设备制造和物料提升方面的困难，希望在满足工艺条件前提下，塔高越低越好。工业试验和试生产采用的 ϕ300mm × 4300mm 低床高效洗涤塔基本能满足这些要求。

低床高效洗涤塔上部有扩大段，矿浆与 PAM-1 型絮凝剂按比例同时加到塔顶扩大段；顶部有溢流口，清液由溢流口排出；矿浆絮凝过程形成的絮团下沉，在洗涤段形成 0.7 ~ 0.9m 的床层；中部有可控制压力和流量的进水口，洗水用计量泵经进水口送入塔内。料浆随床层下移而被上升的洗水逆流洗涤。下面是 1.1m 的压缩段，最下端有控制液固比的排料阀，洗净的絮团在压缩段析出部分水后，由塔底排料阀排出塔外。

工艺参数和洗涤效果为：进料矿浆液固比 1.5 : 1；矿浆中游离盐酸浓度约为 100g/L；矿浆中可溶铁浓度约为 10g/L；絮凝剂用量为每吨矿粉 180 ~ 260g；洗水用量为每吨矿粉 1.8 ~ 2.0t；底流液固比为 1.2 ~ 1.4；底流 pH ≥ 3；未检测出底流可溶铁；洗涤效率不小于 99.9% ；日处理量为 3.4 ~ 3.6t 矿粉。

该洗涤工艺不足之处在于：要求对浸出液中铝离子含量限制较严。当浸出液中铝离子含量较高时，会因水解生成 $Al(OH)_3$ 凝胶，它具有较强的絮凝作用，会生成难以破坏的絮凝团，包裹矿浆，影响洗涤效果，使底流 pH 值不能达标。一旦遇到这种情况，需在流态化洗涤前增加一级沉降分离。

2.2.2 其他除铁方法

2.2.2.1 重选—磁选除铁[27]

酸法除铁的除铁深度比较理想，适用范围也广，尤其是对河南、山西和贵州等地的铝土矿床。但对某些矿床，酸法除铁不一定是最经济的，比如，位于湘西的某铝土矿就不宜采用酸法除铁，而更适合于重选—磁选的工艺流程。

湘西铝土矿化学组成的特点是：铝硅比低，但铁、钛、钙、镁、钾和钠等含量也低。各成分（质量分数）的变化范围大致是：Al_2O_3 59% ~ 64%，SiO_2 19% ~ 24%，TiO_2 1.14% ~ 1.55%，Fe_2O_3 0.8% ~ 1.5%，CaO ≤ 0.25%，MgO 0.1% ~ 0.3%，$K_2O + Na_2O$ ≤ 0.30%，灼减 13.4% ~ 15.0%。

其矿物组成也很特别，主要矿物组成质量分数大致为：高岭石

30%～60%，一水软铝石 10%～60%，一水硬铝石 10%～30%，黄铁矿 1%～2%。类似这种矿床，国内其他地区尚未见报道。该矿的铝的水合物以一水软铝石为主，含硅矿物几乎全部是高岭石。一水软铝石和高岭石在硫酸和盐酸中都有较大的活性，如果采用酸法除铁，大量的铝和硅参与反应，造成铝和硅的损失和很高的酸的消耗；且浸出液中含有较多铝离子，给液固分离和洗涤带来麻烦。

该矿的铁的赋存状态与其他地区矿床也大不相同，其含铁矿物主要是黄铁矿，呈粒径为 1～5mm 的鲕粒状或块状，分布集中，解理清晰，较少弥散状态。这为重选和磁选除铁提供了条件。其他地区矿床含铁矿物主要为赤铁矿和针铁矿，粒径一般为 1～50μm，部分达 50～150μm，相对而言，分布均匀而弥散得多。

针对湘西铝土矿的特点，事先进行人工挑选，选得铝硅比相对较高的矿石作为原料，然后按图 2-14 所示的工艺流程进行重选—磁选除铁。

表 2-18 列举了该工艺获得的除铁矿粉的化学组成。

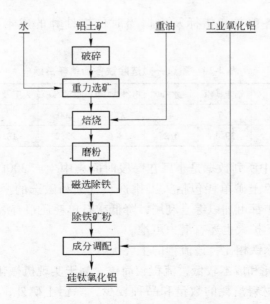

图 2-14 重选—磁选工艺流程示意图

表 2-18 重选—磁选除铁矿粉化学组成（质量分数,%）

成分	Al_2O_3	SiO_2	TiO_2	Fe_2O_3	CaO	MgO	K_2O	Na_2O	灼减
矿样 1	77.81	19.74	1.45	0.31	0.030	0.032	0.040	0.022	0.46
矿样 2	74.90	22.67	1.34	0.54					0.34

在焙烧温度控制适宜的情况下，除铁矿粉的矿物成分主要为：α-Al_2O_3、无定形硅酸铝、锐钛矿和赤铁矿。如果温度偏高，会出现莫来石和金红石相。

除铁矿粉的比表面积为 17.6m²/g，真密度为 2.93g/cm³，粒度分布见表 2-19。

表 2-19 除铁矿粉的粒度分布

粒径/μm	<10	<30	<40	<50	<70	<100
占总量的比例/%	29.8	55.3	71.9	83.8	95.6	100

上述产品经成分调配后，其物理化学性能都能满足电解合金的要求。

该工艺各项单耗指标及根据当时价格计算的成本构成列于表 2-20。

表 2-20 重选—磁选除铁各项单耗指标

项 目	铝土矿/t	水/t	电/kW·h	重油/kg	人工及其他	合 计
单 耗	1.7	4	250	200		
成本构成/%	39.4	0.2	18.6	23.2	18.6	100.0

表 2-20 中所列数据是小厂在一段时间集中生产 300t 的实际消耗指标。其中铝土矿单耗包括人工挑选、重选和磁选的全部尾矿，无疑，这些尾矿都可加以综合利用，降低矿石单耗还很有潜力。其他指标随着规模的扩大也还有潜力可挖。

与酸法除铁相比，该流程的主要优点是：

（1）能耗和成本较低，流程较简单，易于实现机械化；

（2）原材料消耗的数量和品种较少，除铝土矿外，几乎不需要其他辅助原料；

（3）工艺流程中没有酸和碱等强腐蚀性介质，不存在设备防腐方面的困难；设备相对简单，建设投资较省。

主要不足则是其适用范围具有很大的局限性，只适用于某些特殊类型的铝土矿。

2.2.2.2 强磁选除铁

尽管酸法除铁是目前生产硅钛氧化铝较成熟的工艺，但它仍然存在不足之处。比如要杜绝酸液、酸雾对建筑物及设备的腐蚀，彻底治理对环境的污染等都有很大的困难；酸的供应和运输总是因时因地不同而存在不稳定因素；除铁尾液的处理及综合回收利用也有一定难度，需要较多的设备投入，还要依赖综合回收产品的销售市场。因此，总希望寻找能代替酸法除铁或作为酸法除铁的补充的有更广泛适用价值的新方法。近年来强磁选的技术和设备的新发展，对铁的选别能力有较大提高，因此，对其能否满足生产硅钛氧化铝的要求进行了探索。

在河南省境内选取了4个矿样供强磁选试验，它们的化学组成列于表2-21。其中矿样1是预先经过焙烧的，其余3个矿样均为生矿。

表 2-21　强磁选原料化学组成（质量分数,%）

试样编号	Al_2O_3	SiO_2	TiO_2	Fe_2O_3	其他	灼减
矿样1	75.90	14.50	3.42	1.07	4.61	0.5
矿样2	58.60	21.57	2.94	1.59	2.20	13.1
矿样3	74.80	4.41	3.84	0.76	2.62	13.57
矿样4			3.89	2.30		14.0

矿样3和4的矿物组成半定量分析结果列于表2-22。

表 2-22　强磁选原料矿物组成（质量分数,%）

试样编号	一水硬铝石	高岭石	锐钛矿	金红石	赤铁矿	针铁矿	伊利石及其他
矿样3	70~80	10~12	2.5	1.5	0.6	0.4	各少许
矿样4	70~80	3	2.5	1.5	1	3	10

磁选除铁的可行性必须建立在被分离矿物（磁性物和非磁性物）之间的磁性差异和完全解离的基础上，所以，首先决定于被选原料的矿物成分及微观组构特征，其次才是除铁的装备和工艺流程。河南铝土矿的一般特点为：其含铝矿物以一水硬铝石为主，热力学性质较为稳定；硅矿物以高岭石为主，还含有伊利石和云母类；铁矿物以赤铁矿为主，大部分呈细粒浸染，粒径主要集中于 $0.05\text{mm} \leqslant d \leqslant 0.15\text{mm}$，还有是针铁矿及少量钛铁矿和黄铁矿。

但矿样 4 比较特别，铁矿物以针铁矿为主。针铁矿弥散程度更高，大部分呈极细粒浸染（$d \leqslant 0.05\text{mm}$），常与一水硬铝石胶联，部分还以异质同晶代换形成铝针铁矿。该矿的伊利石、叶蜡石和云母等矿物含量也较高，部分铁进入它们的晶格中。这些特征都增加了强磁选除铁的难度。

首先采用干式强磁选。干式磁选工艺简便，成本和能耗较低。但干式磁选易产生矿粉的相互黏结。为了增加可分离性，干式磁选前对矿粉进行焙烧或还原焙烧。

采集含 Fe_2O_3 质量分数为 0.69% 的原矿，经不同条件焙烧去灼减后，干矿粉含铁 0.81%，在 14000Gs 的磁场强度下进行干式磁选，其结果列于表 2-23。

表 2-23　干式磁选结果　　　　　　　　　　　（%）

焙烧条件	1000℃焙烧	1100℃焙烧	1200℃焙烧	1100℃还原焙烧
一次磁选后含 Fe_2O_3	0.63	0.62	0.59	0.62
Fe_2O_3 含量下降	22.2	23.5	27.2	23.5

显然，干式磁选效果不佳，不能满足生产硅钛氧化铝的要求。为此改用湿式强磁选。一粗一精的湿式强磁选流程如图 2-15 所示。

磨矿工序须严格控制磨矿细度。磨矿细度主要受两方面限制：一方面磁选分离基本要求被分离矿物破碎至单体解离，铝土矿中的铁矿物其粒径绝大部分在 $0 \sim 150\mu\text{m}$ 之内，从这个角度，希望磨矿粒度越细越好。但强磁选有效处理粒度的下限基本在 $30\mu\text{m}$ 左右，粒度再细除铁效果已没有明显改善。而且粒度越细，能耗越高，硅钛氧化铝在储运过程和电解槽加料时的飞扬损失越大。从这个角度粒度不宜过

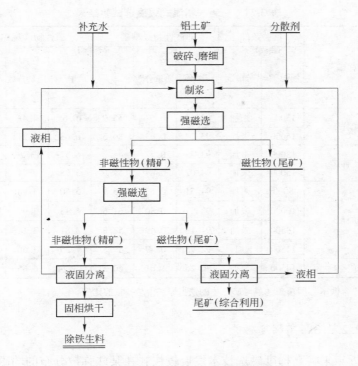

图 2-15 一粗一精湿式强磁选流程

细,所以一般控制在:$30\mu m \leqslant$ 矿粉粒度 $<150\mu m$。

制浆时需充分搅拌,液固比一般控制在 3∶1 左右。添加分散剂可以改善除铁效果,分散剂的品种和加入量以不影响硅钛氧化铝品质为限。

如果将图 2-15 的流程中第二次获得的非磁性物再重复一次强磁选操作,则构成一粗两精的流程,其除铁效果比一粗一精优越。

一粗一精的试验结果列于表 2-24。

数据表明,部分试验的精矿含 Fe_2O_3 降至 0.5% 左右,基本满足硅钛氧化铝的质量要求,且精矿回收率较高。如果适当降低精矿产出率,并采用一粗两精的流程,精矿含 Fe_2O_3 能进一步下降。毕竟强磁选比酸法工艺流程和设备简单,能耗和成本低,所以,强磁选可以因地制宜地作为生产硅钛氧化铝的一种方法。

表 2-24 一粗一精湿式强磁选试验结果

试样编号	试验条件		非磁性物（精矿）			磁性物（尾矿）		
	场强/Gs	分散剂	产率/%	Fe$_2$O$_3$质量分数/%	含铁率/%	产率/%	Fe$_2$O$_3$质量分数/%	含铁率/%
矿样 1	13000	未加	89.35	0.67	55.9	10.65	4.43	44.1
	15000	未加	93.37	0.63	80.5	6.63	2.21	20.1
矿样 2	13000	未加	93.43	0.77	45.2	6.57	13.26	54.8
	15000	未加	94.02	0.84	57.6	5.98	9.71	42.3
矿样 3	8000	未加	94.51	0.53	65.9	5.50	3.98	28.8
	10000	未加	93.57	0.50	61.6	6.43	3.92	33.2
	14500	未加	91.19	0.49	58.8	8.81	3.11	35.9
	14500	加	92.75	0.49	59.8	7.25	3.66	34.9
矿样 4	14500	未加	86.26	1.61	60.3	13.74	6.65	39.7

注："含铁率"即精矿（或尾矿）中的铁占原矿中总铁量的比例。

2.2.2.3 高梯度磁选

近年来，高梯度磁选技术发展较快，在某些弥散分布的弱磁性矿物的选别方面有新的突破。因此探索了铝土矿的高梯度磁选除铁。

将磨至一定粒度的矿粉按液固比 10:1 配制成料浆，添加约 2%的分散剂，搅拌混合均匀，在高梯度磁选机上进行分选。其操作程序同强磁选除铁。试验结果见表 2-25。

表 2-25 一粗一精高梯度磁选结果

矿样编号	场强/Gs	非磁性物（精矿）			磁性物（尾矿）		
		产率/%	Fe$_2$O$_3$质量分数/%	含铁率/%	产率/%	Fe$_2$O$_3$质量分数/%	含铁率/%
矿样 1	12700	72.14	0.54	51.3	27.86	1.33	48.8
	19000	68.08	0.42	37.6	31.92	1.49	62.6
矿样 2	12700	76.16	0.63	35.0	23.84	3.73	64.9
	19000	67.19	0.56	27.5	32.81	3.03	72.6

从精矿含 Fe_2O_3 看，高梯度磁选略优于强磁选。但高梯度磁选要求矿粉磨得更细，这是生产硅钛氧化铝难以接受的。高梯度磁选尾矿量较大，设备较为复杂，维护较为困难，操作也不及强磁选方便。就目前水平看，高梯度磁选还难以适用硅钛氧化铝生产的要求。

2.2.2.4 还原酸浸除铁

还原酸浸除铁是将一种来源较广、价格较低廉的还原剂与磨制好的铝土矿粉混匀，经中温快速焙烧，冷却后用预先配置好的 pH 值为 2~3 的酸性液浸出，然后液固分离、焙烧，获得除铁矿粉。

还原酸浸与强磁选相比，有更显著的除铁效果，但增加了浸出液的处理问题。与酸法除铁相比，还原酸浸多一道中温焙烧工序，但设备防护和环境治理的难度会小一些。所以还原酸浸也可能因地制宜地成为生产硅钛氧化铝的方法之一。

2.2.3 铝土矿粉除铁后的焙烧

除铁后的生料（以下简称生料）含有一定量的附着水和灼减（主要是氢氧根，其次是碳酸根），必须经过严格的焙烧，使其降低到规定范围之内，否则，带进电解槽会与电解质发生反应而引起电解质大量挥发损失和环境污染。从这个角度而言，焙烧得越彻底越好，但同时又要保证硅钛氧化铝在电解质中有足够的溶解度和溶解速度，以避免产生沉淀。因此，除铁后的矿粉焙烧要防止过烧，保持矿粉的一定活性。为了最经济地达到上述目的，合理选择焙烧设备和工艺参数至关重要，这有赖于研究生料的焙烧性能。

生料的焙烧可以采用多种焙烧设备，本书着重介绍回转窑焙烧。

供焙烧试验的生料含附着水 6%~10%，化学组成（折干）见表 2-26，矿物组成见表 2-27，各成分的相变温度列于表 2-28。

表 2-26 生料的化学组成

成分	Al_2O_3	SiO_2	TiO_2	K_2O	MgO	Fe_2O_3	CaO	Na_2O	灼减
质量分数/%	71.53	9.6	3.29	1.04	0.43	0.37	0.12	0.07	13.96

表 2-27 生料的矿物组成

矿物成分	一水硬铝石	伊利石	高岭石	锐钛矿	叶蜡石	方解石	金红石	石英	其他
质量分数/%	76.0	12.5	3.2	2.5	1.5	1.0	0.9	0.7	微量

表 2-28 各成分的相变或分解温度

矿物成分	转变温度/℃	相变或分解表达式
一水硬铝石	560	$2(\alpha\text{-AlOOH}) \longrightarrow \alpha\text{-Al}_2O_3 + 3H_2O, \Delta H = 83345.28J$
高岭石	660	$Al_2O_3 \cdot 2SiO_2 \cdot 2H_2O \longrightarrow Al_2O_3 \cdot 2SiO_2 + 2H_2O$
	970	$3(Al_2O_3 \cdot 2SiO_2) \longrightarrow 3Al_2O_3 \cdot 2SiO_2 + 4SiO_2$（非晶态）
	1220	SiO_2（非晶态）$\longrightarrow SiO_2$（方石英）
伊利石	550～650	$K_{0\sim1}(Al,Fe)_2(OH)_2 \cdot [AlSi_3O_{10}] \cdot nH_2O \longrightarrow 1/2(K_2O \cdot Al_2O_3 \cdot 2SiO_2) + Al_2O_3 \cdot 2SiO_2 + mH_2O$
	850～950	$3(Al_2O_3 \cdot 2SiO_2) \longrightarrow 3Al_2O_3 \cdot 2SiO_2 + 4SiO_2$
叶蜡石	750	$Al_4[Si_{18}O_{20}](OH)_4$ 的完全脱水
锐钛矿	496	晶型转变
	966	晶型转变
方解石	950	$CaCO_3 \longrightarrow CaO + CO_2$
电气石	960	$(Na,Ca)(Li,Mg,Fe^{2+},Al)_3(Al,Fe^{2+})B_3Si_6O_{27}(O,OH,F)_4$ 完全脱水
石英	570	晶型转变
	870	晶型转变

用焙烧产物的残留灼减量 L（质量分数,%）及活性度 A 来衡量焙烧效果。活性度 A 的量度则用产物在 72h 内的吸水率（质量分数,%）表示。

采用回转窑焙烧，影响焙烧效果的因素有：物料本性（物相组成、粒度、密度和松装密度、安息角、表面特性及焙烧条件下的熔解状态等）、焙烧温度 T、传热方式、物料在窑内停留时间和运动状态等。而停留时间和运动状态主要决定于窑的倾斜度 I、转速 N、填充系数 ψ 和进料速度 G。

进料速度 G(kg/min)按以下经验公式计算：

$$G = \frac{42.389D\psi NI\gamma}{(1-\eta)(24+\alpha)} \qquad (2\text{-}1)$$

式中　D——窑平均有效内径，m；

　　　ψ——物料填充系数，即在窑的某个横截面上物料所占面积与总横截面积之比的平均值，根据工业实践经验，这里将 ψ 选定为 0.1；

　　　N——窑转速，r/min；

　　　I——窑倾斜度，%；

　　　γ——物料松装密度，对于除铁铝土矿粉约为 1.0g/cm^3；

　　　η——焙烧过程中的烧损率，对于除铁铝土矿粉约为 15%；

　　　α——物料安息角，对于除铁铝土矿粉约为 45°。

一旦设备选定，传热方式基本确定。如果严格按上述函数关系控制进料速度，则焙烧效果只与焙烧温度 T、窑转速 N、窑倾斜度 I 及物料焙烧性能有关。将 T、N、I 作为自变量，L 和 A 作为因变量，在不同的 T、N、I 条件下，分别测得 L 和 A 的值，用三因子一次回归正交方法，经试验得出适用于生料焙烧的数学模型如下：

$$Y_L = -1.1818 + 0.2560X_1 + 0.001563X_2 - 1.6685X_3 \quad (2\text{-}2)$$

$$Y_A = -1.5390 + 0.3317X_1 + 0.1119X_2 - 0.9558X_3 \quad (2\text{-}3)$$

其中：　　　　$Y_L = \ln L；\quad Y_A = \ln A$

$$X_1 = \frac{\ln N - 1.2528}{0.9730} + 1$$

$$X_2 = \frac{\ln I - 1.2528}{0.9730} + 1$$

$$X_3 = \frac{\ln T - 1.2528}{0.9730} + 1$$

$$L = \frac{1.5828 \times 10^{41} N^{0.2631} I^{0.001606}}{T^{13.5353}} \qquad (2\text{-}4)$$

$$A = \frac{1.5478 \times 10^{23} N^{0.3409} I^{0.1150}}{T^{7.7537}} \qquad (2\text{-}5)$$

根据上述回归方程获得的计算值与试验实际测得值的比较列于表2-29。数据表明,试验值与计算值基本吻合,方程的命中率可以满足工业应用的需要。

表 2-29 方程计算值与试验值的比较

试验序号	试验条件			试验值		式 2-2 和式 2-3 计算值		式 2-4 和式 2-5 计算值	
	N/r·min^{-1}	I/%	T/K	L	A	L	A	L	A
1	2.5	3.5	1373	0.069	0.090	0.0631	0.1030	0.0684	0.114
2	2.5	0.5	1373	0.073	0.080	0.0629	0.0824	0.0682	0.0917
3	2.5	3.5	1073	1.21	1.24	1.77	0.697	1.925	0.776
4	2.5	0.5	1073	1.23	0.67	1.77	0.5574	1.920	0.620

根据式 2-2 和式 2-3,分别用 $\ln T$、$\ln N$、$\ln I$ 为横坐标,以 $\ln L$ 和 $\ln A$ 为纵坐标,可以得出如图 2-16 所示的曲线。

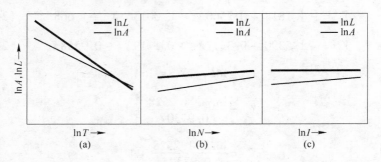

图 2-16 $\ln L$ 和 $\ln A$ 随 $\ln T$、$\ln N$ 和 $\ln I$ 的变化规律

(a) N 和 I 不变,$\ln L$ 和 $\ln A$ 随 $\ln T$ 的变化;

(b) T 和 I 不变,$\ln L$ 和 $\ln A$ 随 $\ln N$ 的变化;

(c) T 和 N 不变,$\ln L$ 和 $\ln A$ 随 $\ln I$ 的变化

从图 2-16 中曲线或式 2-2 ~ 式 2-5 均能看出，在焙烧温度、窑转速、窑倾斜度诸因素中，焙烧温度对焙烧效果影响最强烈，其次是窑转速。

有了该模型，可以根据对生料焙烧程度的要求，选定焙烧温度、窑转速和窑倾斜度；也可以根据焙烧温度、窑转速和窑倾斜度等参数预测焙烧效果。

为了满足熔盐电解的要求，一般控制硅钛氧化铝在进电解槽时的总含水率在 0.1% ~ 1.0% 之间。即 $0.1\% \leqslant L + A \leqslant 1.0\%$。如果工业回转窑的 $N = 2.0$，$I = 2.0$，根据模型不难确定焙烧温度需控制在 1150 ~ 1370K 范围内。

目前，供电解用的工业氧化铝焙烧温度一般控制在 1470K 左右，比生料的焙烧温度高 200℃ 左右。而且氧化铝焙烧需脱的水量是生料的 3 倍，因为氧化铝的原料 100% 为 3 个结晶水的氢氧化铝，灼减量约 35%，焙烧反应为：

$$2Al(OH)_3 \xlongequal{\quad\quad} Al_2O_3 + 3H_2O$$

生料中只有 80% 左右一水硬铝石，灼减量约 15%，焙烧反应为：

$$2AlOOH \xlongequal{\quad\quad} Al_2O_3 + H_2O$$

所以，生料焙烧的理论能耗比氧化铝低得多。但表 2-11 中所列重油消耗，前者反而是后者的 2 倍多，这完全是因为二者的规模和设备完善程度相差太大所致。目前，国内采用气体悬浮焙烧炉焙烧氧化铝，每生产 1t Al_2O_3 较好的油耗指标已达到了 73kg，能耗约为 3051.4MJ。如果采用同样设备焙烧除铁矿粉，油耗可望达到每吨矿粉 50kg 左右。由此可见降低硅钛氧化铝的能耗和生产成本大有潜力可挖。

生料焙烧后的化学组成（质量分数）为：Al_2O_3 82.36%，SiO_2 10.06%，TiO_2 3.59%，K_2O 1.25%，MgO 0.50%，Fe_2O_3 0.43%，CaO 0.16%，Na_2O 0.086%，灼减 0.1%。

焙烧后 X 射线衍射分析测得的主要物相成分为：α-Al_2O_3，伊利石、锐钛矿、金红石、赤铁矿（微量）。与焙烧前的生料比较，可见一水硬铝石已基本转变为 α-Al_2O_3；伊利石和电气石已开始分解，分解析出的 Fe_2O_3 增加了赤铁矿的量。高岭石（$Al_2O_3 \cdot 2SiO_2 \cdot 2H_2O$）

在 500~660℃有一个吸热峰，这时失掉结构中的两个结晶水，其层状结构收缩，成为无定形的偏高岭土。继续升高温度，950~970℃出现另一个放热峰，偏高岭土中的无定形 Al_2O_3 转变成 $\gamma\text{-}Al_2O_3$。如果温度继续升高，1220~1250℃的放热峰是莫来石相的生成，过剩的 SiO_2 转变成鳞石英和方石英。在此温度下，锐钛矿将全部转变成金红石相，伊利石也将完全分解，生成莫来石相。但生料实际焙烧温度总是低于 1200℃，所以生料焙烧后仍有锐钛矿和伊利石相存在，而没有出现莫来石、鳞石英和方石英等矿物相。

扫描电镜观察到的显微组构，焙烧前后变化显著，焙烧后比原矿和生料都显得结构均匀。一水硬铝石的晶体已基本消失，$\alpha\text{-}Al_2O_3$ 的晶体已经形成，粒径为 1~5μm；伊利石相已开始分解，其典型的粗大鳞片状晶体逐渐消失。焙烧后较具有代表性的形貌如图 2-17 所示。

图 2-17 生料焙烧后的 SEM 二次电子像（×6000）

2.3 硅钛氧化铝的物理化学性质

2.3.1 硅钛氧化铝的物理特性

原料的某些物理特性对熔盐电解过程十分重要。比如，安息角反映物料的流动性能，从下料系统考虑，希望原料安息角小，流动性好。但从原料在电解槽面保持一定堆积厚度、增加保温、减少热量损失考虑，希望原料安息角大，流动性差一些好。因此原料应该具有适中的流动性能。比表面积和吸水性（活性）与原料在电解质中的溶解速度以及电解烟气干法净化过程中的净化效率密切相关，这两者都希望原料的比表面积大，活性强。但从原料储运角度，则希望比表面积小，活性小，否则会因吸水而使原料进电解槽前含水率偏高，增加电解质挥发损失，破坏电解的工艺条件。松装密度的大小影响原料的储运成本和飞扬损失程度，也影响原料在槽面的堆积性能。真密度与原料在电解质中的沉降速度有关，影响到是否容易产生沉淀。

作为熔盐电解的原料，希望它们的上述物理特性数值处于适当范围。因此，测定了硅钛氧化铝（ST-Al_2O_3）的上述物理性能，并与占我国氧化铝总产量中比例最大的中间状工业氧化铝进行比较。它们的化学组成见表 2-30。

表 2-30　几种 ST-Al_2O_3 和工业 Al_2O_3 的化学组成

试样名称	化学组成(质量分数)/%								
	Al_2O_3	SiO_2	TiO_2	Fe_2O_3	CaO	MgO	Na_2O	K_2O	灼减
中间状 Al_2O_3	98.3	0.16		0.04			0.50		1.0
ST-Al_2O_3-Ⅰ	93.52	3.13	1.08	0.16	0.048	0.15	0.36	0.38	0.73
ST-Al_2O_3-Ⅱ	90.33	5.11	1.80	0.24	0.08	0.25	0.29	0.63	0.55
ST-Al_2O_3-Ⅲ	82.36	10.06	3.59	0.43	0.16	0.50	0.086	1.25	0.1

它们的物理性能比较见表 2-31。

表 2-31　ST-Al_2O_3 和工业 Al_2O_3 物理性能的比较

试样名称	物理性能				
	安息角/(°)	比表面积/$m^2 \cdot g^{-1}$	松装密度/$g \cdot m^{-3}$	真密度/$g \cdot m^{-3}$	吸水性/%
中间状 Al_2O_3	36.0	36.5	0.96	3.59	1.65
ST-Al_2O_3-Ⅰ	41.9	29.7	1.05	3.57	1.22
ST-Al_2O_3-Ⅱ	44.5	25.1	1.03		
ST-Al_2O_3-Ⅲ	48.9		1.04	3.56	0.23

注："吸水性"以在室温下饱和水蒸气中 48h 吸水增重率计；安息角的测定用 GB/T 11986 规定的方法；松装密度的测定用 GB/T 13175 规定的方法。

采用不同矿区的矿石，或同一矿区的矿石分别用盐酸或硫酸除铁，所获得的硅钛氧化铝物理性能略有差别。数据表明，其数值都与中间状氧化铝接近，能适用熔盐电解的要求。

2.3.2 硅钛氧化铝的溶解速度和"溶解度"

溶解速度和"溶解度"的测定采用目测法：在井式高温炉中置一铂坩埚，坩埚中放入一定数量一定组成的电解质。升高炉温使电解质熔化，继续升温至预定温度恒温。然后分批向电解质中定量加入氧化铝或硅钛氧化铝。利用目测法，用秒表记录每批料从加入到完全熔解所需时间，这就作为每批料的相对溶解速度。如果30min内未能溶解完，则开始人工搅拌，搅拌20min后仍未溶解完，则认为溶解达到了"饱和"，至此溶解的总量被视为"溶解度"。实际上可看作相对的表观溶解度，添加引号为的是与热力学平衡溶解度以示区别。

测定的试样仍然是表2-30中的四个试样。

采用的电解质的组成（质量分数）为：CaF_2 3.0%，MgF_2 4.0%，Al_2O_3 2.0%，其余为冰晶石。冰晶石摩尔比（NaF/AlF_3）为2.50。实验温度为970℃。每批添加的试样是电解质总量的1%（质量分数）。

测得的溶解速度列于表2-32中。

表 2-32 ST-Al_2O_3 和中间状 Al_2O_3 溶解速度的比较

试样名称	溶解时间/min					
	一批加料	二批加料	三批加料	四批加料	五批加料	六批加料
中间状 Al_2O_3	13.03	21.03	41.49	>50		
ST-Al_2O_3-I	10.99	14.02	43.35	>50		
ST-Al_2O_3-II	13.78	20.93	27.03	41.05	>50	
ST-Al_2O_3-III	6.68	9.53	19.99	29.15	37.13	>50

注：表中各栏溶解时间为单批料的溶解时间而非时间的累计。

目测法存在一定误差，但仍能反映其基本规律。结果表明，硅钛氧化铝比中间状工业氧化铝溶解迅速。其原因可能是因为焙烧温度不同，各试样所含成分特别是 Al_2O_3 的结构不同。中间状氧化铝经受

1420～1520K 的高温焙烧，Al(OH)₃ 脱水后经过一系列晶型变化，约在 570K 开始转变成 χ-Al₂O₃，约 1100K 开始转变成 κ-Al₂O₃，最终在 1420K 开始转变成晶型十分稳定的 α-Al₂O₃。

硅钛氧化铝的焙烧温度比工业氧化铝低得多，这时生料中的一水硬铝石 AlOOH 虽然也都脱水转变成 α-Al₂O₃，但 X 射线衍射分析表明，它的微观结构处于 AlOOH 原晶格向新的晶格过渡，是很不完善的晶体状态，与工业氧化铝之间存在明显差别。工业氧化铝晶格结构完整，而硅钛氧化铝晶体缺陷较多，晶格能较高。用偏光显微镜观察，硅钛氧化铝折射率较低，为 1.56～1.62，对杜来液不变蓝色。由此说明，虽然同属 α-Al₂O₃，但由于生成条件不同，性质也不相同，甚至有较大的差异。例如，800℃ 左右条件下焙烧一水硬铝石得到的 α-Al₂O₃，其化学活性与自然界产出的刚玉或者在 1200℃ 煅烧氢氧化铝所得到的 α-Al₂O₃ 有很大差别，前者活性要比后者大得多。其原因在于较低温度下由一水硬铝石焙烧得到的 α-Al₂O₃ 的晶格处于一种尚未完善的过渡状态，晶粒很细，表现出较高的化学活性，同时由于水的脱除，产生了较多的晶间空隙，有利于电解质的渗透。由于硅钛氧化铝的显微结构与工业氧化铝存在较大差异，其吸水性并不大，但在熔融冰晶石中却具有较大活性，溶解速度较快。因此，只要控制好硅钛氧化铝焙烧的温度及运行条件，能够提高其活性、溶解速度和"溶解度"，获得物理性能满意的硅钛氧化铝。

测得的"溶解度"列于表 2-33 中。

表 2-33 ST-Al₂O₃ 和中间状 Al₂O₃ "溶解度"的比较

试样名称	中间状 Al₂O₃	ST-Al₂O₃-I	ST-Al₂O₃-II	ST-Al₂O₃-III
试样溶解量/%	3.0	3.09	3.36	5.0
Al₂O₃ 溶解量/%	5.0	4.89	5.04	6.13
氧化物溶解总量/%	5.0	5.09	5.36	7.0

注：表中 Al₂O₃ 溶解量和氧化物溶解总量包括电解质中原有的 2% Al₂O₃。

结果表明，硅钛氧化铝的"溶解度"大于中间状工业氧化铝的。这除了因为上述 α-Al₂O₃ 结构的差别外，与 SiO₂ 的存在很有关系。SiO₂ 的硅氧四面体与 Al₂O₃ 的铝氧四面体容易通过"氧桥"形成稳定的大阴离子团结构，相互降低其活度系数。因此，SiO_2 与 Al_2O_3 共同存在时，溶解度会大大增加。

Weill 和 Fyfe 曾经做过 Na_3AlF_6-Al_2O_3-SiO_2 在 800℃和 1010℃下的等温相图[28]，发现在 1010℃下 SiO_2 在纯冰晶石熔体中的溶解度只有 5%，而当体系中 Al_2O_3 含量增加时，SiO_2 的溶解度急剧增加，Al_2O_3 含量达 14%时，SiO_2 的溶解度达 69%的最大值。这表明 SiO_2 的活度系数随熔体中 Al_2O_3 浓度增加而急剧降低，认为其原因是二者之间存在强烈的相互作用，可能形成一种同时含有硅和铝的复杂的阴离子。图 2-18 所示为 Weill 和 Fyfe 获得的 800℃和 1010℃下 Na_3AlF_6-Al_2O_3-SiO_2 三元等温相图。

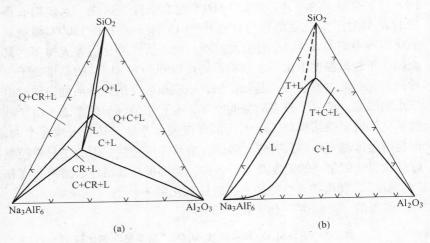

图 2-18　Na_3AlF_6-Al_2O_3-SiO_2 三元等温相图
（a）800℃；（b）1010℃

硅钛氧化铝在合理焙烧温度下，含硅矿物基本都转变成了无定形的 $Al_2O_3 \cdot 2SiO_2$，SiO_2 都以最紧密状态和 Al_2O_3 共同存在，Al_2O_3 与 SiO_2 相互增加溶解度的作用得到了充分发挥。

2.3.3　硅钛氧化铝的结壳性能

自焙阳极铝电解槽是将欲添加的氧化铝覆盖在电解质的表面，这样既能使氧化铝得以预热，又能对暴露于空气中的槽帮和阳极给予保护，对电解槽实现保温、降低能耗、改善操作环境。但这一切都是建立在氧化铝能使电解质形成一定强度的结壳的基础上。如要向电解槽补充氧化铝，只需定期的打破结壳，将已经预热好的氧化铝溶解于电解质中，这就是行业中俗称的"加工"。现代大型预焙槽采用中间点式下料，氧化铝不在壳面上预热了，但靠氧化铝结壳覆盖进行保温和保护炭素材料的功能依然存在，所以结壳性能对熔盐电解过程非常重要，硅钛氧化铝是否具备这种功能也就自然引起了人们的关注。

结壳性能的测试方法是：取一定数量的被测试样置于瓷坩埚中，在井式高温炉中升温至 T_1（相当于正常电解时结壳的温度），并在此温度下保温。另取一定数量一定组成的电解质置于铂坩埚中，在另一井式炉中升温至 T_2（相当于正常电解温度），取一定数量硅钛氧化铝被测试样熔解于铂坩埚里的电解质中，待熔解完毕并温度回复至 T_2 时，立即将熔融电解质倒于瓷坩埚中的试样表面，在 T_1 温度下继续保温 1h。冷却后称取试样表面结壳的质量，该质量与所用电解质质量之比作为结壳性能的标志。

所用试样仍与表 2-30 中的一样。所用电解质组成与测定溶解速度和"溶解度"时相同。测定结果见表 2-34。

表 2-34 ST-Al_2O_3 与中间状 Al_2O_3 结壳性能的比较

试样名称	中间状 Al_2O_3	ST-Al_2O_3-Ⅰ	ST-Al_2O_3-Ⅱ	ST-Al_2O_3-Ⅲ
电解质质量/g	19.0	19.3	20.5	16.9
结壳量/g	30.0	23.0	22.5	18.8
每克电解质结壳性能/g	1.58	1.19	1.10	1.11

表 2-34 数据表明硅钛氧化铝的结壳性能略低于中间状氧化铝，这对电解槽碳质材料的保护和槽面保温有所不利，但能减少打壳加工的困难，特别是预焙槽中间点式下料频繁破壳的难度。

目前，氮化硅和碳化硅等抗高温氧化的槽侧部内衬材料已推广应用，不消耗阳极的试制成功也将为期不远[29~32]。因此，结壳对碳质材料的保护作用也就逐渐显得不那么重要了。另外，如果针对硅钛氧化铝结壳性能较差的特点，设计新的槽型，用耐火保温材料取代结壳的保护和保温作用，问题将可能有更完满的解决。

2.3.4 硅钛氧化铝对电解质密度的影响

电解过程中为了提高电流效率，需要析出的金属能与电解质很好分离，这就希望电解质熔体的密度与金属密度有较大差异。铝在700℃时的密度为 2.38g/cm³，1000℃时约为 2.30g/cm³。1000℃下纯冰晶石熔体的密度为 2.102g/cm³，二者相差约 0.2g/cm³。

为了保证合金电解过程中电解液与合金液能保持足够的密度差，了解加入硅钛氧化铝对电解质密度造成的影响是十分必要的。1000℃下含硅 0.2% ~ 11.63% 的铝硅合金密度为 2.28 ~ 2.33g/cm³。1000℃下冰晶石熔体密度随 Al_2O_3 和 SiO_2 含量的变化见表2-35[33]。

表 2-35 Na_3AlF_6-Al_2O_3-SiO_2 体系 1000℃时的密度 （g/cm³） 随电解质组成的变化

	SiO_2（质量分数）/%	0	2	4	6
	0	2.102	2.100	2.099	2.098
	3	2.078	2.084	2.087	2.088
Al_2O_3（质量分数）/%	6	2.061	2.071	2.078	2.083
	9	2.048	2.060	2.070	2.075
	12	2.038	2.051	2.060	

由此可见，Al_2O_3 或 SiO_2 单独加入电解质时，均使电解质密度下降，但 Al_2O_3 的影响比 SiO_2 显著。当有 Al_2O_3 存在时，电解质密度随 SiO_2 含量增加而增加。因此，单就对电解质密度影响而言，SiO_2 含量不宜过高。

硅钛氧化铝中含 TiO_2 不大于 1.5%，而现代铝电解槽一般控制 Al_2O_3 含量小于 4%。所以电解质中 TiO_2 含量很低（理论和实践证明 TiO_2 不能在电解质中积累），对密度不会有明显的影响。硅钛氧化铝中其他成分含量更低，对密度影响更可忽略。Ca 和 Mg 等元素可在电解质中积累，其作用会更复杂些，这将在 3.1.3 节予以论述。

2.3.5 硅钛氧化铝对电解质初晶温度的影响

铝电解的电解质组成以冰晶石为主。NaF 与 AlF_3 的摩尔比为 3

的纯冰晶石的熔点为 1008℃，不同的研究人员测定的结果稍有差别。为了降低电解质熔融温度，常选择一些添加剂，如 AlF_3、CaF_2、MgF_2 和 LiF 等。添加了添加剂的电解质是一种均匀的熔融体系，它的结晶过程不是在恒定的温度下而是在一定的温度范围内完成的。从液相初始出现晶体的温度，就称做它的初晶温度。

电解过程温度控制的选择直接决定于电解质的初晶温度。为了保证电解质有足够的流动性，一般控制电解温度高于初晶温度 10 ~ 15℃。初晶温度越低，越可以将电解温度控制得较低。这会带来节能、减少电解质挥发、改善操作环境等一系列好处。

除上述添加剂外，氧化铝也能降低电解质的初晶温度。硅钛氧化铝是否也具有这种性质，自然成为电解铝硅钛合金所关注的问题之一。

测定硅钛氧化铝对电解质初晶温度影响的方法是：在已知组成的电解质中加入一定量的被测试样，混合均匀，放入铂坩埚，置于保温效果良好的井式高温炉中，加热至电解质全部熔融并过热一定温度，然后缓慢降温，铂铑热电偶测温，电位差计自动记录温度时间曲线。冷却曲线的第一个拐点所对应的温度视为初晶温度。

试验所用电解质组成（质量分数）为：CaF_2 7.2%，MgF_2 1.0%，LiF 2.0%，其余为冰晶石；冰晶石中 NaF 与 AlF_3 的摩尔比为 2.7。试验所用硅钛氧化铝组成（质量分数）为：Al_2O_3 78.86%，SiO_2 12.25%，TiO_2 3.14%，Fe_2O_3 0.43%，K_2O 1.90%，Na_2O 0.089%，CaO 0.081%，MgO 0.52%，灼减 0.42%。

测得的电解质初晶温度随 $ST-Al_2O_3$ 和中间状 Al_2O_3 添加量的变化列于表 2-36 中。

表 2-36 $ST-Al_2O_3$ 与中间状 Al_2O_3 对电解质初晶温度影响的比较

试样添加量/%	初晶温度/℃		每1%试样降低初晶温度/℃	
	$ST-Al_2O_3$	中间状 Al_2O_3	$ST-Al_2O_3$	中间状 Al_2O_3
3.0	955.0	951.0		
6.0	943.0	935.9	3.95	5.07
9.0	931.3	920.6		

数据表明，硅钛氧化铝降低电解质初晶温度的效果略逊于工业氧化铝。

为了考察硅钛氧化铝中各主要成分对降低初晶温度的贡献，采用上述相同的实验方法，在 NaF 与 AlF$_3$ 的摩尔比为 2.7 的冰晶石电解质中，分别添加纯净的 Al$_2$O$_3$、SiO$_2$ 或 TiO$_2$，并改变它们的含量组合，测定初晶温度的变化。以 Al$_2$O$_3$、SiO$_2$、TiO$_2$ 的含量为因变量，电解质初晶温度 T(℃) 为函数，用三因子一次回归正交方法，获得经验公式：

$$T = 982.78 - 2.828w_{Al_2O_3} + 2.210w_{SiO_2} - 2.490w_{TiO_2} -$$

$$0.1518w_{Al_2O_3}w_{SiO_2} + 0.0919w_{Al_2O_3}w_{TiO_2} - 0.2696w_{SiO_2}w_{TiO_2} \quad (2-6)$$

式中　$w_{Al_2O_3}$——电解质中 Al$_2$O$_3$ 质量分数，%；

　　　w_{SiO_2}——电解质中 SiO$_2$ 质量分数，%；

　　　w_{TiO_2}——电解质中 TiO$_2$ 质量分数，%。

按式 2-6 计算的初晶温度和试验测得值的比较列于表 2-37。数据表明二者较好地吻合，证明该经验公式有一定使用价值（适应于 NaF 与 AlF$_3$ 的摩尔比为 2.7 的 NaF-AlF$_3$-Al$_2$O$_3$-SiO$_2$-TiO$_2$ 体系）。

表 2-37　初晶温度的计算值和实测值的比较

实验编号	试样添加量/%			实测值/℃	计算值/℃	相对误差/%
	Al$_2$O$_3$	SiO$_2$	TiO$_2$			
1	2.0	2.0	3.0	970.5	972.4	0.20
2	4.0	2.9	2.3	969.2	969.4	0.02
3	3.0	5.0	1.0	980.0	979.5	-0.05
4	8.0	3.0	0.6	958.7	961.6	0.30

根据式 2-6 可以推算出：在合金电解允许的浓度范围内，Al$_2$O$_3$ 和 TiO$_2$ 总是起降低初晶温度的作用。SiO$_2$ 的情况复杂些，电解质中单独加入 SiO$_2$ 将使初晶温度升高。这可能与 SiO$_2$ 在电解质中容易形成大的配阴离子团，增加了电解质的黏度，使电解质更易出现近程有序进而发展成远程有序排列的缘故。如果电解质中有 Al$_2$O$_3$、TiO$_2$ 与 SiO$_2$ 共同存在，根据式 2-6，要使初晶温度随添加 SiO$_2$ 而下降，

必须：

$$2.210w_{SiO_2} - 0.1518w_{Al_2O_3}w_{SiO_2} - 0.2696w_{SiO_2}w_{TiO_2} < 0$$

即　　　　　$$2.210 - 0.1518w_{Al_2O_3} - 0.2696w_{TiO_2} < 0$$

大型预焙槽电解过程中 Al_2O_3 质量分数一般控制在 1.5% ~ 3.55%，要满足上述不等式就必须：TiO_2 的质量分数大于 6.2% ~ 7.3%。在电解铝硅钛合金时，这种情况是不能出现的，所以电解质的初晶温度总是随 SiO_2 的加入而升高。正是由于 SiO_2 的这种影响，使硅钛氧化铝降低初晶温度的总体效应不如工业氧化铝。在其他条件相同的情况下，电解铝硅（或铝硅钛）合金比电解纯铝温度控制稍高（高5℃左右）。

2.3.6　硅钛氧化铝对电解质电导率的影响

电解过程消耗的电能主要分成两大部分，一部分转变成化学能（物质的内能），促使被电解的物质分解；另一部分转变成热能，维持热量平衡，使整个体系保持在某一恒定温度，这部分热能的来源是电阻热，而电解质电阻就是这部分热量的最主要提供者。所以电解质的电导率是工艺操作和电解槽设计的重要参数之一。

加拿大学者测定过在 1000℃ 下，Al_2O_3 和 SiO_2 单独存在或共同存在时，对电解质电阻率的影响，数据列于表 2-38。

表 2-38　Na$_3$AlF$_6$-Al$_2$O$_3$-SiO$_2$ 体系在 1000℃时的电阻率　　（Ω·cm）

	SiO$_2$ 质量分数/%	0	2	4	6
Al$_2$O$_3$ 质量分数/%	0	0.357	0.380	0.389	0.40
	3	0.373	0.389	0.402	0.413
	6	0.395	0.415	0.433	0.442
	9	0.420	0.439	0.448	0.459
	12	0.450	0.459	0.465	0.476

东北大学（原东北工学院）测定过在 1000℃ 下 Al_2O_3 和 TiO_2 对电解质电导率的影响，发现 TiO_2 使电解质电导率下降比 Al_2O_3 略微强烈[34]，结果见表 2-39。

表 2-39   1000℃下 Al_2O_3 和 TiO_2 对电解质电导率的影响

电解质组成	Na_3AlF_6	Na_3AlF_6 + 5% Al_2O_3	Na_3AlF_6 + 1% TiO_2	Na_3AlF_6 + 3% TiO_2	Na_3AlF_6 + 5% TiO_2
电导率 /$S \cdot cm^{-1}$	2.29	2.25	2.28	2.23	2.20

　　作者则分别测定了硅钛氧化铝和工业氧化铝对电解质电导率的影响，并进行比较。

　　电导率的测定由熔盐电导测定仪完成，它主要包括惠斯顿电桥、示波器、石英双毛细管的电导池以及直径 1mm 的铂电极。电导池常数用 1mol 基准纯氯化钾溶液标定。为了减少因电解质对石英电导池浸蚀带来的测量误差，每次测量都更换新的电导池，并尽量缩短测量时间。

　　试验所用电解质组成（质量分数）为：CaF_2 7.2%，MgF_2 1.0%，LiF 2.0%；NaF 与 AlF_3 的摩尔比为 2.7。试验所用硅钛氧化铝组成（质量分数）为：Al_2O_3 78.86%，SiO_2 12.25%，TiO_2 3.14%，Fe_2O_3 0.43%，K_2O 1.90%，Na_2O 0.089%，CaO 0.081%，MgO 0.52%，灼减 0.42%。实验温度为 965℃。

　　将测得的电导率换算成电阻率，电解质电阻率随 ST-Al_2O_3 或中间状 Al_2O_3 添加量的变化列于表 2-40 中。

表 2-40   ST-Al_2O_3 与中间状 Al_2O_3 对电解质电阻率影响的比较

试样添加量 /%	电阻率/$\Omega \cdot cm$		每1%试样增加电阻率/$\Omega \cdot cm$	
	ST-Al_2O_3	中间状 Al_2O_3	ST-Al_2O_3	中间状 Al_2O_3
3.0	0.3813	0.3782		
6.0	0.3966	0.3935	0.0071	0.0068
9.0	0.4237	0.4191		

　　数据表明，硅钛氧化铝与工业氧化铝都使电解质的电阻增加，前者更为显著些。其质量分数每增加 1%，二者使电阻率增加的差别为 0.0003$\Omega \cdot cm$。一般电解槽控制氧化铝质量分数为 2% ~ 4%，这样，电解铝硅钛合金时电解质电阻率比普通铝电解槽高 0.0006 ~ 0.0012

$\Omega \cdot cm$。如果阳极电流密度和极距分别按 $0.7 \sim 0.9 A/cm^2$ 和 $4 \sim 5cm$ 计，电解铝硅钛合金时的电解质电阻压降将比工业氧化铝高 $1.7 \sim 5.4mV$，相当于槽电压的 $0.04\% \sim 0.13\%$。

电解铝硅钛合金与铝电解相比，总的槽电压变化不大，但电流效率有所下降。这时输入电解槽的能量的分配发生了变化，转变成化学能的部分有所减少，而转变成热能的部分有所增加。如果不改变操作工艺或电解槽设计参数，就会打破原来的热平衡，使槽温升高。这就是用普通铝电解槽电解铝硅钛合金容易发生"热槽"的主要原因之一。

2.3.7 硅钛氧化铝对电解质组成及挥发损失的影响

研究硅钛氧化铝对电解质组成及挥发损失的影响，可以将其主要成分分为两大类：一类是分解电压不高于 Al_2O_3 的化合物，主要有 Al_2O_3、SiO_2、TiO_2 和 Fe_2O_3；另一类是分解电压高于 Al_2O_3 的化合物，主要有碱金属氧化物、碱土金属氧化物和稀土氧化物。前者在电解过程中都被分解，硅、钛、铁与铝共同析出，基本不在电解质中积累。后者将与电解质成分发生下列反应：

$$3Me_2O + 2AlF_3 = 6MeF + Al_2O_3$$

$$3Me_2O + 2Na_3AlF_6 = 6MeF + 6NaF + Al_2O_3$$

或 $$3Me'O + 2AlF_3 = 3Me'F_2 + Al_2O_3$$

$$3Me'O + 2Na_3AlF_6 = 3Me'F_2 + 6NaF + Al_2O_3 \qquad (2-7)$$

式中，Me_2O 和 $Me'O$ 分别表示碱金属氧化物和碱土金属氧化物。

这些反应消耗了电解质中的 AlF_3，使摩尔比升高。生成的碱金属或碱土金属氟化物除部分机械损耗外，其余在电解质中积累。电解质本身含有大量 NaF，可以用补充 AlF_3 来调节摩尔比，少量碱金属氟化物的增加不会给电解工艺带来太多麻烦。特别是 LiF 的存在，还可以较显著地增加电解质的电导，对改善电解质性质很有好处。但 KF 含量过高的话，可能会因它对炭素材料的渗透而影响电解槽的寿命。少量碱土金属氟化物的存在，可以降低电解质初晶温度，增加合金液与电解质之间的界面张力，有利于金属的汇聚，从而减少金属的二次反应损失。所以对于普通铝电解槽，总是在电解质中添加一定量的 CaF_2 和 MgF_2。但它们如果积累超过一定数量，会增加电解质的密度，降低电解质电导，降低 Al_2O_3 在电解质中的溶解度，严重时将使电解工艺不能正常维持。碱土金属氟化物会不会超过这个限度，决定于它在电解质中积累的速度，而积累速度主要决定于硅钛氧化铝中碱土金属氧化物的含量。只要在电解槽有效寿命期内达不到太高的浓度，这种危害就不会发生。

通过下述试验可以证明生成碱土金属氟化物反应的存在。将一定量已知组成的电解质与一定量的分析纯 MgO、CaO 以及硅钛氧化铝试样混合均匀，置于铂坩埚中，放入井式高温炉升温至 1000℃，恒温 40min，使电解质完全溶解。然后取出电解质，冷却后做成分分析，计算体系中 Al_2O_3 增加量，增加的 Al_2O_3 来自反应式 2-7。并做 X 射线衍射分析，检测新生成的 CaF_2 和 MgF_2 相。实验结果举例见表 2-41。

表 2-41   碱土金属氧化物与冰晶石反应结果检验

实验编号	混合试样组成（质量分数）/%				Al_2O_3 理论增加量/%	Al_2O_3 实测增加量/%
	冰晶石	ST-Al_2O_3	MgO	CaO		
1	90.0	5.0	3.0	2.0	3.76	2.96
2	90.0	5.0	5.0	0	4.25	3.55

按反应式 2-7 计算的 Al_2O_3 增加量和实测值存在一定偏差，可能因为碱土金属氧化物与氟化铝或冰晶石之间的复分解反应存在一定平衡；也可能是实验误差，对于高温熔盐测定，表中的误差值仍在合理范围之内。

对实验产物的 X 射线衍射分析结果，也确实检测到相应的 CaF_2 和 MgF_2 相的存在，验证反应式 2-7 已经发生。

工业氧化铝中也含有碱金属和碱土金属化合物，但数量很少。一般工业氧化铝含：Na_2O 0.3%~0.6%，Li_2O 0.02%~0.07%，CaO 0.01%~0.05%，MgO 十万分之几。在普通电解槽有效寿命期内，其积累数量都在允许范围之内。

水分是引起电解质损失的重要原因之一，它与电解质之间发生如下反应：

$$2AlF_3 + 3H_2O == Al_2O_3 + 6HF\uparrow$$

$$2Na_3AlF_6 + 6H_2O == Al_2O_3 + 3Na_2O + 12HF\uparrow$$

$$3Na_2O + 2AlF_3 == 6NaF + Al_2O_3$$

硅钛氧化铝中的水分含量一般控制在不大于工业氧化铝中的水分量。

电解过程中，电解质的消耗，除上述化学损失外，还有在高温下的自身挥发和机械损失。根据操作和装备水平的不同，每生产 1t 铝消耗的电解质数量不等，一般在 20～40kg 范围内，这构成生产成本的重要组成部分之一。所以，硅钛氧化铝对电解质挥发的影响与氧化铝有什么不同，会不会造成电解质的更大消耗，自然成为合金电解所关注的问题之一。为此进行以下介绍。

将一定量已知组成的电解质置于铂坩埚中，在井式电炉里升温至电解质全部熔融，并在高于熔融温度的某温度下恒温。然后分批加入试样，和测定"溶解度"一样直到溶解达到"饱和"，再恒温一定时间。最后称取体系总重，根据加入物料总重测算失重，然后计算出挥发量。用每克电解质在每分钟内挥发的毫克数表示挥发速度。

实验所用电解质和试样组成都与溶解速度测定相同，试验温度为 970℃。实验结果见表 2-42。

表 2-42 ST-Al₂O₃ 与中间状 Al₂O₃ 对电解质挥发损失影响的比较

试样名称	中间状 Al_2O_3	ST-Al_2O_3-I	ST-Al_2O_3-II	ST-Al_2O_3-III
电解质用量/g	30.0140	29.9645	29.9695	30.0110
试样加入量/g	1.2000	1.2000	1.5000	1.8000
体系残留量/g	25.6097	26.1016	26.3374	25.7500
挥发失重量/g	5.6043	5.0629	5.1321	6.0610
挥发时间/min	120.64	129.49	130.93	146.43
每克电解质挥发速度/mg·min^{-1}	1.548	1.305	1.308	1.379

数据表明，在静态条件下（没有电解过程），硅钛氧化铝使电解质挥发的速度小于工业氧化铝。原因是硅钛氧化铝中的氧化硅和氧化铝在电解质中形成大的硅铝配阴离子团，降低了电解质的逸度。这一现象与 SiO_2 在电解质中的存在状态以及 Al_2O_3 与 SiO_2 的相对含量有关。下面做进一步的论述。

通过以下试验可以考察硅钛氧化铝中主要成分 Al_2O_3、SiO_2 和 TiO_2 各自对电解质挥发损失的影响：用化学纯的 Al_2O_3、SiO_2、TiO_2 和工业纯的冰晶石按一定配比混合均匀，置于铂坩埚中，铂坩埚放置在灵敏度为 0.1mg 的热天平盘上，热天平盘停放在井式高温炉的恒温带。按一定升温速度将炉温升至 1000℃，并恒温 30min。由热天平读取失重，计算出电解质挥发率（用 $1cm^2$ 电解质表面每小时挥发的电解质的毫克数表示）。以电解质中 Al_2O_3、SiO_2、TiO_2 的含量为因变量，电解质的挥发率 $Y(mg/(cm^2 \cdot h))$ 为函数，用三因子一次回归正交方法，获得经验公式：

$$Y = 60.4 - 0.2050w_{Al_2O_3} + 1.0495w_{SiO_2} - 1.1784w_{TiO_2} -$$
$$0.3739w_{Al_2O_3}w_{SiO_2} + 0.2629w_{Al_2O_3}w_{TiO_2} - 0.1161w_{SiO_2}w_{TiO_2} \quad (2-8)$$

式中 $w_{Al_2O_3}$——电解质中 Al_2O_3 的质量分数，%；
w_{SiO_2}——电解质中 SiO_2 的质量分数，%；
w_{TiO_2}——电解质中 TiO_2 的质量分数，%。
式 2-8 的命中率情况见表 2-43。

表 2-43 电解质挥发损失实测值与式 2-8 计算值的比较

实验编号	电解质组成(质量分数)/%			电解质挥发率/mg·(cm²·h)⁻¹		相对误差/%
	Al_2O_3	SiO_2	TiO_2	实测值	计算值	
1	4.0	0.8	0.7	60.1	59.1	-1.66
2	6.0	4.0	1.0	55.3	54.4	-1.63
3	2.0	1.0	2.5	58.4	58.4	0
4	4.0	2.9	2.3	57.3	57.6	0.52

可见，式 2-8 命中率较好，在有限范围内具有一定应用价值。

式 2-8 表明，如果 Al_2O_3、SiO_2 或 TiO_2 单独存在于电解质中，

Al_2O_3 和 TiO_2 都使电解质挥发损失降低。SiO_2 却使电解质挥发损失增加，原因是 SiO_2 与电解质发生反应生成 SiF_4 挥发损失：

$$4AlF_3 + 3SiO_2 \Longrightarrow 2Al_2O_3 + 3SiF_4 \uparrow$$

$$4Na_3AlF_6 + 3SiO_2 \Longrightarrow 12NaF + 2Al_2O_3 + 3SiF_4 \uparrow$$

热力学计算结果表明，在 1000℃ 下，上述反应的吉布斯自由能变化分别为 $-176kJ/mol$ 和 $-79kJ/mol$，说明反应在热力学上是可能的。

但当有 Al_2O_3、TiO_2 和 SiO_2 共同存在，情况就复杂得多。式 2-8 中有三项表述 SiO_2 的作用。如果

$$1.0495w_{SiO_2} - 0.3739w_{Al_2O_3}w_{SiO_2} - 0.1161w_{SiO_2}w_{TiO_2} < 0$$

则加入 SiO_2 能使电解质的挥发损失减少。这只需

$$w_{Al_2O_3} > 2.807 - 0.3105w_{TiO_2}$$

也就是说，对应每一个 TiO_2 的质量分数，只要 Al_2O_3 的质量分数大于某个值，电解质挥发损失将随 SiO_2 的加入而降低。Al_2O_3 的质量分数的这个最低值与 TiO_2 的质量分数的对应关系举例如图 2-19 所示。

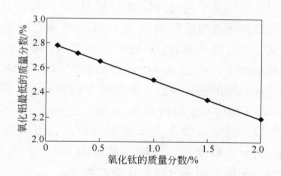

图 2-19 电解质挥发随 SiO_2 加入而降低
所需的 Al_2O_3 最低的质量分数

可见，只要有足够的 Al_2O_3 存在，SiO_2 对电解质挥发的影响就发生了逆转。原因是 Al_2O_3 与 SiO_2 容易形成大阴离子团，急剧降低

SiO_2 的活度而使其不能与冰晶石发生反应生成 SiF_4。硅铝阴离子团增加电解质的黏度，也使其沸点升高，因此降低了电解质的挥发损失。实际上，合金电解基本都能满足上述 Al_2O_3 和 TiO_2 的质量分数的对应关系，所以并不因为 SiO_2 的存在而增加电解质的挥发。

当有足够的 Al_2O_3 存在时，生成 SiF_4 的反应几乎不能进行，这一现象也被如下实验所证实：将 Na_3AlF_6、Al_2O_3、SiO_2 和 $ST-Al_2O_3$ 按一定配比混合均匀，在铂坩埚和高温炉中将其完全熔融，冷却后用酸处理，然后分析其成分（按酸处理前的电解质数量计算），得出表2-44所列的结果。

表 2-44 实验前后体系中 Al_2O_3 和 SiO_2 的变化

实验编号	试样加入量/%		酸处理后 Al_2O_3 的质量分数/%	Al_2O_3 相对变化/%
	Al_2O_3	SiO_2		
1	10.0	0	10.0	3.5
2	7.84	1.23	7.50	-4.34
3	3.94	3.61	1.71	-56.60
4	3.94	6.61	0.54	-86.29

实验数据表明，当只向电解质加入 Al_2O_3 时，其溶于电解质后不发生变化，仍然是不被酸溶解的 α-Al_2O_3。一旦同时加入 SiO_2，情况就不同了，试验之后酸不溶 Al_2O_3 减少，且 Al_2O_3 减少的量随 SiO_2 加入量增加而相应增大。因为 Al_2O_3 在冰晶石熔体中与 SiO_2 发生强烈反应生成能被酸分解的铝硅酸盐。如果将上述加入了试样并熔融了的电解质用 $AlCl_3 \cdot 6H_2O$ 水溶液溶解洗涤，去除大部分冰晶石，在 $800 \sim 850℃$ 灼烧，然后再做 X 射线衍射分析，则可以看到相应数量的莫来石相。进一步证明在适当浓度范围内 SiO_2 与 Al_2O_3 发生强烈反应生成硅铝配阴离子而不分解氟化铝或冰晶石。

式2-8中反映 TiO_2 作用的也是三项。如果

$$0.2629w_{Al_2O_3}w_{TiO_2} - 0.1161w_{SiO_2}w_{TiO_2} - 1.1784w_{TiO_2} < 0$$

则 TiO_2 使电解质的挥发损失减少。解此不等式，对应每个 w_{SiO_2} 值都有一个 $w_{Al_2O_3}$ 的最大值。也就是说，SiO_2 的质量分数一定时，只要

Al_2O_3 的质量分数小于某个值，TiO_2 就能降低电解质的挥发。SiO_2 与 Al_2O_3 的质量分数的这种对应关系如图 2-20 所示。

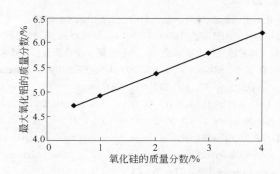

图 2-20　电解质挥发随 TiO_2 加入而降低
所允许的 Al_2O_3 最高的质量分数

合金电解时上述条件能够得到满足，所以，一般 TiO_2 都使电解质挥发减少。

实验表明，TiO_2 几乎不与电解质中其他成分发生反应。添加了硅钛氧化铝或纯 TiO_2 的电解质熔融后，所含 TiO_2 量基本不变。熔融后的电解质 X 射线衍射分析发现，熔融前的锐钛矿相几乎全部转变成金红石。

硅钛氧化铝的各项物理化学性能直接影响电解工艺顺利程度及技术经济指标，而这些物理化学性能不仅与其化学组成有关，且因所用矿石原料、除铁方法、焙烧工艺不同而有所差别。所以，获得合格的硅钛氧化铝是电解法生产铝硅钛合金的重要环节之一。

参 考 文 献

[1] 廖士范，等. 中国铝土矿地质学[M]. 贵阳：贵州科技出版社，1991.

[2] 中国矿床编委会. 中国矿床[M]. 北京：地质出版社，1989.

[3] 杨冠群. 山西孝义铝土矿扫描电镜研究[J]. 矿物学报，1985，5(3)：285~288.

[4] 杨冠群. 四川铝土矿物质成分的扫描电镜研究[J]. 矿物岩石，1985，5(4)：90~96.

[5] 杨冠群，等. 我国几个主要铝土矿床的扫描电镜研究[J]. 矿物学报，1986，6(4)：354~359.

[6] 杨冠群. 贵州修文铝土矿床显微结构及其堆积特征和次生富集现象[J]. 沉积学报，

1987, 5(1): 69~76.

[7] 杨冠群. 河南小关低品位铝土矿矿物成分的扫描电镜研究[J]. 岩石矿物学杂志, 1987, 6(1): 82~86.

[8] 杨重愚. 氧化铝生产工艺学[M]. 北京: 冶金工业出版社, 1993.

[9] 杨冠群. 河南铝土矿酸法除铁可能性的探讨[J]. 耐火材料, 1984(2): 24~27.

[10] 杨冠群. 铝土矿酸法除铁工业试验[J]. 有色金属（冶炼部分）, 1988(5): 18~23.

[11] KANTEMIROV M D, KOGAN V S, BAZHOV A S, ESTERLE O V. Removal of Iron from Aluminum Ores: U. S. S. R. , 1081124[P]. 1984.

[12] ROMANOV L G, MALYBAEVA G O, NURKEEV S S. Alumina from High-Silica Aluminum-Containing Raw Material: U. S. S. R. , 1161467[P]. 1985.

[13] ЗАБОЛОТНОВ Н И. Технология получения высокоглиноземистых концентратов из бокситов североонежского месторождения [J]. Комплексное Использование Минерального Сырья, 1985(2): 70~73.

[14] FOBAY E, TITTLE K. Deiron from the bauxite[C]. Proceedings Australia Instalment Mineral Metallurgy, 1971, 239: 59~65.

[15] KINDIG, JAMES K. Process for Beneficiating Oxide Ores: US, 4205979[P]. 1980-6-3.

[16] WESTON, DAVID. Production of a Purified Alumina-Silica Product and Substantially Pure Aluminum Chloride from Bauxites and Clays: US, 4425308[P]. 1984-1-10.

[17] WESTON, DAVID. Production of a Purified Alumina-Silica Product and Substantially Pure Aluminum Trichloride from Bauxites and Clays: US, 4425309[P]. 1984-1-10.

[18] WESTON, DAVID. A purified alumina-silica product and substantially pure aluminum trichloride from bauxites and clays: US, 4425311[P]. 1984-1-10.

[19] 李旺德. 高梯度磁分离法处理青山白泥矿高岭土的研究[J]. 矿冶工程, 1982(1): 16~21.

[20] 侯若州, 等. 高岭土除铁载体浮选的研究[J]. 有色金属（季刊）, 1986(2): 56~63.

[21] 魏克武. 高岭土除铁的研究[J]. 国外金属矿选矿, 1988(4): 10~19.

[22] 魏克武, 等. 高岭土酸浸除铁[J]. 建材地质, 1991(增刊).

[23] 谢修品, 等. 郭山高岭土高梯度磁分离与化学漂白实验研究[J]. 非金属矿, 1986(1): 30~36.

[24] 王泽民, 等. 酸法提纯硅藻土及废酸综合利用研究[J]. 非金属矿, 1995(1): 16~19.

[25] 杨昇. 电解法生产铝钪合金的研究[D]. 郑州: 郑州大学, 2003.

[26] ГАЛЬКОВА Л И. Динамика выщелачивания Fe_2O_3 хлористоводородией из бокситита[J]. Комплексное Использование Минерального Сырья, 1983(8): 27~29.

[27] 杨冠群, 等. 铝矿处理并直接电解生产铝硅钛合金（1）[J]. 有色金属（冶炼部分）, 1993(6): 19~23.

[28] WEILL, FYFE. Temperature graph of Na_3AlF_6-Al_2O_3-SiO_2 on 1010℃ and 800℃. Journal of the Electrochemical Society, 1964(5):582~584.

[29] KVANDE H. Inert electrodes aluminium electrolysis cells [J]. Light Metals, 1999: 369~376.

[30] PAWLEK R P. Inert anodes：an update[J]. Light Metals, 2004：283~287.

[31] KAENEL R V, et al. Technical and economical evaluation of the de nora inert metallic anode in aluminium reduction cells[J]. Light Metals, 2006：397~402.

[32] JACOB S O, STEIN J. Control of temperature and operation of inert electrodes during production of aluminium metal：US, 20070000787[P]. 2007.

[33] BOE G, GRJOTHEIM K, MATIASOVSKY, K, FELLNER P. Electrolytic deposition of silicon and of silicon alloysⅢ：deposition of silicon and aluminum using a copper cathode[J]. Canadian Metallurgical Quarterly, 1971, 10(4)：281~285.

[34] 东北工学院，等.24kA 铝电解槽生产铝钛合金的工业试验[J]. 轻金属，1988(4)：22~25.

3 电解法生产铝硅钛合金

3.1 硅钛氧化铝的电解

3.1.1 硅钛氧化铝电解的可行性

硅钛氧化铝电解是否可行，至少需要满足以下两个条件[1]：其一，硅钛氧化铝各组分必须能全部溶解于电解质中而不形成沉淀。硅钛氧化铝溶解速度和"溶解度"试验表明，它不仅能全部溶解于铝电解常用的氟盐电解质熔体中，而且比工业氧化铝溶解迅速。这就具备了第一个条件，而且可以初步确定采用相同于铝电解常用的电解质体系。其二，硅钛氧化铝各组分必须不在电解质中迅速积累，在电解槽有效寿命期内，不致因这些元素的积累而使电解质性质发生明显改变。为此，以下将探讨硅钛氧化铝各组分在电解质中的行为。

本节计算所引用的有关热力学数据列于表 3-1 ~ 表 3-3[2,3]。

表 3-1 有关物质的标准生成热 $\Delta H_{298}^{\ominus}$、标准熵 $\Delta S_{298}^{\ominus}$ 和比定压热容 c_p

物　质	$\Delta H_{298}^{\ominus}$ /kJ·mol^{-1}	$S_{298}^{\ominus}$ /J·(mol·K)$^{-1}$	$c_p = a + bT + cT^{-2}$/J·(mol·K)$^{-1}$		
			a	b	c
Al(l)	8.233	34.735	31.798		
Al$_2$O$_3$(s)	-1675.700	50.920	106.608	17.782×10^{-3}	-28.535×10^5
C(石墨)	0	5.740	17.154	4.268×10^{-3}	-8.786×10^5
CO(g)	-110.530	197.556	28.409	4.10×10^{-3}	-0.460×10^5
CO$_2$(g)	-393.510	213.677	44.141	9.037×10^{-3}	-8.535×10^5
Ca(l)	10.904	50.647	30.125		
F$_2$(g)	0	202.685	34.685	1.841×10^{-3}	-3.347×10^5
Fe(s)	0	27.280	17.489	24.769×10^{-3}	
Fe$_2$O$_3$(s)	-821.319	87.446	98.282	77.822×10^{-3}	-14.853×10^5

物 质	$\Delta H_{298}^{\ominus}$ /kJ·mol^{-1}	$S_{298}^{\ominus}$ /J·(mol·K)$^{-1}$	$c_p = a + bT + cT^{-2}$/J·(mol·K)$^{-1}$		
			a	b	c
Mg (l)	9.029	42.505	22.050	10.904×10^{-3}	
O$_2$ (g)	0	205.037	29.957	4.184×10^{-3}	-1.674×10^5
Si (s)	0	18.810	23.933	2.469×10^{-3}	-4.142×10^5
SiO$_2$ (s)	-910.700	41.460	46.945	34.309×10^{-3}	-11.297×10^5
Ti (s)	0	30.627	22.092	10.042×10^{-3}	
TiO$_2$ (s)	-944.747	50.334	75.187	1.172×10^{-3}	-18.20×10^5

注：l—液体；s—固体；g—气体。

表 3-2　有关反应的标准吉布斯自由能变化

反 应	$\Delta G_T^{\ominus}$/J·mol^{-1}	温度范围/K
$2Al(l) + \frac{3}{2}O_2(g) = Al_2O_3(s)$	$-1676000 + 320T$	923~1800
$2Fe(s) + \frac{3}{2}O_2(g) = Fe_2O_3(s)$	$-810520 + 254.0T$	298~1460
$Si(s) + O_2(g) = SiO_2(s)$	$-902000 + 174T$	700~1700
$Ti(s) + O_2(g) = TiO_2(s)$	$-910000 + 173T$	298~2080
$C(s) + \frac{1}{2}O_2(g) = CO(g)$	$-111700 - 87.65T$	298~2500
$C(s) + O_2(g) = CO_2(g)$	$-394100 - 0.84T$	298~2000

表 3-3　有关物质在 1300K 下的标准生成吉布斯自由能

物 质	CaF$_2$(l)	MgF$_2$(l)	KF(l)	NaF(l)	AlF$_3$(l)
$\Delta G_{1300}^{\ominus}$/J·mol^{-1}	-1000080	-888820	-422560	-428910	-1150336

各组分的分解电压介绍如下[4~7]。

对于 Al$_2$O$_3$ 的分解电压，如果用惰性阳极，1000℃时电解过程的变化可表示为：

$$2Al(l) + \frac{3}{2}O_2(g) = Al_2O_3(s)$$

该反应的标准焓 $\Delta H^{\ominus}$、熵 $\Delta S^{\ominus}$、等压吉布斯自由能变化 $\Delta G^{\ominus}$ 按以

下关系式进行计算:

$$\Delta H_T^{\ominus} = \Delta H_{298}^{\ominus} + \int_{298}^{T} \Delta c_p \mathrm{d}T$$

式中　T——绝对温度;

$\Delta H_T^{\ominus}$——TK 时反应的标准焓变;

Δc_p——反应的比定压热容变化。

$$\Delta S_T^{\ominus} = \Delta S_{298}^{\ominus} + \int_{298}^{T} \frac{\Delta c_p}{T} \mathrm{d}T$$

（当 298 ~ TK 温度范围内如有相变,需考虑相变因素）

式中　$\Delta S_T^{\ominus}$——TK 时反应的标准熵变。

$$\Delta G_T^{\ominus} = \Delta H_T^{\ominus} - T\Delta S_T^{\ominus}$$

式中　$\Delta G_T^{\ominus}$——TK 时反应的标准吉布斯自由能变化。

根据表 3-1 中的相关数据,可以计算得:

$$\Delta G_T^{\ominus} = -1676000 + 320T \quad （J）$$

1273K 时, $\Delta G_{1273}^{\ominus} = -1268640$J。

根据

$$E_T^{\ominus} = \frac{-\Delta G_T^{\ominus}}{nF}$$

式中　$E_T^{\ominus}$——TK 下各反应物活度为 1 时反应的平衡分解电压;

n——反应中电子转移数;

F——法拉第常数, 96485C/mol。

可得: $E_{1273}^{\ominus} = 2.19$V。

同样,可以计算 1273K 时, SiO_2 的标准分解电压 $E_{1273}^{\ominus} = 1.76$V; TiO_2 的标准分解电压: $E_{1273}^{\ominus} = 1.79$V; Fe_2O_3 的标准分解电压: $E_{1273}^{\ominus} = 0.84$V。

CaO、MgO、K_2O 和 Na_2O 在电解质中都会发生如下反应而转变成氟化物:

$$3MeO + 2AlF_3 \Longrightarrow 3MeF_2 + Al_2O_3$$

$$3Me_2O + 2AlF_3 \Longrightarrow 6MeF + Al_2O_3$$

式中　Me——Ca、Mg、K 或 Na。

所以，按上述相同方法计算其氟化物在 1273K 时的标准分解电压，结果如下：$E^{\ominus}_{CaF_2} = 5.18V$；$E^{\ominus}_{MgF_2} = 4.61V$；$E^{\ominus}_{KF} = 4.38V$；$E^{\ominus}_{NaF} = 4.47V$。

结果表明，Fe_2O_3、SiO_2 和 TiO_2 的分解电压都低于 Al_2O_3，如果不考虑电极极化等其他因素，在标准状态下或活度相同时，铁、硅和钛将优先于铝析出。随着这些元素的析出，其在阴极区的活度下降，由于浓差极化，铁、硅和钛的分解电压上升，当达到 Al_2O_3 的分解电压时，铝与之共同析出。

以 SiO_2 为例，当只考虑阴极浓差极化时，其分解电压值为：

$$E_{SiO_2} = E^{\ominus}_{SiO_2} - \frac{RT}{nF}\ln a_{Si^{4+}}$$

$$= E^{\ominus}_{SiO_2} - \frac{RT}{F}\ln a^{1/4}_{Si^{4+}}$$

$$E_{Al_2O_3} = E^{\ominus}_{Al_2O_3} - \frac{RT}{F}\ln a^{1/3}_{Al^{3+}}$$

式中　R——通用气体常数，$8.3144J/(mol \cdot K)$；

　　　a——物质的活度。

欲使硅和铝同时析出，必须 $E_{SiO_2} = E_{Al_2O_3}$，即：

$$E^{\ominus}_{SiO_2} - \frac{RT}{F}\ln a^{1/4}_{Si^{4+}} = E^{\ominus}_{Al_2O_3} - \frac{RT}{F}\ln a^{1/3}_{Al^{3+}}$$

或者　　　　　　$2.19 - 1.76 = \frac{RT}{F}\ln \frac{a^{1/3}_{Al^{3+}}}{a^{1/4}_{Si^{4+}}}$

1273K 时，必须：$\dfrac{a^{1/3}_{Al^{3+}}}{a^{1/4}_{Si^{4+}}} = 50.41$。如果阴极区的铝离子活度为 1，则硅离子活度为 10^{-7}。可见，在铝电解条件下，硅不可能在电解质中残存而积累。

对钛和铁的数据处理，得出与硅相同的结论。基本可以断定，在这种条件下电解硅钛氧化铝，铝、硅、钛、铁能全部析出而不在电解质中积累。

同样的计算方法可以论证，在有 AlF_3 存在的情况下，CaF_2、

MgF_2、KF 和 NaF 几乎不能分解。以 MgF_2 为例，要使镁和铝同时析出，必须：

$$E_{MgF_2} = E_{AlF_3}$$

$$Al + \frac{3}{2}F_2 =\!=\!= AlF_3$$

根据表 3-3：

$$\Delta G^{\ominus}_{1300} = -1150336J/mol$$

$$E^{\ominus}_{AlF_3} = -\frac{\Delta G^{\ominus}}{nF} = 3.974V$$

如果只考虑 Al^{3+} 的阴极极化，则：

$$E_{AlF_3} = E^{\ominus}_{AlF_3} - \frac{RT}{F}\ln a^{1/3}_{Al^{3+}} = 3.974 - \frac{RT}{F}\ln a^{1/3}_{Al^{3+}}$$

对于 MgF_2：

$$Mg + F_2 =\!=\!= MgF_2$$

根据表 3-3：

$$\Delta G^{\ominus}_{1300} = -888820J/mol$$

$$E^{\ominus}_{MgF_2} = 4.606V$$

$$E_{MgF_2} = 4.606 - \frac{RT}{F}\ln a^{1/2}_{Mg^{2+}}$$

所以有：

$$3.974 - \frac{RT}{F}\ln a^{1/3}_{Al^{3+}} = 4.606 - \frac{RT}{F}\ln a^{1/2}_{Mg^{2+}}$$

即

$$(4.606 - 3.974) = \frac{RT}{F}\ln \frac{a^{1/2}_{Mg^{2+}}}{a^{1/3}_{Al^{3+}}}$$

1300K 时，必须：$\dfrac{a^{1/2}_{Mg^{2+}}}{a^{1/3}_{Al^{3+}}} = 282.05$。如果阴极区间镁离子活度为 1，则铝离子活度为 5×10^{-8}，Al 和 Mg 才能同时放电。可见，镁和铝同时析出几乎不可能。钙和钾的情况与此类似。

实际上，铝或者铝合金的电解目前都不用惰性阳极而用活性阳极，即碳质消耗阳极。在阳极析出的氧气与碳发生反应生成 CO 或 CO_2。这时，Al_2O_3 的分解反应可写成如下形式：

$$2\mathrm{Al(l)} + \frac{3}{2}\mathrm{CO_2(g)} = \mathrm{Al_2O_3(s)} + \frac{3}{2}\mathrm{C(s)} \quad (3\text{-}1)$$

$$2\mathrm{Al(l)} + 3\mathrm{CO(g)} = \mathrm{Al_2O_3(s)} + 3\mathrm{C(s)} \quad (3\text{-}2)$$

或 $$2\mathrm{Al(l)} + n\mathrm{CO_2(g)} + (3-2n)\mathrm{CO(g)} =$$

$$\mathrm{Al_2O_3(s)} + (3-n)\mathrm{C(s)} \quad 0 \leqslant n \leqslant 3/2 \quad (3\text{-}3)$$

如果阳极气体组成为 70% CO_2 + 30% CO（这时，电流效率约为 85%），则 $n = \frac{21}{17}$，式 3-3 表示为：

$$2\mathrm{Al(l)} + \frac{21}{17}\mathrm{CO_2(g)} + \frac{9}{17}\mathrm{CO(g)} = \mathrm{Al_2O_3(s)} + \frac{30}{17}\mathrm{C(s)} \quad (3\text{-}4)$$

反应式 3-1 可视为以下两个反应的合成：

$$2\mathrm{Al(l)} + \frac{3}{2}\mathrm{O_2(g)} = \mathrm{Al_2O_3(s)}$$

根据表 3-2：

$$\Delta G_T^\ominus = -1676000 + 320T$$

$$\frac{3}{2}\mathrm{CO_2(g)} = \frac{3}{2}\mathrm{C(s)} + \frac{3}{2}\mathrm{O_2(g)}$$

$$\Delta G_T^\ominus = 591150 + 1.26T$$

所以反应式 3-1：

$$\Delta G_T^\ominus = -1084850 + 321.26T$$

1273K 时 $\quad \Delta G_{1273}^\ominus = -675886\mathrm{J}$

分解电压： $\quad E_{1273}^\ominus = 1.17\mathrm{V}$

同样的方法可以获得反应式 3-2 在 1273K 时的标准分解电压为 1.03V。

反应式 3-4 可看成以下 3 个反应的合成：

$$2\mathrm{Al(l)} + \frac{3}{2}\mathrm{O_2(g)} = \mathrm{Al_2O_3(s)}$$

$$\Delta G_T^\ominus = -1676000 + 320T$$

$$\frac{21}{17}\mathrm{CO_2(g)} = \frac{21}{17}\mathrm{C(s)} + \frac{21}{17}\mathrm{O_2(g)}$$

$$\Delta G_T^\ominus = 486829 + 1.038T$$

$$\frac{9}{17}CO(g) = \frac{9}{17}C(s) + \frac{9}{34}O_2(g)$$

$$\Delta G_T^\ominus = 59135 + 46.40T$$

这就不难获得反应式 3-4 在 1273K 的标准吉布斯自由能变化 $\Delta G_{1273}^\ominus = -662287J$；分解电压 $E_{1273}^\ominus = 1.14V$。

使用活性阳极时，SiO_2、TiO_2 和 Fe_2O_3 等成分的分解电压的变化，以 SiO_2 为例，当阳极气体为 CO_2 时，将发生如下反应：

$$Si(s) + CO_2(g) = SiO_2(s) + C(s)$$

其标准吉布斯自由能变化

$$\Delta G_T^\ominus = -507900 + 174.84T$$

1273K 时 $\qquad \Delta G_{1273}^\ominus = -285329J$

标准分解电压 $E_{1273}^\ominus = 0.74(V)$。以此类推，计算所得各项数据列于表 3-4。

表 3-4 使用炭阳极，1273K 时各成分标准分解电压 $E_{1273}^\ominus$ 计算值

成　分	不同阳极气体组成时的分解电压/V		
	100% CO_2	100% CO	70% CO_2 + 30% CO
Al_2O_3	1.17	1.03	1.14
SiO_2	0.74	0.61	0.72
TiO_2	0.76	0.63	0.74

至于 Fe_2O_3，在有 C 存在的情况下，反应 $Fe_2O_3(s) + \frac{3}{2}C(s) = 2Fe(s) + \frac{3}{2}CO_2(g)$ 的标准自由能变化 $\Delta G_{1273}^\ominus = -105576J/mol$。即在此条件下，$Fe_2O_3$ 能被 C 自动还原。

可见，使用炭阳极，硅、钛和铁仍优先于铝析出或与铝同时析出而形成合金。其实，某一组分的标准分解电压是其阴离子在阳极上放电的标准电位和阳离子在阴极上的标准析出电位之和，活性阳极和惰性阳极的差别主要是阳极反应的不同，阴极过程并无变化。

以上是分解电压的理论分析。

如果以铜为阴极,实际测得 1300K 的分解电压为: $E_{Al_2O_3}$ = 1.45V; E_{SiO_2} = 0.95V; E_{TiO_2} = 1.29V。

不同电解质组成测得的分解电压不同。Monnie 等人用铜作阴极,在 1300K 温度下实际测得的分解电压随电解质组成的变化见表 3-5。

表 3-5 分解电压随电解质组成的变化

电解质组成	分解电压/V
90% Na_3AlF_6 + 10% Al_2O_3	1.50 ± 0.05
85% Na_3AlF_6 + 10% Al_2O_3 + 5% SiO_2	1.30 ± 0.05
90% Na_3AlF_6 + 5% Al_2O_3 + 5% SiO_2	1.18 ± 0.05
95% Na_3AlF_6 + 5% SiO_2	1.10 ± 0.05

Monnie 认为在上述条件下,在一定浓度范围内,铝和硅可以同时析出。当阴极电流密度不大于 $0.2A/cm^2$ 时,只有硅析出;提高电流密度,有铝与硅同时析出。

除电化学还原外,硅、钛和铁也可能被铝直接还原。硅被铝还原将发生如下反应:

$$3SiO_2(s) + 4Al(l) = 2Al_2O_3(s) + 3Si(s) \qquad (3-5)$$

反应式 3-5 可以看成如下 2 个反应的合成:

$$4Al(l) + 3O_2(g) = 2Al_2O_3(s)$$

$$\Delta G_T^\ominus = -3352000 + 640T(J)$$

$$3SiO_2(s) = 3O_2(g) + 3Si(s)$$

$$\Delta G_T^\ominus = 2706000 - 522T(J)$$

所以 $\qquad \Delta G_{(3-5)}^\ominus = -646000 + 118T(J)$

在电解温度下(近似地看成 1000℃), $\Delta G_{(3-5)}^\ominus = -495786J$。可见,在活度均为 1 时,铝还原氧化硅自动进行的趋势很大。

对 TiO_2 和 Fe_2O_3 进行同样的计算,结果表明这种直接还原的可能性同样存在。

$$3TiO_2(s) + 4Al(l) = 2Al_2O_3(s) + 3Ti(s)$$

$$\Delta G_{1273}^{\ominus} = -467967J$$

$$Fe_2O_3(s) + 2Al(l) \rightleftharpoons Al_2O_3(s) + 2Fe(s)$$

$$\Delta G_{1273}^{\ominus} = -781462J$$

在阴极区，当硅、钛和铁离子遇到新生的铝时，这种还原反应可以发生。由于铝液和电解质的不断运动，这些离子遇到被溶解在电解质中的铝时也能被还原。

上述讨论证明不用担心 Si、Ti、Fe 在电解质中积累。但对于 Ca、Mg、K、Na 等成分，它们在电解质中都转变成氟化物，在有铝离子存在时，它们不会被电解。也就是说，在一定程度上会在电解质中积累。下面将分别讨论它们在电解过程中的行为及对电解过程的影响。

硅钛氧化铝中 Na_2O 含量约为工业氧化铝的 1/10，显然不用担心它给电解工艺带来麻烦。

采用盐酸法除铁生产的硅钛氧化铝一般含 CaO 0.04% ~ 0.08%，该量与工业氧化铝中的含量相当。它们在电解质中转变为 CaF_2，如果每生产 1t 铝硅钛合金消耗 1.9t 硅钛氧化铝和损耗 40kg 电解质，则可使电解质中含 CaF_2 积累到 3% 左右保持平衡。往往为了改善电解质性能，普通铝电解槽中需添加 5% 左右的 CaF_2 作改性剂，因此硅钛氧化铝中的 CaO 也不会对电解过程造成威胁。

随着选用原料的不同，硅钛氧化铝含 MgO 量变化较大，高的可达 0.2%。MgO 转变成 MgF_2，在一定浓度范围内，它和 CaF_2 一样能降低电解质的初晶温度[8]，增加金属液与电解质之间的表面张力，有改善电解质性质的作用。如果长期积累的平衡浓度超过一定限度，将使 Al_2O_3 在电解质中的溶解度显著降低，电解槽沉淀增多[9]。作者曾经用过一种含 MgO 太高的原料，电解进行 6 个月后，电解质中 MgF_2 含量达 15% 左右，电解槽出现大量沉淀，工艺已很难维持。沉淀的扫描电镜分析（见图 3-1），发现许多结晶非常完整的 Al_2O_3 晶体，其形貌完全不同于硅钛氧化铝中的 Al_2O_3。说明由于 MgF_2 的作用，使本已溶解在电解质中的 Al_2O_3 又重新结晶出来。所以最好控制硅钛氧化铝的 MgO 含量不大于 0.15%。

电解铝基合金时，KF 可作为电解质的组成之一。Н. И. Ануфриева

图 3-1 电解质中析出的 Al_2O_3 晶体 SEM 二次电子像

申请的专利提出制取铝硅合金用的最佳电解质组成（质量分数）应为：AlF_3 29% ~37%，CaF_2 1% ~7%，MgF_2 1% ~5%，KF 0.5% ~6%，LiF 1% ~5%。可见，KF 在电解质中适当程度的积累对电解法生产铝合金也并非有害。

上述分析表明，电解硅钛氧化铝生产铝硅钛合金在理论上完全可行。

3.1.2 12kA 自焙槽电解铝硅钛合金

电解铝硅钛合金最早的半工业试验是在 12kA 侧插自焙铝电解槽上完成的[10]。为了强化冶炼，电解槽实际电流送到 14kA。

所用硅钛氧化铝是用硫酸法生产的，主要化学成分（质量分数）为：Al_2O_3 86.10%，SiO_2 7.96%，TiO_2 4.02%，Fe_2O_3 0.44%。粒度分布（质量分数）：< 0.0475mm 25.60%，0.0475 ~ 0.074mm 7.94%，0.074 ~ 0.104mm 6.14%，0.104 ~ 0.147mm 5.68%，0.147 ~0.246mm 3.60%，>0.246mm 51.04%。

半工业试验共获得铝硅钛合金 15t，将所制备的硅钛氧化铝用完，实验中止。实验暴露出几个问题：

（1）因设备条件的限制，硅钛氧化铝粒度分布很不理想。小于 0.0475mm（300 目）的细颗粒太多，飞扬损失较大。大于 0.246mm（60 目）的粗颗粒也太多，不利于硅钛氧化铝在电解质中的溶解，较易产生沉淀。

（2）硅钛氧化铝的结壳性能较差，难以形成足够强度的槽面结壳，塌壳现象较频繁，造成过多热量损耗和恶化劳动环境。

（3）硅钛氧化铝含钛量太高，合金成分严重偏析。电解槽中的合金液明显分层，上部流动性较好，取样分析其组成（质量分数）之一为：Si 7.16%，Ti 2.42%，Fe 0.33%，Al 约为余量。下部流动性很差，取样分析其组成（质量分数）之一为：Si 6.70%，Ti 4.62%，Fe 0.63%，Al 约为余量。将上部抽至真空抬包进行浇铸，铸锭过程中仍有偏析，前后铸的合金锭含钛量不同，且抬包中总残留一定量的含钛较高的结块和沉渣[11,12]。

该合金锭铸态下的抗拉强度超过 170MPa，延伸率为 4%，HB 硬度为 58。这些性能达到或超过铸造铝合金国家标准的指标。而且发现该合金具有出乎意料的压延性和可锻性。

每吨合金的耗电量约为相同槽型生产 1t 纯铝的 1.1 倍，氟盐消耗也略高于纯铝。但硅钛氧化铝价格低于工业氧化铝，加之当时电价便宜，每吨合金的综合成本略低于纯铝。当时含 Ti 5% 的铝钛中间合金市场价是工业纯铝的 1.5~1.7 倍，如果上述试验产品能作为中间合金被推广应用，其经济效益还是很可观的。

因此，其后的研究工作，一是合金应用试验（详见第 7 章）；一是进一步改善硅钛氧化铝质量，改进电解工艺，提高合金品质。

3.1.3 60kA 自焙槽电解铝硅钛合金

扩大的工业实验和试生产是在普通的 60kA 侧插式自焙阳极铝电解槽上完成的。在这种槽型上先后生产了约 8000t 合金，后因承担生产的工厂实行改制，资产重组，产权变更以及电解槽型改造，60kA 自焙槽被全部淘汰，生产就此中止。

3.1.3.1 60kA 侧插式自焙阳极电解槽

图 3-2 是 60kA 侧插式自焙阳极电解槽示意图。它主要由槽体、阴极和阳极三大部分组成。槽体设置在二层厂房的第一层，坐落在混凝土基础上。混凝土基础设置了充分可靠的电绝缘，而且在基础上铺

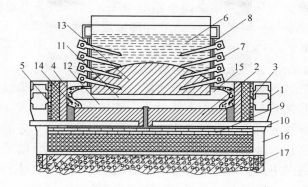

图 3-2　60kA 侧插式自焙阳极电解槽示意图

1—槽壳；2—阴极炭块；3—伸缩缝；4—侧部炭块；5—保温层；6—阳极；7—阳极棒；
8—阳极框架；9—耐火黏土砖；10—阴极棒；11—电解质；12—铝液；13—阳极锥体；
14—炉帮；15—表面结壳；16—氧化铝隔离层和黏土保温砖；17—混凝土基础

砌瓷板和石棉板，然后安放电解槽的钢铁槽壳。槽壳外形尺寸为：长×宽×高 = 5380mm × 3280mm × 1200mm，槽壳外用型钢加固。槽壳内自下而上是 10mm 石棉板、195mm 黏土轻质保温砖、31mm 氧化铝隔离层，再上是 130mm 黏土耐火砖。

部分后期大修的槽子使用了无定形干式防渗料代替黏土耐火砖和氧化铝隔离层。这种干式防渗料能与电解质发生反应生成薄薄一层玻璃体，将渗漏到阴极炭块下面的电解质阻挡在防渗料之上，防止进一步下渗，从而保护其他材料不受腐蚀。防渗料采用干法整体施工，不含水，焙烧过程中挥发分少；材料均匀，便于调整阴极上表面水平。保温和绝缘性能也优于耐火砖加氧化铝层，且大修方便，能大大缩短大修施工期，大部分防渗料还可以多次反复使用，因此是一种较理想的新型筑炉材料。

氧化铝隔离层或防渗料之上是阴极炭块组。阴极炭块组由炭块和阴极钢棒组成，钢棒与阴极母线相连，阴极电流通过它们导走。钢棒和炭块之间用磷生铁浇铸，炭块之间的缝隙用炭素底糊分层扎固。

槽壳内侧壁由外向内是 10mm 石棉板、52mm 氧化铝、65mm 耐火砖、115mm 侧部炭块，侧部炭块和底部炭块转接部位用炭糊捣筑斜坡，也称人造伸腿，用来缩小铝液镜面，增加阴极电流密度。这样，由底部炭块、侧部炭块和人造伸腿形成槽膛，槽膛尺寸为：长 × 宽 × 深 = 4896mm × 2796mm × 434mm。

阳极则由阳极框架悬挂在槽膛正上方，阳极框架对地、槽壳和阴极都有很好的绝缘。框架内是薄铝板做成的铝箱，铝箱内填充了阳极炭糊，并且随着阳极消耗而不断补充。阳极大面侧壁钉有四排钢棒，下两排钢棒由软铜带与阳极母线相连，电流就通过它们导向阳极；上两排作为备用，随着阳极消耗交替倒换。阳极糊被从电解质传递的热量以及自身的电阻热焙烧，自下而上形成坚硬的炭素锥体，其横截面积为 3800mm × 1700mm。阳极电流密度为 0.93A/cm²。

3.1.3.2 所用原料——硅钛氧化铝

根据 12kA 自焙槽试验结果，60kA 自焙槽工业试验和试生产的原料着重做了以下改进：改善硅钛氧化铝的粒度分布、控制其含钛量、提高其结壳性能。

所用硅钛氧化铝的化学组成见表 3-6。

表 3-6 60kA 自焙槽试验所用硅钛氧化铝化学组成

成分	Al_2O_3	SiO_2	TiO_2	Fe_2O_3	CaO	MgO	K_2O	Na_2O	灼减
质量分数/%	86.75	11.35	0.66	0.29	0.014	0.016	0.020	0.26	0.64

改进后的原料各项物理化学性质如第 2 章所述。实验结果表明，其槽面结壳比氧化铝电解时疏松，但结壳性能仍能满足电解工艺的需要，能形成完整壳面和足够的保温层，只要精心操作，可以避免塌壳。溶解度和溶解速度也都能满足工业电解的要求，试验和试生产期间，没出现过因工艺本身或原料性能而造成沉淀压槽等现象。

工业试验也定性地验证了 Weill 及其同事们的研究结果：当有 Al_2O_3 共同存在时，SiO_2 在冰晶石熔体中的溶解度大大增加。硅钛氧化铝中的 SiO_2 都以铝硅酸盐形态存在，与氧化铝加石英砂为原料相比，更有利于 SiO_2 的充分溶解，避免了因原料混合不均匀局部 SiO_2 加入量超过平衡浓度而产生沉淀的可能。

3.1.3.3 各成分在电解过程中的行为[13]

A 硅、钛和铁的行为

由 3.1.1 节的理论分析已知，电负性比铝正的元素，如硅、钛和铁等，电解过程中不会在电解质中积累。它们氧化物的分解电压比 Al_2O_3 低，会优先于铝或与铝共同析出，或被铝直接还原，形成合金。工业试验物料平衡计算以及槽况的实际观察，证实了这一分析。

为了证实硅、钛和铁等一部分被电解还原，还有一部分被新生铝直接还原的可能性，作者定性地做了下述试验。实验方法是：取一定量一定组成的电解质，置于坩埚中，在高温炉中升温熔化，再升至电解温度，恒温；再加入一定量一定组成的硅钛氧化铝和合金，待全部熔化的瞬间分别取样分析电解质和合金的化学组成，含量记为 w^0；继续静置保温一段时间，再分别取样分析电解质和合金组成，含量记为 w^T。根据 w^T 相对于 w^0 的变化，分析硅、钛和铁被还原的趋势[14]。

实验坩埚材质的选择比较困难。铂坩埚会被金属铝液溶浸；氧化物坩埚如刚玉、氧化铍等，不抗冰晶石熔体侵蚀；石墨或炭素坩埚在高温下不耐空气氧化。各方权衡，最终选择了石墨坩埚。冰晶石熔体对包括石墨在内的许多材质具有很好的湿润性，实验延续时间较长就不可避免电解质从坩埚沿外溢，加之石墨对电解质成分的选择性吸收，使实验的分析数据产生较大偏差，但规律还是很明显的，实验数据可供定性分析。

取电解质 165g，其组成（质量分数）为：CaF_2 3.0%，MgF_2 4.0%，Al_2O_3 2.0%，其余为冰晶石。冰晶石含 SiO_2 0.31%，Fe_2O_3 0.04%，摩尔比为 2.50。电解质置于石墨坩埚中升温至 970℃恒温，加入 8.25g 硅钛氧化铝和 45.16g 合金。硅钛氧化铝组成（质量分数）为：Al_2O_3 92.87%，SiO_2 3.80%，Fe_2O_3 0.24%，TiO_2 1.20%，CaO 0.25%，MgO 0.18%，Na_2O 0.39%，K_2O 0.18%，灼减 0.89%。合金组成（质量分数）为：Si 0.47%，Fe 0.64%，Ti 0.0072%。970℃恒温静置 4h，前后分别取样的分析数据见表 3-7。

表 3-7 Si、Fe 和 Ti 在电解质与合金中的分配

成　分	$w^0_{电解质}$/%	$w^0_{合金}$/%	$w^T_{电解质}$/%	$w^T_{合金}$/%	$\dfrac{w^0_{电解质}}{w^0_{合金}}$	$\dfrac{w^T_{电解质}}{w^T_{合金}}$
Si	0.22	0.47	0.11	0.72	0.47	0.15
Fe	0.035	0.64	0.022	0.73	0.055	0.030
Ti	0.034	0.0072	0.013	0.023	4.72	0.57

　　数据表明，试验前后上述各元素在电解质中含量下降，在合金中的含量增加，说明都不同程度地被铝还原。从试验后各元素在电解质和合金中的含量之比发现，钛残留在电解质中相对浓度较高，其次是硅。可以认为，相对而言钛较难被铝还原，铁最容易被还原，这与热力学计算结果一致。用不同组成的硅钛氧化铝和合金重复上述试验，得到基本一致的结果。

　　如果根据测定的含量计算试验前后各元素总量的变化，反应后的电解质量按挥发速度进行修正，结果发现，硅和铁分别产生了16.15%和16.3%的正偏差，这是因为电解质被坩埚选择吸收造成损耗使硅和铁浓度升高，以及实验工具带进少量硅和铁的缘故。而钛则有约6%的负偏差，这是因为炭素材料对钛的吸收能力较强。这一现象在工业试验中也很明显，电解延续较长时间之后，阴极炭块表面形成一层坚硬致密的钛-碳保护层，这对延长槽寿命是有好处的。

　　B　钙、镁、钾和钠的行为

　　电负性比铝更负的钙、镁、钾和钠在电解过程中不被还原，各自转变成相应的氟化物。工业试验所用硅钛氧化铝含 CaO 0.014%，MgO 0.016%，K_2O 0.020%，Na_2O 0.26%。折算成氟化物则每100kg 硅钛氧化铝能产生：CaF_2 0.020kg，MgF_2 0.025kg，KF 0.025kg，NaF 0.35kg。如果用符号 X 分别表示产生的氟化物与硅钛氧化铝的质量比（%），比如 $X_{CaF_2}=0.020\%$，$X_{MgF_2}=0.025\%$，以此类推。那么它们的积累产生的结果现介绍如下。

　　如果每生产 1t 合金需硅钛氧化铝 1900kg，补充新电解质 50kg（该工业试验采用自焙槽，电解质消耗量比大型预焙槽高），启动时电解槽中有电解质 3500kg。那么，电解 1t 合金后，电解质中 CaF_2 的

质量分数 $w^1_{CaF_2}$ 为：

$$w^1_{CaF_2} = \frac{3500w^0 + 1900X_{CaF_2} - \frac{50}{2}(w^0 + w^1)}{3500}$$

将 $x_{CaF_2} = 0.020\%$ 代入该方程，解得：

$$w'_{CaF_2} = 0.9858w^0 + 1.078 \times 10^{-4}$$

$$= aw^0 + b$$

其中

$$a = 0.9858$$

$$b = \frac{1900X_{CaF_2}}{3500\left(1 + \frac{25}{3500}\right)}$$

$$= 0.5390X_{CaF_2}$$

$$= 1.078 \times 10^{-4}$$

式中 w^0——启动时电解质中的质量分数，其值取同厂铝电解槽（对比槽）中质量分数的平均值，$w^0_{CaF_2} = 2.92\%$。

这里做了两个假设：一是假设补充的新电解质不含 CaF_2；二是损耗的电解质各组分按其含量成比例地损耗，即假设电解质损耗的部分和剩余的部分组成相同，忽略了电解质中各组分因逸度不同而造成挥发损失率的差别。

电解 2t 合金后 CaF_2 的质量分数 $w^2_{CaF_2}$ 为：

$$w^2_{CaF_2} = \frac{3500w^1 + 19 \times 0.020 - \frac{50}{2}(w^1 + w^2)}{3500}$$

$$= 0.9858w^1 + 1.078 \times 10^{-4}$$

$$= aw^1 + b$$

$$= a^2w^0 + ab + b$$

电解 nt 合金后的质量分数 $w^n_{CaF_2}$ 为：

$$w^n_{CaF_2} = a^nw^0 + b(a^{n-1} + a^{n-2} + \cdots + a^2 + a + 1)$$

$$= a^nw^0 + b\frac{1 - a^n}{1 - a} \tag{3-6}$$

如果补充的冰晶石并不纯净，含有 0.5% 的 CaF_2，则 b 值需要修正，记为 $[b]$，相应的质量分数记为 $[w]$。则：

$$[b] = \frac{1900X_{CaF_2} + 50 \times 0.5\%}{3500\left(1 + \frac{25}{3500}\right)}$$

$$= 0.709 \times 10^{-4} + 0.5390X_{CaF_2}$$

$$= 1.787 \times 10^{-4}$$

$$[w^n_{CaF_2}] = a^n w^0 + [b]\frac{1 - a^n}{1 - a} \qquad (3-7)$$

根据式 3-7 就可以计算任何时候电解质中 CaF_2 的质量分数。

硅钛氧化铝中 Na_2O 含量远低于工业氧化铝，且电解质中本就含有 60% ~ 70%（摩尔分数）的 NaF，所以 NaF 在电解质中的积累可以不予考虑。

对 MgF_2 和 KF 的积累做与 CaF_2 相同的数学处理，这里 X_{MgF_2} = 0.25%，X_{KF} = 0.25%；并假设如果添加的冰晶石不纯净时，含 MgF_2 和 KF 均为 0.2%，则可以计算出任意时间电解质中 CaF_2、MgF_2 和 KF 的质量分数。

分别生产 400t 和 750t 合金后的有关数据计算结果列于表 3-8。对于 60kA 电解槽生产 750t 合金，寿命已达 1600 天左右，达到或超过我国 60kA 自焙槽目前的实际寿命。所以可将各成分的 $[w^{750}]$ 视为它在电解质中的质量分数极限。

表 3-8　CaF_2、MgF_2 和 KF 积累情况的计算结果

成分	w^0/%	X/%	b	$[b]$	w^{400}/%	$[w^{400}]$/%	w^{750}/%	$[w^{750}]$/%
CaF_2	2.92	0.020	1.078×10^{-4}	1.787×10^{-4}	0.77	0.96	0.76	1.26
MgF_2	1.16	0.025	1.348×10^{-4}	1.631×10^{-4}	0.95	1.15	0.95	1.15
KF	0.38	0.025	1.348×10^{-4}	1.631×10^{-4}	0.95	1.15	0.95	1.15

计算结果说明，使用上述硅钛氧化铝为原料，在电解槽有效寿命期内，各氟化物质量分数都在允许范围之内，而且随着电解质中质量分数升高，积累的速度越来越慢，最后趋向于某一平衡值。

为了验证计算结果，电解 30t 合金后，实测了实验槽和同厂铝电解槽（对比槽）中各氟化物质量分数，与计算数据进行比较，结果较好地吻合。数据见表 3-9。

表 3-9　电解 30t 合金后电解质中 CaF_2、MgF_2 和
KF 质量分数实测值和计算值的比较

数据来源	CaF_2 质量分数/%	MgF_2 质量分数/%	KF 质量分数/%
计算值［w^{30}］	2.34	1.16	0.65
实验槽实测	3.04	1.35	0.62
对比槽实测	2.00	1.16	0.38

如果硅钛氧化铝中某一组分含量过高，比如 MgO，含量达 0.25%，即使使用纯净的电解质启动，补充纯净的冰晶石，也不难计算出，电解 750t 合金后 MgF_2 质量分数可超过 9%，这就有可能危害电解工艺的正常进行。

C　钒及其他稀有元素的行为

硅钛氧化铝中常含有 0.01%～0.03% 钒（以氧化物计，下同），十万分之几至 0.03% 铬，0.01%～0.05% 锆和十万分之几的稀土。对这些成分在电解过程中行为的定量研究还很不够，定性地认为，这些成分部分或大部分被还原进入合金，这些都是多价元素，都有比较稳定的低价化合物，由于不完全还原，它们对电流效率有较大影响。以钒为例，五价钒在阴极区一部分被还原成金属进入合金，另一部分可能被还原成三价。随着电解质的运动，三价钒可能重新被带到阳极区，又被阳极气体氧化成五价，这样周而复始，引起了电流空耗，降低了电流效率。

测定电解质中 V_2O_5 含量，发现实验槽高于对比槽。实验 2 个月和 5 个月后电解质中 V_2O_5 测定结果见表 3-10。

表 3-10　电解质中 V_2O_5 质量分数的变化

实验时间		60 天后	150 天后
V_2O_5 质量分数/%	实验槽	0.0013	0.00094
	对比槽	0.0001	0.0003

考虑采样和分析误差，可以认为试验槽 V_2O_5 质量分数达 0.001% 后基本保持平衡。试验 3 个月后合金中钒的含量为

0.03% ~0.04%。

电解过程中各成分行为的分析说明，电解硅钛氧化铝生产合金的工艺能否顺利实现的关键之一是硅钛氧化铝的质量，而首先就是其化学组成，各组分的含量必须严格控制在合理范围之内。

3.1.3.4 电解产品——铝硅钛合金

根据原料的化学组成进行物料平衡计算，所得的合金化学组成与实验产品实际分析结果的比较见表 3-11。

表 3-11 合金的化学组成

成　分			Si	Ti	Fe	V	Al
质量分数 /%	测定值	试样 1	11.00	0.99	0.40	0.038	约为余量
		试样 2	10.14	0.98	0.35	0.034	约为余量
	计算值		10.25	0.77	0.39		约为余量

只要生产相应含钛量的硅钛氧化铝，电解法生产的铝硅钛合金含钛量可在很大范围内进行选择。但根据 Al-Ti 二元相图，$TiAl_3$ 的液相线很陡，体系中含钛量稍高，熔点就急剧上升。电解温度一般控制在 940~960℃，车间铸锭温度一般在 740℃ 左右，为了使合金在电解槽中能呈流动性较好的液体，铸锭时也不要有明显偏析，一般合金中含钛量不能太高（质量分数不大于 1.5%）。

获得的上述产品如果含钛量超过了工作合金的要求，则可作为中间合金出售，也可在电解厂铸造车间的混合炉中调配成所需牌号的工作合金。

有学者提出，电解合金时有可能因发生下列反应而造成硅、钛和电解质的大量损失：

$$\frac{3}{2}SiO_2 + 2AlF_3 = Al_2O_3 + \frac{3}{2}SiF_4 \tag{3-8}$$

或

$$\frac{3}{2}SiO_2 + 2Na_3AlF_6 = Al_2O_3 + 6NaF + \frac{3}{2}SiF_4 \tag{3-9}$$

$$\frac{3}{2}TiO_2 + 2Na_3AlF_6 = Al_2O_3 + 6NaF + \frac{3}{2}TiF_4 \tag{3-10}$$

或
$$\frac{3}{2}TiO_2 + 2AlF_3 == Al_2O_3 + \frac{3}{2}TiF_4 \qquad (3-11)$$

在第 2 章中，已用实验室试验分析了在电解条件下上述反应基本不存在。工业原铝电解过程杂质元素行为的研究结果也表明，进入铝电解槽中的硅，90% 以上成了金属铝中的杂质，只有不到 10% 的硅进入烟气或其他机械损失。表 3-12 列举了原铝生产过程中杂质元素的收支概况。

表 3-12 原铝生产过程中杂质元素的收支概况

项　目		Si	Fe	Ti	P	V	Zn	Ga
吨铝收入项/g	氧化铝	123	248	67	16	24	60	131
	炭阳极	173	227	3	4	33	1	2
	电解质	19	31	1	5	2		
	其　他	200	223					
	合　计	515	829	71	25	59	61	133
吨铝支出项/g	原　铝	473	451	25	3	20	48	65
	废气及其他	42	378	41	18	38	12	66
	合　计	515	829	66	21	58	60	131

由此推断，SiO_2 在酸性电解质中和有足够 Al_2O_3 存在的情况下，生成铝硅配阴离子，大大降低了 SiO_2 的活度，式 3-8 和式 3-9 的反应基本不会发生。

反应式 3-10 的标准吉布斯自由能变化：

$$\Delta G_T^{\ominus} = 575.5 - 0.251T(kJ)$$

1273K 时
$$\Delta G_{1273}^{\ominus} = 255977(J)$$

所以，在电解条件下，该反应向左偏移。

反应式 3-11 的标准吉布斯自由能变化：

$$\Delta G_T^{\ominus} = 380.9 - 0.322T(kJ)$$

1233K 电解温度下

$$\Delta G_{1233}^{\ominus} = -16126J$$

$$\Delta G_{1233} = \Delta G_{1233}^{\ominus} + RT\ln\frac{a_{Al_2O_3}a_{TiF_4}^{1.5}}{a_{TiO_2}^{1.5}a_{AlF_3}^2}$$

只需
$$RT\ln\frac{a_{Al_2O_3}a_{TiF_4}^{1.5}}{a_{TiO_2}^{1.5}a_{AlF_3}^2} \geq 16126$$

即
$$\frac{a_{Al_2O_3}a_{TiF_4}^{1.5}}{a_{TiO_2}^{1.5}a_{AlF_3}^2} \geq 4.82$$

反应式 3-11 将向左偏移。

电解铝硅钛合金时，电解质中 Al_2O_3 质量分数一般是 TiO_2 质量分数的 50 ~ 80 倍，而根据 M. Rolin 和 A. Ducouret 的测定[15]，在冰晶石熔体中，Al_2O_3 的活度系数是 TiO_2 活度系数的 1.5 ~ 2 倍，取中间值，则当 $a_{Al_2O_3} = 1$ 时，$a_{TiO_2} = 0.01$。在合金电解条件下，游离 AlF_3 质量分数一般为 5% 左右，设其活度系数为 1，则 $a_{AlF_3} = 0.05$。这样 $a_{TiF_4} \geq 5.3 \times 10^{-4}$，则 $\frac{a_{Al_2O_3}a_{TiF_4}^{1.5}}{a_{TiO_2}^{1.5}a_{AlF_3}^2} \geq 4.90$，反应应该向左进行。由此推断，上述反应即使进行也是非常微弱的。

经 60kA 自焙槽上的工业试验，通过物料平衡计算，并和实测的产品组成进行比较，也表明没有硅和钛的大量损失，实验室试验和上述理论分析再次得到工业试验的证实。

每生产 1t 合金和纯铝的单耗指标以及根据工业实验初期原材料价格计算的单位成本的比较列于表 3-13。纯铝消耗指标取自对比槽平均值，合金消耗指标取自试验槽平均值。

表 3-13 合金与纯铝的单耗指标及成本比较

成本项目	单耗		单价/元	单位成本/元	
	合 金	纯 铝		合 金	纯 铝
硅钛氧化铝/t	1.90		1750	3325	
氧化铝/t		1.95	2500		4875
阳极糊/t	0.56	0.55	600	336	330
氟盐/kg	70	66	4	280	264
交流电/kW·h	20700	18284	0.25	5175	4571
工资及其他/元				1100	1000
合计/元				10216	11040

结果表明，每吨合金的成本略低于纯铝。但随着操作经验的积累和生产规模的扩大，降低合金成本的潜力会比纯铝更大些。从能耗而言，虽然每吨合金比纯铝多耗电约 10%，但如果考虑纯铝熔配成合金时的元素烧损和能耗，以及氧化铝比硅钛氧化铝多耗能部分，还是电解法生产的合金比熔配法更节能。

3.1.3.5 电解铝硅钛合金时的电能消耗

电解合金比纯铝多耗电约 10%，其原因何在及能否改进，这就需要研究电解合金的电能效率问题。

熔盐电解过程的电能主要用于两个部分：一是把化合物分解成单质，即电能转变成化学能，这部分电能主要决定于分解电压、电化当量和电流效率；二是维持电解体系的高温，即电能转变成热能，这部分能量决定于电流网路的电阻，主要是电解质的电阻。所以，就合金与纯铝电解不同之处分述如下。

A 电解质电阻

第 2 章中经实验室测定，硅钛氧化铝相对于氧化铝，使电解质电导率略有下降，致使槽电压升高 3~7mV，约为 60kA 自焙阳极电解槽平均电压的 0.1%~0.15%，消耗于电阻热部分的电能略有增加。在其他条件不变的情况下，每吨产品多耗电 20~30kW·h。

B 合金的分解电压

根据多种阳离子同时放电的机理，有几种阳离子共同存在时，电负性最正的离子首先在阴极放电，随着电流密度的增加，该离子在阴极表面区域的活度不断下降，浓差极化增加，使电位向负的方向移动，直至第二种离子的析出电位，两种离子开始共同析出。随着电流密度继续增加，继续发生浓差极化，阴极电位更负，直至第三种离子的析出电位，并与之共同析出。以此类推。

电解铝硅钛合金时阳离子放电的顺序是：$Fe \rightarrow Si \rightarrow Ti \rightarrow Al$，最终在铝的析出电位共同析出。所以合金电解的理论分解电压与纯铝电解一致。

C 合金的电化当量

工业生产中，电化当量常用在电解槽阴极上通过 1A 电流，经 1h

电解，理论上应析出金属的克数（g）来表示，其单位为 g/(A·h)。这时铝的电化当量 f_{Al} 为：

$$f_{Al} = \frac{3600 M_{Al}}{zeN_A} = 0.3355754 \text{g/(A·h)}$$

式中　　M_{Al}——铝的摩尔质量，26.981538g/mol；

　　　　z——放电过程中每个铝原子得失电子数，$z = 3$；

　　　　N_A——阿伏加德罗常数，即每摩尔单质所含有的原子个数，6.022045 × 10²³ mol⁻¹；

　　　　e——1 个电子的电荷，1.6021892 × 10⁻¹⁹ C。

同样可以算得到硅的电化当量 $f_{Si} = 0.2619795$g/(A·h)；钛的电化当量 $f_{Ti} = 0.4465004$g/(A·h)；铁的电化当量 $f_{Fe} = 0.6945593$g/(A·h)。

合金的电化当量随其组成变化而有所变化。按表 3-11 两个试样的化学组成，取平均值（质量分数）为：Al 88.06%，Si 10.57%，Ti 0.99%，Fe 0.38%。这里忽略了其他稀有成分，这些稀有成分含量甚微，对电化当量的影响可以忽略不计。则合金的电化当量 $f_{合金} = 0.3302586$g/(A·h)。

合金的电化当量比纯铝电化当量小 1.6%，所以在其他条件相同的情况下，电解合金要比电解相同质量的纯铝理论上多耗电 1.6%。60kA 自焙槽，每吨产品约多耗电 280kW·h。

D　电流效率

引起电解铝硅钛合金的电耗高于纯铝的主要原因是电流效率的下降。

电解铝硅钛合金的电流效率 $\eta_{合金}$ 定义为：当电解槽通过一定电量时，实际获得的合金质量与理论上应该获得的合金质量的百分比。

所以　　　　　　$\eta_{合金} = \dfrac{合金实际产量}{合金理论产量} = \dfrac{m_{合金}}{f_{合金}}$

式中　　$m_{合金}$——当电解槽通过 1A 电流电解 1h 实际获得的合金克数；

　　　　$f_{合金}$——合金的电化当量。

根据试验和试生产的技术水平，铝硅钛合金电解的电流效率比铝电解约低 5 个百分点，是铝电解电流效率的 94.0% ~ 94.5%，对于

60kA 自焙槽，在其他条件相同的情况下，因电流效率降低，每吨合金比纯铝多耗电 800~1000kW·h。影响电解合金电耗的主要因素是电流效率。查明电流效率降低的原因和探索提高电流效率的方法，是从事电解法生产铝合金的重要研究课题。

（1）电流效率降低的主要原因是二次反应，即已经析出的金属又融入电解质中，随着电解质的循环运动，有可能被带进阳极区，重新被阳极气体氧化，俗称二次反应，使实际获得的金属减少，电流效率下降。

已析出于阴极表面的金属的溶解，与分散在电解质中的金属液滴的汇聚是可逆过程，二次反应损失的金属量随前者速度的增加而增加，而随后者速度的增加而减少。金属液滴汇聚的速度决定于金属和电解质密度之差以及这两者之间的界面张力。第2章中硅钛氧化铝对电解质密度影响的测定得出结论，当电解铝硅钛合金时，电解质与液体金属密度之差小于纯铝电解，不利于液体金属的汇聚。

从界面张力而言，所用的电解质是历经上百年针对纯铝电解研究改进的体系，其与铝液之间的界面张力大于与合金之间的界面张力。所以从电解质密度和表面张力两个因素而言，都使液体合金的汇聚不如铝的汇聚有利，合金比铝更容易溶解于电解质中，二次反应会更强烈些。

R. Keller 等人曾用实验室试验直接观察到分散于电解质中的硅颗粒[16]。这些分散的颗粒容易被再次氧化。

硅和钛等合金元素二次反应损失率大于铝，是合金电解电流效率低于铝电解的重要原因之一。实验中发现，随着合金中硅和钛含量的增加，电流效率呈规律性下降。合金中每增加1%的硅，电流效率下降 0.5%~0.7%。

解决办法是进一步研究探索新的更适合于合金电解的电解质组成或新型添加剂，使电解质与合金液之间的界面张力增大，密度差增大。目前这方面的工作做得不多，这也正是提高合金电解技术水平潜力所在之一。

（2）多价离子的不完全还原是降低电流效率的另一重要因素。如以上分析钒的作用：五价钒在阴极区被还原成三价，三价钒仍溶解于电解质中，随电解质运动至阳极区，又重新被氧化成五价，引起直流电的空耗。钛和硅等多价元素都有这种不完全还原的几率。虽然铝也是多价元素，但钒、钛和硅等的低价离子比低价铝稳定，钒、钛和硅等元素不完全还原的趋势比铝大，硅钛氧化铝中钒、钛和硅的含量比工业氧化铝高 1~3 个数量级，这是使电解铝硅钛合金电流效率比铝低的又一重要原因。

K. Grjotheim 经试验测得，当电解质中每含 0.01% 的 TiO$_2$ 或 V$_2$O$_5$ 时，将使电流效率分别降低 0.75% 和 0.65%[17]。60kA 自焙槽上的工业试验，电解质含 TiO$_2$ 约 0.06%，含 V$_2$O$_5$ 约 0.001%，它们将使电流效率降低 4.6% 左右。

(3) 第三种原因是 K 和 Na 等非合金元素放电。当有铝存在时，钾、钠与铝共同放电的可能性，分析如下。

根据表 3-3 的数据，在 1300K 下：

$$Al + \frac{3}{2}F_2 = AlF_3$$

$$\Delta G^{\ominus}_{1300} = -1150336 J/mol$$

其分解电压 $$E^{\ominus}_{AlF_3} = \frac{-\Delta G^{\ominus}}{nF} = 3.974V$$

$$K + \frac{1}{2}F_2 = KF$$

$$\Delta G^{\ominus}_{1300} = -422560 J/mol$$

其分解电压 $$E^{\ominus}_{KF} = 4.379V$$

如果将其标准分解电压之差近似地看作铝和钾在阴极的标准析出电位之差，即：

$$\psi^{\ominus}_{Al^{3+}/Al} - \psi^{\ominus}_{K^+/K} = E^{\ominus}_{AlF_3} - E^{\ominus}_{KF}$$
$$= 4.379 - 3.974 \quad (阴极析出电位为负值)$$
$$= 0.405(V)$$

实际析出电位：$\psi_{Al^{3+}/Al} = \psi^{\ominus}_{Al^{3+}/Al} - \frac{RT}{3F}\ln\frac{a_{Al}}{a_{Al^{3+}}}$

$$\psi_{K^+/K} = \psi^{\ominus}_{K^+/K} - \frac{RT}{F}\ln\frac{a_K}{a_{K^+}}$$

式中 a_{Al}，$a_{Al^{3+}}$，a_K，a_{K^+}——分别表示 Al、Al^{3+}、K、K^+的活度。

要使铝和钾共同析出，必须使 $\psi_{Al^{3+}/Al} = \psi_{K^+/K}$，如果视 $a_{Al} = 1$，则：

$$\psi^{\ominus}_{Al^{3+}/Al} - \frac{RT}{3F}\ln\frac{a_{Al}}{a_{Al^{3+}}} = \psi^{\ominus}_{K^+/K} - \frac{RT}{F}\ln\frac{a_K}{a_{K^+}}$$

$$\psi^{\ominus}_{Al^{3+}/Al} - \psi^{\ominus}_{K^+/K} = 0.405 = \frac{RT}{F}\ln\frac{a_{K^+}}{a_K a_{Al^{3+}}^{1/3}}$$

1300K 时
$$\frac{a_{K^+}}{a_K a_{Al^{3+}}^{1/3}} = 37.17$$

可见，只要当 a_{K^+} 足够大，a_K 和 $a_{Al^{3+}}$ 足够小，共同放电是可能的。电解质中 K^+ 浓度比 Al^{3+} 大，电解质中的铝离子处于配合状态，有硅离子存在时配合度更大，扩散速度慢，在阴极区的扩散层，浓度梯度比 K^+ 大，所以阴极表面可能 $a_{K^+} \gg a_{Al^{3+}}$。当钾在阴极表面析出时，立即融入铝形成合金，所以 a_K 很小，钾对炭素材料有很强的渗透性，铝液中的钾部分地渗透入阴极炭块，进一步降低了 a_K。电解的实际过程中，特别是电流分布不均匀时，局部阴极电流密度过大，有可能出现 $\frac{a_{K^+}}{a_K a_{Al^{3+}}^{1/3}} = 37.17$，发生钾和铝共同析出。

钠与钾情况类似，只是它与铝的标准析出电位之差略大于钾，如果不考虑其他因素，它与铝共同析出比钾略微困难。

析出的钾和钠一部分挥发损失，一部分因二次反应又被氧化，一部分渗入炭素材料，合金中残留很少。所以钾和钠放电是造成电流效率下降的又一原因。电解合金时，由于硅钛氧化铝中钾含量比工业氧化铝高，这种电能损失也稍高。

要减少钾和钠放电，除精心操作，如保持电解质中合理的 Al_2O_3 浓度、防止沉淀产生、保持阴阳极电流密度分布均匀、减少阳极效应系数、严格控制槽温等之外，有效办法之一是严格控制硅钛氧化铝中含钾量。

（4）第四种原因是温度的影响。温度越高，除电解槽散热增加引起电能损失增加外，还会带来许多不利影响。随温度升高，各合金元素在电解质中的溶解度和溶解速度增加，二次反应增加；随温度升高，钾和钠等非合金元素与铝的标准析出电位之差减少，钾和钠的放电几率增加；随温度升高，槽帮结壳缩小，阴极面积扩大，阴极电流密度减小；这些都是降低电流效率的因素。一般认为，温度每升高10℃，电流效率降低1% ~2%。因此电解温度在一定范围内越低越好。但温度过低会使电解质黏度增加，金属液滴在电解质中汇聚困难，二者分离条件变坏；放电离子淌度减小，浓差极化增加；甚至出现冷槽，所以温度不宜过低。一般以高于初晶温度8 ~12℃为最适宜。因此初晶温度是控制电解槽温度的关键之一。

电解质的初晶温度决定于电解质的组成。第2章已经说明，在其他条件相同的情况下，硅钛氧化铝比工业氧化铝使电解质初晶温度升高1~4℃，合金电解所控制的温度也相应升高1~4℃，所以电流效率相应下降。

（5）阴极电流密度和阳极电流密度的影响是第五种因素。当阴极电流密度升高时，在电场力的作用下，合金液滴汇聚加快，已析出的合金元素溶解减少，二次反应减少，多价离子不完全还原减少，电流效率增加。

如前所述，电解铝硅钛合金时，二次反应和多价离子不完全还原等现象比铝电解时突出，所以阴极电流密度的影响也显得更为重要。当电解槽结构确定之后，改变阴极电流密度主要是铝液形成的阴极镜面的形状和大小。合金电解较容易出现槽温升高的趋势，容易使槽帮和伸腿缩小，阴极面积扩大，阴极电流密度下降，导致电流效率下降。所以对合金电解就更需要精心操作，控制好温度，维持合理的槽帮结壳和伸腿，保持规整的阴极镜面。

当阳极电流密度升高时，阳极气体（CO_2）排出速率增加，电解质被搅动的强度增加，二次反应增加，电流效率下降。在阳极结构确定之后，改变阳极电流密度的，主要是因阳极氧化而缩小阳极底掌面积。硅钛氧化铝结壳性能不如工业氧化铝，对阳极的保护作用稍差，阳极更容易被氧化。所以更要求维护好阳极，必要时人工用硅钛氧化铝或电解质覆盖阳极下部高温区，防止阳极氧化。

（6）一类导体引起的漏电也是降低电流效率的因素之一。一类导体漏电可分为两种情况。一种是电解槽设计和施工造成的绝缘不完善，使阴阳极之间形成漏电。这一类属于工程问题，与工艺无关。另一种是电解过程中产生的漏电，主要发生在阳极、漂浮在电解质表面的炭渣以及槽帮炭块之间。这种漏电发生的几率很小，只当槽帮结壳熔化，槽帮炭块暴露，且炭渣连成了片，将阳极与槽帮炭块连通才能发生。

电解铝硅钛合金时，在阳极区发生二次反应较多：

$$Me + CO_2 \longrightarrow C + MeO_2(或其他价态氧化物)$$

或 $$Me^{低价} + CO_2 \longrightarrow C + Me^{高价}$$

这些反应都使阳极区形成炭渣增多，加之硅钛氧化铝结壳性能较差，槽帮结壳熔化的几率增加，所以电解铝硅钛合金时，这类漏电的几率比铝电解稍大。这就要求加强炭渣分离，时常注意捞取炭渣[18]；控制好槽温，维护好槽帮结壳。

影响电流效率的因素很多。这里只选择电解铝硅钛合金和纯铝有所不同的几个主要问题做了上述讨论。

3.1.3.6 电解槽寿命

电解槽寿命直接影响产品的产量与质量，与企业的经济效益密切相关。每台电解槽大修一次的费用约为新建一台电解槽的1/3。电解槽启动期间电流效率比正常生产时约低10%，启动期间产品质量也比正常生产时差。如果电解槽早期破损，电流效率约降低20%，产品质量更会明显下降。延长电解槽寿命即延长大修周期，不仅能提高设备实际运转率、节约大量资金、减少原材料和电能消耗、直接提高产品的产量和质量；而且大修时从旧电解槽拆卸的大量含氟废料容易造成环境污染，延长电解槽寿命有利于环境保护。

电解槽早期破损现象常见于槽底中缝，捣固糊与阴极炭块之间出现裂缝，这种中缝纵向裂缝几乎占槽底破损率的90%。其次是槽底中央上抬和阴极炭块出现裂缝或发生断裂，这种裂缝或断裂一般发生在垂直于阴极炭块长度方向。还有，阴极炭块与边部捣固糊之间出现裂缝，边部捣固糊沿周边出现横向收缩裂缝，捣固糊出现剥层和分层，安装阴极钢棒的阴极炭块燕尾槽顶角产生裂缝等现象也偶有发生。

发生这些破损的原因是多方面的，有材料或预制件质量问题，有筑炉质量问题，也有焙烧启动和运行时的问题。但最薄弱环节是筑炉过程的扎糊工艺和电解槽的焙烧启动。这两个环节要引起特别重视。

以上是对于合金电解和铝电解都具有的共性问题，有关专门论著很多，这里不做详细讨论。下面着重介绍与电解铝硅钛合金有关的几个特性问题。

60kA 自焙槽电解铝硅钛合金，经 200 天试验后，槽底电压降的增加比对比槽（铝电解槽）低。测定值见表 3-14。

表 3-14　实验 200 天前后槽底压降变化情况　　　　（mV）

数据来源	实验前	200 天后	前后变化值
实验槽（平均）	556	580.5	+24.5
对比槽（平均）	556	585	+29

该结果表明，从 200 天综合效果看，电解铝硅钛合金对电解槽寿命没有不利影响，甚至稍优于铝电解槽。二者的不同介绍如下：

（1）合金液对炭素阴极的湿润性优于纯铝。电解过程中，电解质以及在阴极析出的钾和钠对炭素材料的渗透，是促使电解槽破损的主要原因之一。处于还原态的钾和钠单质，其作用比电解质更为严重。

电解槽焙烧启动过程中电流分布不均，槽底升温不均，热应力使阴极炭块产生裂缝，或使炭块在进厂前已有的细微裂缝扩大；底糊在焙烧过程中也能因焦化形成收缩缝隙。电解质、钾和钠渗透到这些裂缝里，钾和钠甚至能进入石墨的晶格，形成层间化合物，发生体积膨胀，使裂缝进一步扩大。由于电解槽温度的波动，在下一个较高温度到来时，本已填满的缝隙又允许渗入更多的电解质、钾和钠，然后再膨胀。周而复始，最后使炭块疏松破碎。

有学者认为，对炭素材料的这种渗透，钾更甚于钠，但未见足够的实验数据。从原子半径考虑，钾应该不及钠活跃，且电解质中钾的活度远小于钠。

铝液对炭素材料湿润性不是很好，不能完全隔断电解质与阴极炭块的接触。有钛存在时情况就不一样了。钛对炭素材料湿润性很好，实验中止后发现，由于钛对炭阴极的浸润，炭块表面形成了薄薄的一层坚硬的 Ti-C 保护层。它起到阻止电解质、钾和钠对炭阴极侵蚀的作用。事实证明，曾经用于电解铝硅钛合金试验的电解槽比对比槽延长了大修周期。

现代铝电解槽技术中，将薄薄一层含 TiB_2 不小于 30% 的 TiB_2-C 材料涂敷或烧结在阴极炭块表面，形成 TiB_2-C 复合阴极[19,20]。这种复合阴极收到两方面的效果：一则阻止电解质、钾和钠对阴极的侵蚀，延长电解槽寿命；二则因铝对 TiB_2 有很好的湿润作用，能减少槽底电压降，降低电耗。尽管目前这种复合阴极造价还较昂贵，但仍受到专业人士的欢迎。

电解铝硅钛合金过程中自然形成的 Ti-C 保护层，也起到了与 TiB_2-C 异曲同工之妙的效果。

前苏联学者 B. B. Нерубащенко 等人对电解铝钛中间合金的电解槽和普通铝电解槽的寿命进行了统计比较，得出结论：铝钛中间合金电解槽寿命比普通铝电解槽延长 14.9%。认为钛有很强的能力生成碳化物，对电解槽槽底结构起着保护作用[21]。

热力学计算表明，在电解过程中，下列反应可以自动进行：

$$4Na_3AlF_6 + 12Na + 3C = Al_4C_3 + 24NaF$$

因此，在阴极炭块的微小裂缝和孔隙中，在事先有渗入的电解质并有被还原的钠存在时，可能有 Al_4C_3 的生成。Al_4C_3 的导电性很差，一旦存在于非垂直的裂缝中，将严重影响阴极炭块内的电流分布，使电流分布不均匀，起到破坏槽底的作用。但若有钛的存在，情况就不一样了，会有如下反应发生，而减少碳化铝存在的可能性。

$$TiAl_3 + C = TiC + 3Al(l)$$

$$3TiAl_3 + Al_4C_3 = 3TiC + 13Al(l)$$

（2）维持合理的槽温。过高的电解温度，不仅对电解工艺、产品的产量和质量有不利的影响，也是延长电解槽寿命的大忌。温度高，钾和钠被还原多，活度增加，钾、钠和电解质对炭素的侵蚀加剧；炭素本身的热膨胀应力也增加。这些都是加速槽底破损的因素。

合金电解时，电解质电导略有下降，电解质电阻热略有增加；电解合金的电流效率有所下降，转变成化学能的电能减少，在输入电解槽电能相等的情况下，转变成热能的部分增加。在使用普通铝电解槽电解合金时，这些因素都可能使电解槽温度升高，从而影响电流效率。А. И. Милов 和 Norák Milan 分别提出过普通铝电解槽的结构和阴极材料对电解制取铝硅或铝硅钛中间合金效率有影响，电解槽结构要适当改变[22]。

防止槽温升高最好的办法之一是：专门为电解铝硅钛合金设计新槽。这要根据电解铝硅钛合金的工艺特点，重新计算热量平衡，适当调整结构参数。比如适当减小阳极电流密度、增加槽膛深度、抬高铝（合金）水平、增加槽侧部散热等。另外就是，必须比铝电解更加精心地操作管理，采取防止槽温升高的一切措施，比如稳定维持较低的电解质摩尔比（但相同条件下摩尔比不能低于纯铝电解）；适当保持较高的铝（合金）水平；勤加工，采用少量多次加料方式，在允许范围内尽量减少阳极效应系数等，采取一切措施，维持正常槽温，防止槽温升高。

（3）防止边部漏槽。硅钛氧化铝结壳性能比工业氧化铝稍差，槽帮较易熔化，处在高温状态的槽帮炭块如果暴露于空气中，容易被氧化，久之可能穿帮，造成边部漏槽。这将严重影响电解槽寿命。

减少或防止边部漏槽的措施也可以从两方面着手：

（1）如果专为生产铝硅钛合金设计新槽，最好采用导热和抗氧化性能较好的新型槽侧部材料。为促使炉帮的形成，要求电解槽侧部材料有良好的导热性，石墨化炭块的热导率是普通炭块的 1.7 倍，而 SiC 块的热导率是普通炭块的 5 倍。现代铝电解槽技术采用石墨化炭块代替普通炭块，进而用 SiC 或 SiC-Si$_3$N$_4$ 块代替石墨炭块作槽侧部材料。这些材料自身抗氧化能力大大提高，而且导热性好，促使形成炉帮，加强对侧部材料的保护。并且为了增加导热，用合适粒度配比的 SiC 为主的粉体填充料代替 Al$_2$O$_3$，用作 SiC 块与钢外壳之间的缓冲材料。设计铝硅钛合金电解槽最好采用这些新材料。

（2）如果使用现有的铝电解槽电解合金，则要加强槽帮巡视，精心操作，必要时人工建立槽帮，防止边部漏槽。

国内外铝电解槽寿命存在较大差距，国外较先进水平为 2500～3000 天，国内一般为 1500 天左右。近年来国内在延长电解槽寿命方面做了大量工作，成效也很显著，但仍有较长的一段路要走。合金电解同样有延长电解槽寿命的问题，许多方面可借鉴铝电解槽的成功经验。

3.1.4 大型预焙槽电解铝硅钛合金

3.1.4.1 试验流程及设备

从提高设备产能、改善技术经济指标、减少环境污染等众多愿望出发，铝电解向大型预焙阳极电解槽方向发展。目前，国际上已出现 500kA 预焙槽，专家预测，在下一个 10 年，世界上铝电解技术占主导地位的可能是 500～600kA 电解槽。500～600kA 电解槽将成为铝电解生产实现高产量、低电耗和低成本最有竞争力的槽型。国内从 20 世纪 90 年代起，也逐渐向预焙槽过渡，目前自焙槽已全部淘汰，国内也已有了 400kA 的预焙槽。

为了使电解法生产铝基合金新工艺的装备水平能跟上铝电解发展步伐，必须考验该工艺能否适应于大型预焙槽，因此，在 140kA 预焙槽上进行了电解铝硅钛合金工业试验[23]。实验流程如图 3-3 所示。

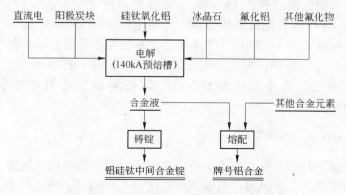

图 3-3 预焙槽电解铝硅钛合金流程示意图

实验设备采用从 140kA 中间点式下料预焙阳极铝电解槽系列中抽出一台，切断与原系列氧化铝风动输送系统的连接，在两个氧化铝分配器上分别安装容积为 0.5m³ 的上部料箱，硅钛氧化铝用活动料斗人工间断地吊装至上部料箱。140kA 中间点式下料预焙阳极铝电解槽结构如图 3-4 所示。

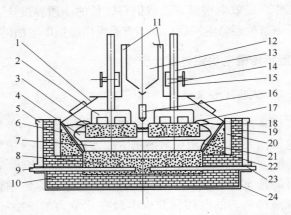

图 3-4 140kA 中间点式下料预焙阳极铝电解槽结构示意图

1—槽罩；2—钢爪梁；3—阳极；4—电解质；5—槽壳；6—涂层；7—铝液；8—阴极炭块；
9—阴极钢棒；10—保温砖；11—排烟装置；12—料仓；13—导杆；14—水平母线；
15—卡具；16—打壳和点式下料器；17—保温料；18—壳面；19—边部砖；
20—边部保温板；21—结壳；22—边部炭块；23—密封材料；24—钢壳

电解槽阳极面积为 19.14m²，阳极炭块长×宽×高 = 1450mm×660mm×540mm，阳极组数为 20；阳极电流密度为 0.731A/cm²。

下料方式为 4 点两两轮流下料，下料量由槽控箱自动控制汽缸式下料器的运动频率，每次下料量为 1.8L，正常下料间隔为 3.15min 左右，视电流效率变化调整，以控制电解质中总氧化物含量为 2%～5%。

3.1.4.2 试验条件

根据当时的装备和技术水平，参照作为对比的纯铝电解槽，确定运行的主要工艺参数为：电解质摩尔比为 2.6～2.7，槽电压为 4.2～4.3V，槽温为 950～960℃，铝（合金）水平为 19～21cm，电解质水平为 20 ~ 22cm，阳极效应系数为 0.5 ~ 1.0 次/（d·槽）。

电解质组成及主要性质抽样分析见表 3-15。

表 3-15　电解质理化特性抽样分析结果

化学组成（质量分数）/%					摩尔比	初晶温度 /℃	电阻率 /Ω·cm
CaF₂	MgF₂	Al₂O₃	SiO₂	TiO₂			
3.15	2.33	1.85	0.76	0.066	2.60	943	0.452

合金的组成根据用户要求可在较大范围内调整，合金组成确定后，选择合适的硅钛氧化铝。140kA 预焙槽实验根据实验领导小组确定的产品方案，所用硅钛氧化铝主要成分见表 3-16。

表 3-16　140kA 预焙槽实验所用硅钛氧化铝主要成分

成　分	SiO₂	TiO₂	Fe₂O₃	灼减	Al₂O₃
质量分数/%	4.3	0.9	0.2	0.6	约为余量

试验所用硅钛氧化铝的物相组成主要有 α-Al₂O₃（质量分数约 45%）、γ-Al₂O₃（质量分数约 40%）、莫来石（质量分数约 10%）、锐钛矿、金红石、伊利石和赤铁矿。主要物理性能与冶金级氧化铝的比较列于表 3-17（表中数据仅限于采样测试过的范围）。

表 3-17　试验用硅钛氧化铝物理性能与氧化铝的比较

氧化铝品种	比表面积 /m²·g⁻¹	α-Al₂O₃（质量分数）/%	灼减（质量分数）/%	安息角 /(°)	密度 /g·cm⁻³	真密度 /g·cm⁻³	吸水性（质量分数）/%
进口粉状	2.4 ~ 2.5	88.0 ~ 94.2	0.28 ~ 0.44	42 ~ 52			
进口砂状	44.0 ~ 65.0	10.6 ~ 30.0	0.6 ~ 1.5	30 ~ 33	0.90 ~ 0.95	3.45 ~ 3.56	3.0 ~ 4.2
国产氧化铝	31.0 ~ 36.5	33.6 ~ 38.5	0.69 ~ 0.85	34 ~ 38	0.94 ~ 0.98	3.55 ~ 3.59	0.95 ~ 1.65
硅钛氧化铝	约29.7	约45	约0.67	约42	约1.05	约3.57	约1.22

试验所用硅钛氧化铝实际是用合适的含铝矿物（如铝土矿）除铁后与氢氧化铝按一定比例混合煅烧而成。将除铁矿粉单独煅烧后，在 1000℃ 工业电解质中测得的溶解速度与氧化铝的比较列于表 3-18（用相同条件下试样的溶解时间表示）。

表 3-18 硅钛氧化铝溶解速度与氧化铝的比较

试样来源	郑州铝厂	山东铝厂	昆士兰铝厂	圭亚那铝厂	除铁矿粉
溶解速度/min	5.1	5.3	5.08	4.43	3.9 ~ 4.37

试验产品被确定为中间合金，其化学组成举例见表 3-19。

表 3-19 铝硅钛合金化学组成之一

成 分	Si	Ti	Fe	Al
质量分数/%	3.23	0.72	0.44	约为余量

上述合金的电化当量与纯铝相当。

3.1.4.3 试验结果及分析

140kA 预焙槽试验得出与 60kA 自焙槽试验相似的结果。

大型预焙槽电解铝硅钛合金连续运行 245 天，试验期间共获得约 200t 合金，成分稳定，用户满意。实验过程中，电解质性质如组成、黏度、电导率等都较稳定，与同厂同条件铝电解槽（对比槽）相比，电解质中钙、镁、钾和钠等成分没有明显积累，工艺能正常进行。试验前后槽底压降没有明显变化，实验进行 200 天后，测定阴极钢棒温度和炉底温度分布，都很正常。电流效率为对比槽的 92%。主要消耗指标（以当时物价计）与对比槽的比较列于表 3-20。

表 3-20 140kA 预焙槽合金电解与纯铝电解主要消耗指标的比较

项 目	单 耗		单价/元	单位成本/元	
	纯 铝	合 金		纯 铝	合 金
氧化铝/t	1.94		2400	4656	
硅钛氧化铝/t		1.94	1900		3686
阳极炭块/t	0.56	0.66	2800	1568	1848

项 目	单 耗		单价/元	单位成本/元	
	纯 铝	合 金		纯 铝	合 金
氟化盐/kg	59	67	6.635	391.5	444.5
综合电耗/kW·h	15010	16900	0.38	5703.8	6422
其 他				1503	1690
成 本				13822.3	14090.5

数据表明，按试验当时物价计算，合金综合成本比纯铝高1.94%。但获得的是含钛和硅的中间合金。如果用熔配法，考虑元素烧损和重熔费用，合金成本会比纯铝增加7%左右。

从表 3-20 可以看出，无论纯铝或合金，经济技术指标的绝对值都不很好，这主要受当时试验厂客观条件的限制。以下几点是影响试验结果的重要因素：

（1）电流效率。从一系列铝电解槽中抽出一台槽电解合金，既不改变设计参数，也不便独立调控管理和操作条件，对合金电解有所不利。

铝的溶解—氧化（二次反应）是降低铝电解电流效率的重要原因之一。为了减少二次反应，人们研究电解质的组成，尽量扩大电解质与铝液的密度差和界面张力。但是，对电解质的这些改进，不一定都适合于硅和钛，在铝电解质体系中，硅和钛的二次反应会比铝表现更突出，从而降低合金电解的电流效率。

溶解于电解质中的铝会与电解质中的氧化硅和氧化钛发生还原反应，这种反应破坏了铝在电解质中的溶解平衡，增加铝的溶解损失，也降低合金电解的电流效率。

多价离子的不完全还原是降低铝电解电流效率的重要原因之一。溶解于电解质中的硅、钛、钒和铁等都是多价离子，它们在阴极表面都可能不完全还原生成低价离子。低价离子仍溶解于电解质中，一旦接触阳极气体中的 CO_2 或空气中的 O_2，又被氧化成高价离子。周而复始，造成电流空耗，降低电流效率。而硅钛氧化铝中所含硅、钛、铁和钒比工业氧化铝中高 1~3 个数量级，因此合金电解的电流效率比纯铝电解低。

由于电流效率下降，加之合金电解的电解质的电阻略高于纯铝电解，在向电解槽送入相同能量的情况下，对于合金电解过程，转变成化学能部分减少，而转变成热能部分增加。也就是说，合金电解槽的热平衡条件与铝电解槽有所不同。用系列铝电解槽中的一台槽电解合金，一旦疏于管理，槽温容易偏高。大型槽热惯性大，一旦温度超出正常范围，调整过来比较困难，不及时采取措施，甚至出现热槽，不仅增加电耗和成本，降低产品产量和质量，严重时要缩短电解槽寿命。

（2）槽底压降。当时选用的试验槽是一台已经过大修的铝电解槽，大修时采用湿捣。在投入电解合金实验时，槽子已稍有变形，槽底压降已高于对比槽。致使试验槽在正常情况下的槽电压也高于对比槽。这也构成试验槽容易发热的原因之一。

（3）下料量的控制。对于合金电解，如何控制好下料量，使下料速度与原料消耗速度保持平衡非常关键。如果下料量过多，则会引起电解质黏度升高、电导下降、槽温升高，严重时会产生槽底沉淀，使槽底压降升高，电流分布不均，引发一系列不良后果。如果下料量不足，会增加阳极效应系数，也会引起槽温升高等一系列严重后果。

大型预焙槽与自焙槽重要区别之一是采用中间点式自动下料。少量多次，下料量更加均匀，大大减少了电解质中氧化铝质量分数的波动。特别是近年来对电解槽加料实现了氧化铝质量分数自适应控制，基本上可以将氧化铝质量分数稳定控制在 1.5% ~3.5% 的范围之内。如果将这些加料控制技术引用到合金电解槽上，对合金电解应是十分有益的。但是试验期间，尚不具备氧化铝质量分数自适应控制条件。全厂仍然采用效应控制方法，即人为设定加料间隔，按规定时间停止加料，等待效应。用效应发生是提前还是推迟来判断加料量过量或是不足，从而修正原设定的加料间隔。从整系列电解槽中抽出一台作合金电解试验槽，加料装置很简陋，更无法实现自动控制。曾遇到过因硅钛氧化铝质量控制疏漏，其粒度和流动性能等物理特性与工业氧化铝有较大差别，对原氧化铝活塞式下料器不很适应，加之下料器本身的机械故障，经常发生堵料或漏料，下料量失控，使槽底产生沉淀。

特别是春节前后，因人员紧缺，疏于对实验槽的操作管理，持续约一个月槽温比正常槽温高 20~50℃，导致槽壳较严重变形。

即使这样，槽底压降仍没有明显增加。停槽后检查发现，阴极炭块表面有一层致密的 Ti-C 结合层，正是它们对阴极炭块起到了保护作用。这从另一个侧面证实，电解含钛合金有利于延长阴极寿命。

(4) 硅钛氧化铝对电解质成分的影响。由于硅钛氧化铝的化学组成与工业氧化铝不同，电解过程中对电解质组成变化（特别是摩尔比的变化）的影响尚有一些未知因素，因此，电解合金要更加留心摩尔比的控制。

试验期间，采用电导法测定电解质摩尔比。电导法测定摩尔比的原理是：碱性电解质试样中含有的过量 NaF 可溶于水中，而结合在正冰晶石中的 NaF 却并不溶解。制备一系列 NaF 过量量不同的试样，用交流电桥测量其溶液的电导率，即可获得溶液电导率对电解质摩尔比的关系曲线。测定待测试样水溶液的电导值，与标准曲线进行比较，就可获得待测试样的摩尔比。对于酸性电解质，只需向试样添加过量的 NaF，经烧结使其成为碱性电解质，测定其摩尔比；然后根据添加的 NaF 量，推算待测试样的摩尔比。

用这种方法测定电解合金时的电解质，硅钛氧化铝中的 SiO_2 会与 NaF 反应而消耗 NaF，使测定的摩尔比值比真实值偏低。这样的分析数据误导了试验期间对电解质组成的控制。试验将要结束时，电导法测得摩尔比为 2.81~2.82，经全分析校对，实际摩尔比已达 3.1，由于问题发现较晚，已严重影响工艺条件和实验结果。得到的教训是，合金电解不宜采用电导法测定摩尔比。

(5) 供电和供料等外部条件的影响。试验期间外部供电条件极不稳定。140kA 电解槽，试验期间的平均电流强度只有 129.47kA。据不完全统计，试验期间停电达 5 次以上，最长一次停电 4.5h。至于负荷的大幅度波动则更频繁。

试验期间因原料供应不足，数次出现缺料，阳极效应频发，多次引起槽况发生异常。

由于单台试验槽，采用专用抬包出合金，有粘包现象，特别是试验前期（约 2 个月时间）采用冷包，粘包现象较为严重。这部分粘包量没有计入合金产量。因此，合金电解试验的实际电流效率高于对比槽电流效率的92％，实际综合电耗也低于表3-20中引用的数值。

　　表3-20中的数据表明，试验期间合金的实际成本与熔配法相比，已有微弱优势。上述5点分析，既是试验过程取得的经验教训，也说明电解法生产铝硅钛合金的技术指标和经济效益还有较大潜力可挖。

3.2　钛的富集及提取含钛较高的铝硅钛中间合金

3.2.1　从铝硅钛合金中富集钛的理论依据

　　图3-5所示为Al-Ti二元相图及其富铝的一角[24]。

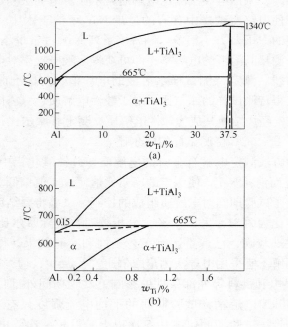

图 3-5　Al-Ti 二元相图

（a）Al-Ti 相图；（b）Al-Ti 相图富铝的一角

　　从铝钛相图可以看到，如果合金液中含 Ti 不大于 0.15％，随合金液的冷却，至液相线逐渐析出 α 相。如果合金液中含 Ti 大于 0.15％，当液态铝钛合金冷凝时，首先析出金属间化合物 TiAl$_3$，冷却到665℃时发生包晶反应而消耗 $TiAl_3$：

$$L_{Al\text{-}Ti} + TiAl_3 \Longrightarrow \alpha_{Al\text{-}Ti}$$

如果含钛量比0.15%高得不多，则随着包晶反应的进行，事先析出的 $TiAl_3$ 微小树枝状晶体会发生枝晶断裂，α 相依附于其上，成为无数晶核，起到细化晶粒的作用。如果合金液含钛较高，但 Ti 的质量分数小于1.0%，则包晶反应完成时，此前析出的 $TiAl_3$ 被全部消耗完，只存在 α 相。随着温度继续下降，会从 α 相中析出部分 $TiAl_3$，低温下体系由 α 相和 $TiAl_3$ 组成。如果含 Ti 量大于1.0%，则包晶反应之前析出的 $TiAl_3$ 粗大树枝状晶体在包晶反应过程中不容易发生枝晶断裂，起不到细化晶粒的作用，而且部分 $TiAl_3$ 原晶会一直残留在体系中，其高熔点和硬脆性将影响合金的综合力学性能。

所以，使用的铝基合金牌号中含钛量不宜过高，一般为0.2%左右或者更低。电解法生产的铝硅钛合金，完全可以直接达到含钛量的这种要求。但若因某种需要，生产的是上述举例成分的产品，含钛量高于工作合金牌号规定的范围，可以通过两种方法进行处理。方法之一是将其在电解厂的混合炉中稀释至工作合金所需含钛量，或作为中间合金出售。方法之二是利用 $TiAl_3$ 在溶液中的偏析作用，从中提取一部分含钛较高的中间合金，使剩余部分达到工作合金所需含钛量的标准。

从图3-5可知，如果在665℃恒温，理论上可使液相含钛降至0.15%，固相含钛为37.2%（$TiAl_3$ 的组成），如果这时将液固分离，根据相图的杠杆原理，不难计算出含0.15%Ti 的液相理论提取率。图3-6示出了部分计算结果，表明理论提取率随原合金含钛量呈线性变化。

3.2.2　铝硅钛合金中钛的富集试验

实验采用设备和工艺都较简单的沉降倾泻法，用圆柱状坩埚将原合金熔融，每次实验用合金10kg，然后冷却至分离温度恒温一定时间，自上而下分层取样，分析该层组成。取样层位至液面的距离可以

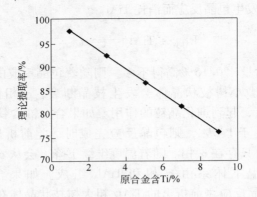

图 3-6 理论提取率随原合金含钛量的变化

代表该层以上的液相量。

原始合金组成（质量分数）为：Si 8.00%，Fe 0.82%，Ti 2.28%，Al 约为余量，经 1h 沉降分离的实验结果如图 3-7 所示。

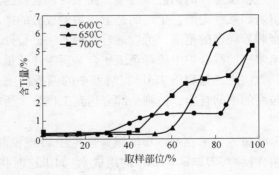

图 3-7 含 Ti 2.28% 的原始合金沉降分离曲线

试验结果表明：

（1）Al-Si-Ti-Fe 四元合金的熔点低于 Al-Ti 液相线，使得沉降分离可以在 Al-Ti 包晶温度以下进行。

（2）钛的沉降分离效果明显，可以用来提取工作合金和含钛较高的中间合金。

（3）上述条件下，650℃分离效果最好，一次沉降分离可获得含

Ti 0.26%的低钛合金，约占合金总量的 55%；600℃熔体黏度过大，沉降速度较慢，分离困难，一次沉降分离只能获得含 Ti 0.27%的低钛合金，占合金总量的不到 40%；700℃则处在包晶温度以上，钛在液相的溶解度较大，获得的低钛部分含钛量较高。相对过冷度也低，成核较慢，一次沉降分离只能获得含 Ti 0.33%的低钛合金，占合金总量的 40%。

（4）Si 和 Fe 基本不偏析，在上、下层的含量变化不大。

如果原合金含钛更低一些，分离效果会更好。组成（质量分数）为：Si 7.00%，Ti 1.52%，Fe 0.58%，Al 约为余量的原始合金，经 1h 沉降分离的实验结果如图 3-8 所示。

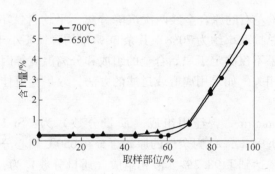

图 3-8 含 Ti 1.52%的原合金沉降分离曲线

结果表明，仍然是 650℃的效果优于 700℃。650℃经 1h 沉降分离，获得含钛 0.25%的低钛合金约为合金总量的 60%。700℃获得的低钛合金仍含钛 0.33%，约为合金总量的 50%。分离过程中，Si 和 Fe 仍没有明显的偏析现象。

若要获得含钛更高的中间合金，可将第一次分离的高钛部分进行第二次沉降分离。将含 Ti 4.32%的一次富钛合金 700℃恒温 1h，进行第二次沉降分离的结果如图 3-9 所示。

可见第二次分离效果依然明显。约占合金总量 30%的低钛合金含钛 0.3%，其余 70%的高钛部分平均含钛 6.1%。Si 和 Fe 在第二次分离过程中仍无明显偏析。

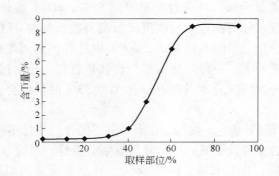

图 3-9 含 Ti 4.32% 的一次富钛合金 700℃ 恒温 1h 沉降分离曲线

含 Ti 2% 左右的原合金经两次沉降分离，平均含钛不大于 0.3% 的低钛合金总提取率约为 70%，其余 30% 平均含钛不小于 6%。

分离效果不仅决定于原始合金的组成和分离温度等因素，也与分离手段密切相关。如果用离心或过滤的办法，效果会更佳，但设备较为复杂。

И. Т. Гульдин[25] 曾经用组成（质量分数）为：Si 12.52%，Fe 1.87%，Ti 0.94%，Al 为余量的原始合金在 650℃ 离心分离，据称液相相对提取率达到了 98.2%。液相组成（质量分数）为：Si 12.4%，Fe 1.9%，Ti 0.38%。在 580℃ 离心分离，液相提取率达 89.9%，液相组成（质量分数）为：Si 11.66%，Fe 0.81%，Ti 0.09%。

В. М. Чельцов[26] 曾用块状过滤介质为过滤层，进行真空过滤。发现钛的富集程度和液相提取率都不如离心法，且过滤介质不容易更新再用。用同一种原始合金，离心法可使富钛相含钛达 22% ~ 27%，而过滤法只能达 3% ~ 4%。

Б. И. Емлин[27] 在熔炼共晶铝硅合金时，使用精炼的锰硅合金进行混锰过滤，由于锰的作用，可缩短金属间化合物的生成时间，使滤液中的含铁量降低 40% ~ 50%，钛也在滤渣中被富集，从而提高共晶铸造铝硅合金的质量。在过滤成分（质量分数）为：Si 12% ~ 14%，Fe 0.9% ~ 1.5%，Mn 0.9% ~ 2.24%，Ti 0.18% ~ 0.34%，其余为铝的共晶合金时，得到如下成分（质量分数）的滤渣：Si

16% ~ 18%，Mn 3% ~ 4%，Ti 3% ~ 4%，Zn 0.2%，Fe 6% ~ 8%，其余为铝。Fe 在铝渣中以(Fe,Mn)$_x$Al$_y$Si$_z$ 形式的金属间化合物存在。

A. M. Апанасенко[28]等人曾申请用精炼剂处理熔融合金，继而用过滤法分离 Fe 和 Ti 金属间化合物的专利，方法与 Б. И. Емлин 的大同小异。

3.3 进一步改进电解法生产铝硅钛合金的途径

无论从生产规模、装备水平、操作技术和经验等方面，电解法生产铝硅钛合金都还不能与霍尔-埃鲁法炼铝相比，但这也正是该工艺有潜力的地方。除通过更多的实践积累经验、改进操作、提高技术水平外，还有以下几方面改进工艺的设想。

3.3.1 探索更适合于电解合金的电解槽结构和电解质体系

这一方面可在现有铝电解用的槽型和氟盐电解质体系基础上加以改进。如调整电流密度，选用新型槽衬材料，增加侧部散热；选用新型添加剂，增加电解质与合金液之间的密度差和界面张力，增加电解质电导等。

另一方面根据合金电解的特点，可以探索新的槽型，寻找新的电解质体系，比如氯化物体系或氯化物-氟化物混合体系等。

国内外曾经掀起一股电解氯化铝生产铝的研究热潮，实际上这方面的研究至今也没有停止过。与目前氧化铝电解的霍尔-埃鲁法相比，氯化铝电解有以下优点：

（1）电解温度可以降低250℃左右，大幅度减少热量损失，降低电耗；同时降低对电解槽构筑材质的要求。

（2）阳极放电是氯而不是氧，普通石墨或炭素材料不与氯发生反应，这就可以采用惰性（不消耗）阳极，缩短极间距离，实现多室槽，因而大幅度降低槽电压，降低能耗。且氯化物电解的临界电流密度大，可以采用大得多的电流密度，从而提高设备产能，减少占地面积。

（3）阳极释放的氯气回收用于制备氯化物原料，不排放 CO_2 等温室气体。

(4) 氯盐电解质比氟盐电解质资源丰富，价格低廉。

但氯化铝电解的最大困难是 $AlCl_3$ 的来源。每生产 1t 铝，理论上需 1.89t Al_2O_3，但却需 4.94t $AlCl_3$。如果用纯净的无水 $AlCl_3$ 作原料进行电解，尽管氯气可以回收利用，近 5t $AlCl_3$ 的成本也无法承受。

目前，国内无水氯化铝主要用氧化铝或金属铝氯化而来。为了降低氯化铝的制造成本，曾经用我国铝土矿氯化研制无水氯化铝。结果发现，铁的氯化温度最低，其次是钛，再次是铝，硅的氯化温度最高。但要把氯化铝与其他三种氯化物分离获得纯净的氯化铝十分困难。即便能把它们分离，大量氯化硅、氯化钛和氯化铁消耗的氯气无法回收，成本仍然居高难下。

如果用氯气氯化我国的铝土矿，由于我国铝土矿含铁低，可先在较低温度氯化除去大部分铁，然后制取 $AlCl_3$、$SiCl_4$ 和 $TiCl_4$ 的混合氯化物（含合金允许范围内的少量 $FeCl_3$）；或者制取 $AlCl_3$-$TiCl_4$ 混合氯化物（含少量 $SiCl_4$ 和 $FeCl_3$），省去氯化物分离提纯工序。将混合氯化物在 NaCl + KCl 的熔盐体系中电解，则获得铝硅钛合金（或 Al-Ti 合金），阳极释放的氯气回收再用于氯化铝土矿。这既能避免制取纯氯化铝的困难，又能发挥氯化物电解的上述优势，有可能成为电解法生产铝硅钛合金的新途径。

当然，这还有许多技术问题需要进一步探索，比如因各种氯化物沸点（或升华）的差别，需要解决混合氯化物的收集和电解槽加料方式等问题。

3.3.2 降低硅钛氧化铝的生产成本

降低硅钛氧化铝生产成本的途径之一是采用较廉价的特殊氧化铝，作为硅钛氧化铝生产过程中的成分调配。

如前所述，铝土矿除铁后，为了控制其硅和钛含量，目前均是用工业氧化铝来调配成分。工业氧化铝对含硅量有严格的标准，我国一级氧化铝含硅在 0.02% 以下。含硅稍高的氧化铝就成了等外品，但它对硅钛氧化铝的质量并无大碍，可以用于生产硅钛氧化铝，甚至可以为调配硅钛氧化铝成分专门生产一种氢氧化铝或氧化铝，它们可以不经深度脱硅，却可深度碳酸化分解，这将较大幅度简化氧化铝生产流程，提高其生产能力和降低成本。

3.3.3 适当限制电解合金的含硅量

试验发现，电解的铝硅钛合金，在混合炉（或熔配炉）中经成分调整，即使是调整幅度较大，对其微观结构和材料性能也没有明显的影响。比如，将含硅5%的铝硅钛合金调至含硅8%，仍能保持电解合金的特征，而不致像熔配法那样使合金性能降低。基于这一点，从经济效益出发，在电解合金时，不宜追求含硅量过高，因为随合金中含硅量上升，电流效率明显下降，操作也更困难。电解槽中合金含硅量不宜超过8%，如果需要，可在混合炉中适当提高含硅量。

3.3.4 采用较廉价的办法添加锂盐

铝电解时，为了改善工艺条件，降低电解质的黏度和初晶温度，增加电解质的电导，往往向电解质中添加 LiF 或其他锂盐，如 Li_2CO_3。

电解铝硅钛合金时，SiO_2 和 Al_2O_3 相互作用生成复杂的配阴离子团，使电解质黏度增加，电导降低，初晶温度升高。所以电解铝硅钛合金时，电解质的黏度、初晶温度和电导等方面性能不如铝电解，添加锂盐以改善其性质显得更为重要，收效也会更为明显。

普通铝电解槽添加的锂盐必须是纯净的，否则产品将被污染。电解铝硅钛合金则可以用精选的锂辉石代替纯锂盐，价格则低廉得多。精选锂辉石的成分92%～95%是硅铝酸锂，对铝硅钛合金质量并无影响。所以，电解合金时添加精选锂辉石，可收到事半而功倍的效果。

3.3.5 利用电解过程形成硼化钛复合阴极

由于 Ti 与 C 有很强的反应能力，在电解铝硅钛合金的初期即能在炭素槽底形成 Ti-C 保护层。如果在电解的初期阶段，在硅钛氧化铝中添加硼化物（电解法生产铝钛硼已有工业试验结果），阴极析出的 Ti 和 B 则很可能形成 Ti-B-C 保护层。这将以较简便的办法以及较低廉的价格实现硼化钛复合阴极，达到降低阴极压降和延长电解槽寿命的目的。

参 考 文 献

[1] 杨冠群，等. 电解法直接生产铝硅钛多元合金可行性分析[J]. 铸造，1997(1)：44~46.

[2] 朱吉庆. 冶金热力学[M]. 长沙：中南工业大学出版社，1995.

[3] 邱竹贤，等. 冶金热化学[M]. 北京：冶金工业出版社，1985.

[4] 邱竹贤. 铝冶金物理化学[M]. 上海：上海科学技术出版社，1985.

[5] 龚竹青. 理论电化学导论[M]. 长沙：中南工业大学出版社，1988.

[6] GRJOTHEIM K, et al. Aluminium Electrolysis Fundamental of the Hall-Heroult Process [M]. 1982.

[7] 赵恒先. 电解法制取铝中间合金的热力学[J]. 轻金属，1983(11)：26~28.

[8] 张明杰，等. 工业铝电解质熔点数学模型的研究[J]. 轻金属，1981(1)：15~22.

[9] 杨昇，杨冠群. 铝电解技术问答[M]. 北京：冶金工业出版社，2009.

[10] 杨冠群，等. 铝矿处理并直接电解生产铝硅钛合金（2）[J]. 有色金属（冶炼部分），1994(2)：11~15.

[11] 张明杰，等. 在铝电解槽中电解铝基合金的几个基本问题（上）[J]. 轻金属，1987(1)：27~31.

[12] 张明杰，等. 在铝电解槽中电解铝基合金的几个基本问题（下）[J]. 轻金属，1987(2)：29~34.

[13] ANTIPOV E V, et al. Electrochemical behavior of metals and binary alloys in cryolite-alumina melts[J]. Light Metals, 2006：403~408.

[14] 沈时英. 在工业铝电解槽中直接制取铝基合金时金属在铝液与电解质间的浓度分配[J]. 轻金属，1991(9)：26~28.

[15] ROLIM M, DUCOURET A. Bull. Soc. Chim[M]. France, 1964：790~794.

[16] KELLER R, et al. Reduction of silicon in an aluminum electrolysis cell[J]. Light Metals, 1990：333~340.

[17] GRJOTHEIM K, et al. The electrodeposition of silicon from cryolite melts[J]. Light Metals, 1982：333~341.

[18] 黄英科，等. 铝电解质溶液中炭渣的形成和分布及其分离措施[J]. 轻金属，1994(10)：23~27.

[19] 成庚. 铝用 TiB_2-C 复合阴极炭块的开发与应用[J]. 轻金属，2001(2)：50~52.

[20] LI Qingyu, et al. Laboratory test and industrial application of an ambient temperature cured TiB_2 cathode coating for aluminum electrolysis cells[J]. Light Metals, 2004：327~331.

[21] Нерубащенко В В. Титан и цирконий в алюминии увеличиванет срок службы электролизных ванн[J]. Цветние Металлы, 1984(10)：42~43.

[22] МИЛОВ А И. Технол оду. Переработки руд Новых Месторожд Казахстана[M]. Алма-Ата, 1976: 119~125.

[23] 刘耀宽, 等. 大型预焙槽电解直接生产铝硅钛合金实验研究[J]. 轻金属, 2000 (11): 30~33.

[24] MONDOLFO L F. Aluminium Alloys: Structure and Properties[M]. 1976.

[25] ГУЛЬДИН И Т. Рафинирование алюминиево-кремниевых сплавов от железа и титана [J]. Цветные металлы, 1979(2): 43~46.

[26] ЧЕЛЬЦОВ В М. Очистка разбавленного алюминиево-кремниевого сплава от железа и титана[J]. Цветные Металлы, 1977(1): 43~45.

[27] ЕМЛИН Б И. Закономерности формир ования структуры сплавов автектич. типа. [C]. Материалы 2 Всесоюзная Науч ная Конф еренчия. Днепропетровск, 1982: 185~186.

[28] APANASENKO A M, IVANOV I P, GENDEL' MAN M Ya. Refining of Aluminum Alloys by Removing Iron: U. S. S. R. , 1161575[P]. 1985-6-15.

4 电解法生产铝钪合金

4.1 钪的资源及铝钪合金

4.1.1 钪的资源

钪是一种非常活泼的稀散金属元素，它与镧系元素电子层结构及化学性质十分相似，同属于稀土元素。纯金属钪为银白色而微带黄色，具有金属光泽，在空气中氧化成 Sc_2O_3 而失去金属光泽变成暗灰色。钪在地壳中的丰度约为 $(6 \sim 10) \times 10^{-4}\%$，在自然界中广泛存在。表 4-1 是稀土元素在地壳中的丰度值[1~3]。

表 4-1 稀土元素在地壳中的丰度

元素名称	Sc	Y	La	Ce	Pr	Nd	Pm	Sm	Eu
丰度/%	$(6 \sim 10) \times 10^{-4}$	31×10^{-4}	35×10^{-4}	66×10^{-4}	9.1×10^{-4}	40×10^{-4}	0.45×10^{-4}	7.06×10^{-4}	2.1×10^{-4}

元素名称	Gd	Tb	Dy	Ho	Er	Tm	Yd	Lu
丰度/%	6.1×10^{-4}	1.2×10^{-4}	4.5×10^{-4}	1.3×10^{-4}	1.3×10^{-4}	0.5×10^{-4}	3.1×10^{-4}	0.8×10^{-4}

由表 4-1 可知，钪的丰度还是较高的，远高于稀土元素的平均含量，其储量略低于 Y 和 Nd，但价格却是 Nd 的近千倍。

自然界含钪的矿物有 800 多种，其中的钪大都以类质同相置换形式存在。独立矿物有钪钇石、水磷钪石、铁硅钪矿和钪钛硅矿等，但资源很少，规模小，不能成为钪的工业来源。因此工业上获得钪是在综合处理有色和稀有金属矿石时，通过回收伴生元素钪来实现的[4~10]。表 4-2 给出了主要含钪矿石的开采规模、钪的质量分数及每年随这些矿石开采出来的钪的质量。从表 4-2 可见，铝土矿是钪的最大潜在来源。目前，从铝土矿中提取的钪占钪提取总量的 75% ~

85%。我国铝土矿中氧化钪含量约为0.004%~0.02%，每年资源开采总量达近千吨[11]。而且在氧化铝生产过程中进行铝土矿碱浸时98%左右的钪进入残渣——赤泥中，其质量分数可达0.012%以上，因而大规模处理赤泥很可能成为获取钪的主要途径[12~14]。

表4-2 从各类矿石采出的钪

矿石类型	铝土矿	铀矿石	钛铁矿	黑钨矿和锡石	锆石
矿石开采规模/kt·a^{-1}	71000	50000	2000	200	100
钪质量分数/%	$10 \times 10^{-4} \sim$ 20×10^{-4}	$1 \times 10^{-4} \sim$ 10×10^{-4}	$1 \times 10^{-4} \sim$ 20×10^{-4}	100×10^{-4}	$50 \times 10^{-4} \sim$ 100×10^{-4}
Sc$_2$O$_3$产量/t·a^{-1}	710~1420	50~500	20~40	20	5~10

注：表中数据不包括前苏联国家和中国。

值得一提的是，将硅钛氧化铝生产工艺与氧化钪的提取相结合，将能收到更好的效益。硅钛氧化铝生产过程中铝土矿酸浸除铁，铝土矿中的铝、硅和钛等主体矿物成分几乎全部保留在固相，而氧化钪绝大部分随氧化铁进入浸出液。这一过程与从铝土矿提取氧化钪的工艺不谋而合。然后固相获得硅钛氧化铝，液相经离子交换或萃取提取氧化钪[15,16]，名副其实地实现了一举两得。

从硅钛氧化铝生产尾液中提取氧化钪，与从铝土矿中提取氧化钪相比，省去了对大量铝土矿进行酸浸处理的过程；与从赤泥中提取氧化钪相比，在省去处理大量赤泥的同时，大幅度降低酸的消耗。我国氧化铝生产赤泥，总含有2%~4%的Na$_2$O和30%左右的CaO，提取氧化钪时，它们将消耗大量的酸。

4.1.2 铝钪合金的性质

钪的化学性质虽然非常活泼，但它并不像La、Ce和Nd那样在空气中就会发生强烈的氧化，而是在空气中可以长期保持金属的光泽。这也许是钪以金属形态存在于自然界的唯一稀有金属的原因。钪的价格昂贵，曾一度超过黄金。目前钪的价格虽然有所回落，但仍然是很贵的金属[17~19]。

金属钪具有3d型电子层结构，与过渡金属Ti、V和Cr属同一周期，又与 La、Ce、Pr 和 Nd 等稀土元素同族。钪在铝合金中同时具有这两类金属的有益作用，而效果又远优于这两类金属，故近年来受到广泛关注。Al-Sc 系状态图如图 4-1 和图 4-2 所示[20~22]。

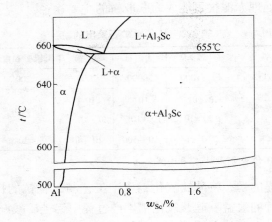

图 4-1　Al-Sc 相图中富 Al 相图区

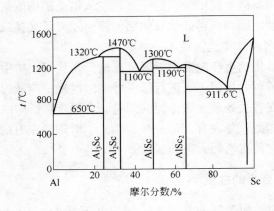

图 4-2　Al-Sc 二元相图

在图 4-2 所示的体系范围内，铝钪间存在四种金属间化合物：稳定化合物 Al_2Sc、$AlSc$、$AlSc_2$ 和不稳定化合物 Al_3Sc。它们分别对应的组成（质量分数）点为：45.5% Sc、62.5% Sc、76.9% Sc 和 35.7% Sc，或（摩尔分数）：33.3% Sc、50% Sc、66.7% Sc 和 25% Sc。

目前已开发的铝钪合金主要集中在 Al-Al₃Sc 系的共晶点附近或共晶点的富铝一侧。可以说钪是到目前为止所发现的对铝合金最有效的变质剂，其效果比任何过渡元素、稀土金属以及铝钛硼合金都高。Al₃Sc 化合物是尺寸小、密度高、分布均匀的均质形核共格析出相，直到很高的温度，甚至在平衡状态下仍能同基体保持共格关系，这是在其他合金中从未发现过的。

高温合金最难解决的问题是合金在高温下发生再结晶，使材料性能下降。即便是利用快速凝固和机械合金化技术得到的合金也存在这一问题。钪是一种再结晶的有效抑制剂，能将铝合金的再结晶温度提高到 $450 \sim 550 ℃$。合金在均化、热变形和淬火后仍能保持未再结晶状态。这就使铝-钪合金成为一种极有竞争力的耐热合金[23,24]。

另外，铝钪合金还拥有良好的可焊性。因为钪有强烈的变质作用，能细化焊缝熔化区的晶粒和过剩化合物，可显著降低产生焊接裂纹的倾向性。钪还能有效地抑制再结晶过程，使具有再结晶组织的过渡区或热影响区消失，由基体的亚晶组织直接过渡到焊缝的铸态区，从而使含钪合金的焊接接头，不仅有高的强度，而且有高的抗应力腐蚀的能力。

正是由于上述原因，使铝-钪合金具有良好的抗应力腐蚀性能和高的疲劳寿命和断裂韧性[25]。另外，钪还可以提高铝合金抗中子辐照损伤的能力，对于原子能发电和热核反应装置用铝合金材料，是一种改善其性能的重要的添加元素。

另外，铝-钪二元合金过饱和固溶体的分解速度极快，Al-0.41Sc 合金在 $250℃$ 时效的孕育期只有 $5 \times 10^2 s$。在一般情况下，过短的孕育期将导致析出相的长大和合金性能的降低，甚至造成过时效。但由于 Al₃Sc 颗粒的长大速度极慢，因而不会因孕育期过短而产生不良影响，反而有利于其成为 α 相的形核中心，有效地细化晶粒。

表 4-3 列举了含钪铝合金的力学性能与几种特种铝合金的比较[26~29]。

正是由于铝钪合金拥有上述优异的综合性能，使其应用范围十分广泛。目前，在船舶、航空航天工业、火箭、导弹和核能等高新技术领域都有应用。但由于钪的资源稀散，钪的价格过于昂贵，铝钪合金大规模应用还受到一定障碍，目前的应用主要是在高性能的铝合金上。随着钪生产工艺的不断提高和对更多的材料科学的深入研究，铝钪合金将有一个很好的发展前景。

表 4-3 铝-钪合金与几种工业铝合金性能比较

序号	材料状态	主要成分/%	σ_b/MPa	$\sigma_{0.2}$/MPa	δ/%
1	5456-H112	5.1Mg,0.75Mn,0.13Cr	307	138.7	12
2	LF6-M	6.3Mg,0.65Mn,0.06Ti	314	157	15
3	Al-Mg-Sc(热挤)	6.5Mg,0.4Sc	430	260	15
4	7005-T651	4.7Zn,1.4Mg,0.5Mn,Cr,Ti,Zr	348	281.2	7
5	7005+Sc	4.7Zn,1.4Mg,0.5Mn,Cr,Ti,Zr,0.4Sc	414	378	10
6	Al-Zn-Mg-Mn-Sc	4.8Zn,2.4Mg,0.37Mn,0.38Sc	552	509	12
7	7050-T736	6.2Zn,2.3Mg,2.4Cu,0.11Zr	496	437	6
8	AlZnMgMnCrZrSc	4.8Zn,2.4Mg,0.4Zr,Mn,Cr,Sc	603	528	14
9	8090-T6	2.5Li,1.22Cu,0.5Mg,0.12Zr	502	445	6
10	8090+Sc	2.5Li,1.22Cu,0.5Mg,0.11Zr,0.37Sc	562	457	6.9

4.1.3 铝钪合金的制备方法简介

近20年来，国际材料界对铝钪合金的研究给予了高度重视，对其制备方法进行了大量的研究工作[30~32]。根据文献资料，目前国内外铝钪合金的制备方法主要有三种：对掺（熔配）法、金属热还原法和熔盐电解法。但从铝钪合金的昂贵程度可知，各种制备方法的生产规模都还很小。

4.1.3.1 对掺法

对掺法是传统的铝钪合金生产方法。将一定比例的昂贵的金属钪用铝箔包裹，在氩气保护下加入铝熔体，保温足够时间并充分搅拌，然后铸锭。该方法原理简单，可制得含钪1%~4%的中间合金。但由于铝和钪的熔点相差很大，铝为660℃，而钪为1541℃，为了得到铝钪合金，铝熔体需要过热到很高的温度；钪在铝中的扩散系数也不大，很难同铝熔化成均匀的合金。为了使合金成分分布均匀，就必须延长熔配时间和加强搅拌。因而造成铝的烧损、吸气、氧化夹杂而影响合金质量。金属钪的制备十分复杂[33,34]，且钪在熔配过程中烧损严重，合金中的含钪量不易准确控制，一般要先生产含钪大于3%的中间合金，然后经多次熔配成工作合金。因此，用对掺法生产铝钪合金，流程长、成本昂贵，且为间歇式生产，不易操作。

4.1.3.2　金属热还原法[35]

金属热还原法研究较多，其中有三种方法比较受研究者的青睐：氟化钪真空铝热还原法，氧化钪-铝热直接还原法，氯化钪-铝镁热还原法。

氟化钪真空铝热还原法是以氟化钪为原料，以活性铝粉为还原剂，在真空下进行还原，还原反应为：

$$ScF_3 + Al \longrightarrow Sc + AlF_3$$

以99.8%的氟化钪与铝粉在机械混料器中混合30min，在400～500MPa下压实之后，放入刚玉或者石墨坩埚中，然后置于石英材质的反应器中，抽真空到3×10^{-2}Pa。在900～920℃下热还原30～600min，钪的转化率可达87%～92%。

此方法的优点是氟化钪容易制得，而且氟化钪较稳定，不吸水，操作也比较简单。但由于钪溶入液态铝中，随着铝中钪浓度的升高，钪向铝中扩散减慢。所以，钪可能在反应界面上积累，导致合金成分不均匀，需要重熔。这样降低了钪的回收率，大约只有70%。同时，生产氟化钪要用到毒性较大的氟或者氟化氢，并且，含氟熔盐对反应设备的防腐要求比较高。

氧化钪-铝热直接还原法是以铝粉还原氧化钪。尽管热力学计算表明，在标准状态下氧化钪难以被铝还原成金属钪，但选择适当的工艺条件，可以使$8Al + Sc_2O_3 \longrightarrow 2ScAl_3 + Al_2O_3$这个反应发生，并且，可以使还原率接近100%。氧化钪-铝热还原法原理简单，但目前还没有工业实验的报道。

氯化钪-铝镁热还原法是以氧化钪为原料经过盐酸溶解，生成氯化钪，经蒸发，脱水，变成氯化钪晶体；在900℃条件下，将氯化钪同铝镁合金混合。此时，氯化钪被金属镁还原为金属钪，金属钪再被金属铝捕集，生成 Al-Mg-Sc 中间合金。此工艺可以大大降低铝钪合金的生产成本。但 $ScCl_3 \cdot 6H_2O$ 的脱水机理和 $ScCl_3$ 的还原机理需要进一步研究。

4.1.3.3 熔盐电解法[36~38]

熔盐电解法生产铝钪合金乃是近十来年众多研究中取得的最新进展之一。

熔盐电解法是在电解槽中生产铝钪合金，采用的熔盐体系有 $ScCl_3$-NaCl-KCl、NaF-AlF_3-LiF-Sc_2O_3、NaF-ScF_3-Sc_2O_3 和 LiF-ScF_3-Sc_2O_3 等几种。以石墨电极为阳极，用氩气保护，电解温度在 800～1000℃之间，钪在阴极上被还原为金属。其中还原机理有两种：第一种是钪的化合物（一般是氧化物）被铝还原成金属钪，构成铝基合金；第二种是电解过程中，钪在阴极上析出，构成铝钪合金。

虽然从热力学上看，$ScCl_3$ 比 ScF_3 更容易被还原，但 $ScCl_3$ 易潮解，且所用设备复杂，污染也比较严重；同时，氧化钪在氯盐体系中的溶解度比在氟盐体系中的低。所以，许多研究者喜欢用氧化钪为原料，在氟盐体系中电解制取铝钪合金。据报道[39]，采用 Na_3AlF_6-LiF-Sc_2O_3 熔盐体系作为熔盐电解质，在 980℃，阴极电流密度为 $0.8A/cm^2$ 的条件下电解，可以制取含钪量（质量分数）大于 7% 的铝钪合金，其电流效率可达 67% 以上。

与其他方法相比，熔盐电解法制取铝钪合金，尤其是在氧化钪-氟盐体系中电解生产铝钪合金，其生产方法可借鉴其他铝合金生产工艺，具有很多优越性。采用在铝电解槽中共同添加氧化铝和氧化钪，使铝和钪在阴极共同析出，直接生产铝钪合金，可避免因钪扩散较慢而引起的合金偏析及偏聚；同时可采用未经高度提纯的含钪氧化物，降低原料成本。熔盐电解法制取铝钪合金不需采用价格昂贵的金属钪作为生产合金的原料，可以通过控制氧化钪和氧化铝的加入量来达到控制合金的含钪量的目的。因此，相对于熔配法，熔盐电解法流程较短、成本较低、产品质量更优，而且可实现大规模连续化生产，易于实现对生产过程的自动控制。

但也有一些学者认为，在电解过程中，钪的还原机理目前还不很清楚，会给实际生产操作带来困难。而且，熔盐电解法生产铝钪合金的电流效率还比较低，一般在85%以下。在理论上很难断定以冰晶石体系电解生产铝钪合金的经济可行性。所以，有待进一步深入研究。

4.2 电解法生产铝钪合金的理论基础

4.2.1 氧化钪在冰晶石-氧化铝体系中的溶解性能

为了研究从冰晶石-氧化铝-氧化钪熔盐体系中得到铝钪合金的熔盐电化学过程是否可行，充分了解氧化钪在熔盐体系中的溶解特性是十分必要的。对合金电解而言，各元素的氧化物在电解质中的溶解度大小，不仅影响工艺参数的选择，也对该元素在合金中的含量产生重要影响。因此，对氧化钪在冰晶石-氧化铝体系中的溶解性能进行研究，是进行电解铝钪合金研究的重要内容之一[40,41]。

对 Y_2O_3 和 La_2O_3 等稀土氧化物在冰晶石-氧化铝体系中的溶解特性的研究已经做了大量工作。但 Sc_2O_3 在该体系中溶解特性的研究报道还较少。作者选择 $nNaF \cdot AlF_3$-MgF_2-CaF_2（n 为摩尔比）的工业铝电解通用的电解质体系，测定了 Sc_2O_3 在该体系中的溶解特性，为直接在电解槽中电解铝钪合金的工艺研究提供基本依据。

采用过饱和法测定了氧化钪在电解质中的溶解度。实验在井式硅碳棒电阻加热炉中进行。电解质盛于铂坩埚中，在预定温度熔化后，在恒定温度下分批加入 Sc_2O_3，每次加入电解质总量1%的 Sc_2O_3，待前一批溶清后再加入下一批，如某批料30min仍无法溶清，搅拌5min，再静置15min，取上清液送分析。实验所用原料中的冰晶石、氟化钠、氟化钙和氟化镁均为化学纯，氟化铝和氧化铝为工业纯，氧化钪纯度大于99.99%。参照现行铝电解用电解质的成分，选取 Na_3AlF_6-3% MgF_2-3% CaF_2 为基本电解质体系，采用三因子回归实验方法，考察 Sc_2O_3 溶解度随熔盐的摩尔比（即熔盐中 NaF 和 AlF_3 的摩尔比）、温度和 Al_2O_3 添加量变化的函数关系。为计算方便，温度因子定义为超过1223K以上的值。对结果进行统计计算，获得 Sc_2O_3

溶解度随摩尔比、温度和 Al_2O_3 添加量变化的函数关系为：

$$C_{Sc_2O_3} = 11.325 - 2.35CR - 2.742w_{Al_2O_3} +$$

$$0.0175T + 0.783CR \cdot w_{Al_2O_3} \tag{4-1}$$

式中 $C_{Sc_2O_3}$——Sc_2O_3 的溶解度，%；

CR——摩尔比（适用范围 2.2~3.0）；

$w_{Al_2O_3}$——Al_2O_3 添加量（适用范围 0~6%），%；

T——试验温度高于 1223K 的值（适用范围 0~40），K。

通过对回归方程进行推导，可得到在 1243K 温度下，氧化铝含量与摩尔比对氧化钪溶解度影响的等高线图及三维曲面图，分别如图 4-3（a）和（b）所示。

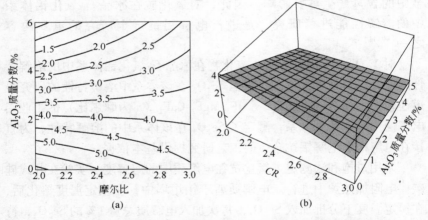

图 4-3 1243K 温度下氧化铝含量与摩尔比对氧化钪溶解度的影响
（a）等高线图；（b）三维空间图

4.2.1.1 Al_2O_3 添加量对 Sc_2O_3 溶解度的影响

由上述测定结果，可以得到在 1243K 温度下，对不同摩尔比的电解质，Al_2O_3 添加量与 Sc_2O_3 溶解度的函数关系分别为：

$CR = 2.4$ 时 $C_{Sc_2O_3} = 6.035 - 0.8628w_{Al_2O_3}$

$CR = 2.6$ 时 $C_{Sc_2O_3} = 5.565 - 0.7062w_{Al_2O_3}$

$CR = 2.8$ 时　　$C_{Sc_2O_3} = 5.095 - 0.5496w_{Al_2O_3}$

将以上函数关系绘于图 4-4。由图可知，在一定的成分范围内，Sc_2O_3 的溶解度与 Al_2O_3 添加量成反比，同时 Al_2O_3 添加量的影响程度随摩尔比增大而减弱。当 Al_2O_3 含量在 3% 左右时，Sc_2O_3 的溶解度能够达到 3% 以上。在现代铝电解普遍采用低氧化铝含量的操作条件下，Sc_2O_3 的溶解度完全能够满足电解铝钪合金的需要。

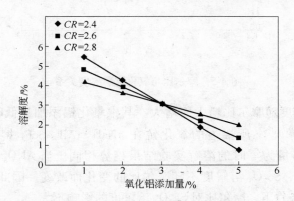

图 4-4　氧化铝添加量与氧化钪溶解度关系

4.2.1.2　摩尔比对 Sc_2O_3 溶解度的影响

当温度为 1243K 时，熔盐中氧化铝添加量分别为 1.5%、3% 和 4.5%，Sc_2O_3 溶解度随摩尔比变化的函数关系分别如下：

氧化铝添加量为 1.5% 时

$$C_{Sc_2O_3} = 7.562 - 1.1755CR$$

氧化铝添加量为 3.0% 时

$$C_{Sc_2O_3} = 3.499 - 0.001CR$$

氧化铝添加量为 4.5% 时

$$C_{Sc_2O_3} = -0.664 + 1.1735CR$$

上述函数关系可由图 4-5 表示。由图可见，摩尔比对 Sc_2O_3 溶解度的影响主要体现在与 Al_2O_3 添加量的交互作用，当 Al_2O_3 添加量较低时，Sc_2O_3 溶解度随摩尔比增大而减小；当 Al_2O_3 添加量较高时，

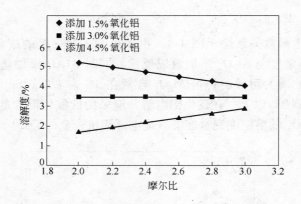

图 4-5 摩尔比与氧化钪溶解度关系

Sc_2O_3 溶解度随摩尔比增大而增大。其中氧化铝添加量低时的结果，与路贵民等人[42]所报道的氧化钪在 $nNaF \cdot AlF_3$-ScF_3 熔盐体系中 Al_2O_3 添加量为零时的溶解实验结果趋势相同。当 Al_2O_3 添加量为 3% 左右时，Sc_2O_3 溶解度不随摩尔比的变化而改变。因此，在通常的铝电解条件下，摩尔比对 Sc_2O_3 溶解度的影响不大。

4.2.1.3 温度对 Sc_2O_3 溶解度的影响

温度与氧化钪溶解度的关系如图 4-6 所示。测定结果表明，温度升高，Sc_2O_3 溶解度呈上升趋势。但温度因子对 Sc_2O_3 溶解度的影响

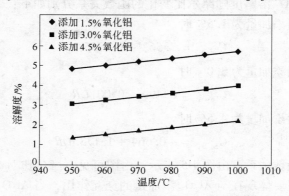

图 4-6 温度与氧化钪溶解度的关系

程度较弱。因此，低温电解这一现代铝电解理念同样可以适用于铝钪合金电解工艺。

关于氧化铝含量和摩尔比对氧化钪溶解性能影响的机理，可理解为：因为氧化钪在冰晶石中的溶解发生如下反应：

$$2Na_3AlF_6 + Sc_2O_3 \Longrightarrow 2ScF_3 + 6NaF + Al_2O_3 \qquad (4-2)$$

因此，电解质中氧化铝活度的增加不利于该反应向右进行，会降低氧化钪的溶解度；且随着摩尔比升高，电解质中 NaF 的活度增加，同样也不利于氧化钪的溶解。而同时，由于氧化铝在冰晶石中溶解，主要发生以下反应：

$$4Na_3AlF_6 + Al_2O_3 \Longrightarrow 3Na_4AlOF_5 + 3AlF_3 \qquad (4-3)$$

或

$$2Na_3AlF_6 + Al_2O_3 \Longrightarrow 3Na_2AlOF_3 + AlF_3 \qquad (4-4)$$

因而摩尔比升高，AlF_3 活度降低，有利于氧化铝的溶解，也就是在氧化铝含量不变的前提下，降低了氧化铝的活度，减轻了氧化铝对氧化钪溶解性能的影响，有利于氧化钪的溶解。这样就使得摩尔比对氧化钪溶解性能的影响表现为与氧化铝含量的交互作用。当氧化铝含量高时，氧化铝活度对氧化钪溶解性能的影响起主导作用，因而摩尔比的影响表现为氧化钪溶解度随摩尔比提高而提高；当氧化铝含量低时，NaF 活度对氧化钪溶解度的影响起主导作用，因而摩尔比的影响表现为氧化钪溶解度随摩尔比提高而降低。

4.2.2 $nNaF \cdot AlF_3$-Al_2O_3-Sc_2O_3 系的熔盐物理化学性质

熔盐体系的物理化学性质对于电解工艺过程起着决定性的影响。能否找到具有合适的物理化学性质的电解质体系，是实现电解法制取铝-钪合金成败的关键。

由于高温下熔盐物理化学性质测试的难度大，研究工作还很不充分。不同研究人员所获得的数值差异比较大，很多熔盐体系的物理化学性质尚无文献报道，甚至有些常用的熔盐体系的物理化学性质数据也很缺乏。

本书选择工业铝电解槽通用的冰晶石-氧化物体系作为熔盐电解

制取铝钪合金的基本电解质体系，测定了该体系的初晶温度、电导率、密度、表面性质和热失重率等数据。试验所采用的原料中冰晶石、氟化钠、氟化镁和氟化钙为化学纯，氟化铝和氧化铝为工业纯，氧化钪为 99.99% 级，氯化钾为标准试剂。

除电解质初晶温度的测定外，其他的主要试验和测定都是在 RTW-09 型熔体物理化学性质综合测定仪上完成的。该设备由高温炉、测试系统、控制柜、微机和接口箱等部分构成。其特点是：测试过程自动进行，排除了人为因素的干扰，提高了熔盐物理化学性质的测试精度和可靠性。其结构如图 4-7 所示。

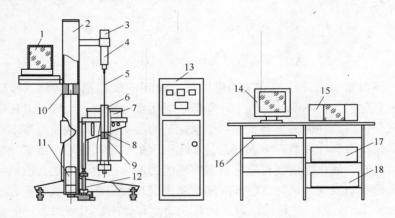

图 4-7 RTW-09 型熔体物理化学性质综合测定仪简图

1—电子天平；2—炉架；3—同步电机；4—电极接头；5—四电极系统；6—炉管；
7—高温炉；8—坩埚；9—转头；10—轴承；11—电动机；12—炉升降机构；
13—控制柜；14—显示器；15—打印机；16—键盘；17—主机；18—接口箱

4.2.2.1 nNaF · AlF$_3$-Al$_2$O$_3$-Sc$_2$O$_3$ 系电解质初晶温度的数学模型[43,44]

电解温度是电解工艺的重要参数。电解温度的高低，直接影响着电解过程的工艺稳定性、电流效率以及能耗、原材物料消耗等。在保证电解能顺利进行的条件下，电解温度越低越好。而电解温度的确定，决定于电解质的初晶温度。电解总是在高于电解质初晶温度的某一温度范围进行。也就是说要保证一定的过热度。过热度太低，会造成电解质发黏，电导率降低，电解质含碳量增加，电解质与合金液分离不好，甚至造成合金液上翻，形成滚铝等一系列问题，使电解过程无法顺利进行；而过热度过高，除浪费能量外，还会造成电解质挥发损失增加，使电解质成分发生变化，影响电解过程的稳定运行。因此电解质的初晶温度是对电解温度进行控制的依据。弄清添加氧化钪对传统铝电解质的初晶温度产生的影响，对确定电解合金的生产工艺有着十分重要的意义。

当前铝电解所用电解质成分都以冰晶石为基，再添加（质量分数）：4% ~ 10% AlF_3，0 ~ 5% CaF_2，0 ~ 5% MgF_2；电解过程中 Al_2O_3 质量分数通常控制在 2% ~ 4%。已有的研究结果表明，该体系各因子的二次项不显著，三次交互项也不显著。因此，本书在现代铝电解常用电解质的基础上，添加 Sc_2O_3，针对 Al_2O_3、AlF_3、CaF_2、MgF_2 和 Sc_2O_3 五个因素，采用降温曲线法测定体系的初晶温度，用五因子一次回归的正交设计方案，测定分析了该五因子对电解质初晶温度的影响，以便为确定铝钪合金电解的生产工艺提供理论依据。对实验结果经计算，剔除不显著因子后，得到五因子一次回归方程见式4-5。

$$Y = 983.961 - 63.4X_1 - 129.9X_2 - 134.7X_3 - 14.9X_4 - 50.7X_5 -$$
$$25.8X_1X_2 - 58.68X_1X_3 - 31.46X_1X_4 + 6.87X_1X_5 - 24.86X_2X_3 -$$
$$38.19X_2X_4 - 57.08X_2X_5 - 107X_3X_4 - 31X_4X_5 \qquad (4-5)$$

式中　Y——体系的初晶温度，℃；

X_1——AlF_3 质量分数（适用范围3% ~ 11%），%；

X_2——Al_2O_3 质量分数（适用范围 0 ~ 5%），%；

X_3——Sc_2O_3 质量分数（适用范围 0 ~ 4%），%；

X_4——MgF_2 质量分数（适用范围 0 ~ 4%），%；

X_5——CaF_2 质量分数（适用范围 0 ~ 4%），%。

在式4-5中，按2%（质量分数）确定氟化镁和氟化钙的含量，通过计算，分别绘出氧化钪和氧化铝对电解质初晶温度的影响以及氧化钪和氟化铝对电解质初晶温度的影响三维图，分别如图4-8和图4-9所示。

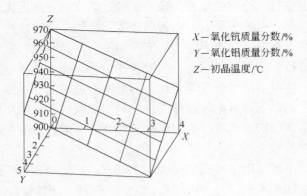

图 4-8　6% AlF$_3$ 时，氧化钪和氧化铝对电解质初晶温度的影响

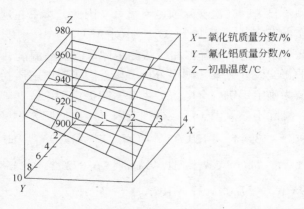

图 4-9　2% Al$_2$O$_3$ 时，氧化钪和氟化铝对电解质初晶温度的影响

初晶温度的实测值和按式 4-5 计算值的对比见表 4-4。

表 4-4　初晶温度实测结果和计算结果对比

试验编号	3	1	4	5	2
AlF$_3$ 质量分数/%	4	4	10	10	7
Al$_2$O$_3$ 质量分数/%	4	1	4	1	2.5
Sc$_2$O$_3$ 质量分数/%	3	1	1	3	2
MgF$_2$ 质量分数/%	3	3	3	3	3

试验编号	3	1	4	5	2
CaF$_2$ 质量分数/%	3	3	3	3	3
计算值/℃	929.26	961.4	927.12	926.73	936.12
实验值/℃	928.8	962.1	923.7	925.8	936.6
偏差/℃	0.46	-0.7	3.42	0.93	-0.48

由表可见，初晶温度的模型计算值与实验测定值基本吻合，经验方程式 4-5 具有一定的实用价值。

将上述 5 种成分的单位添加量（1%）对电解质初晶温度影响分别计算其平均值，结果列于表 4-5。

表 4-5 各成分对初晶温度的影响水平

添加物	添加量(质量分数)/%	初晶温度/℃	单位(1%)影响度/℃
AlF$_3$	10	935.97	-2.94
	4	953.6	
Al$_2$O$_3$	4	936.63	-5.86
	1	953.63	
Sc$_2$O$_3$	3	936.57	-8.22
	1	953.69	
MgF$_2$	3	939.08	-5.68
	1	950.84	
CaF$_2$	3	942.72	-2.07
	1	946.85	

结果表明，添加氧化钪对电解质初晶温度的影响最大，每添加 1% 的氧化钪，可使电解质初晶温度平均降低 8.22℃。各成分对电解质初晶温度的影响程度，由大到小依次为：氧化钪、氧化铝、氟化镁、氟化铝和氟化钙。因此，在电解法生产铝钪合金的实际操作中，添加氧化钪可以较显著地降低电解质的初晶温度，从而有助于降低电解温度，收到节能降耗的效果。

4.2.2.2   氧化钪对电解质电导率的影响

电解质的导电能力（电导率）对熔盐电解过程是一个非常重要的工艺参数。电解质的电导率低，则会有更多的电能转变成电解质的电阻热，一方面破坏原有电解体系的热平衡，使电解质温度升高，增加电解质的挥发损失，同时使电解质组成发生变化，破坏电解过程的稳定；另一方面，还将使金属的二次氧化损失增加，使电流效率降低。测定电解质的电导率，不仅是制定电解工艺参数的需要，还有助于获得熔盐导体结构方面的某些信息。

通常采用交流四探针法测定高温熔体的电导率，装置示意图如图4-10 所示。

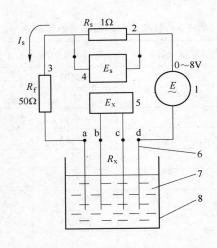

图 4-10   交流四探针法测定高温熔体电导率装置示意图

1—交流电源；2—标准电阻；3—限流电阻；4，5—电压传感器；

6—四探针；7—熔体；8—坩埚

图中 a、b、c、d 为四探针，插入熔体 7 中，电流由交流电源 1 供给，经标准电阻 R_s、限流电阻 R_f 和探针 a、d 构成闭合回路。当电流 I_s 通过标准电阻 R_s 时，电压降 E_s 为：

$$E_s = I_s R_s$$

设 b、c 探针之间熔体电阻为 R_x，则 b、c 之间的电压降 E_x 为：

$$E_x = I_s R_x$$

由于 R_s 和 R_x 在熔体中是串联的，故将以上两式消去 I_s，得：

$$R_x = \frac{E_x}{E_s} R_s$$

可见，若能准确测得 E_x 和 E_s，由于 R_s 已知，便可知 b、c 间的电阻 R_x。

电导率定义为单位截面积单位长度导体具有的电导（电阻的倒数），即

$$\gamma = \frac{L}{S \cdot R} \tag{4-6}$$

式中　L——截取的那段导体的长度；

　　　S——截取的那段导体的截面积；

　　　R——截取的那段导体的电阻。

由式4-6可见熔体电导的测量不仅包括对电阻的测量，而且还要测定熔体中导电通路的长度 L 和截面积 S。而对熔体中导电通路的长度 L 和截面积 S 直接测量是很困难的。解决的办法是：令电导池常数 $C = \frac{L}{S}$，则：

$$\gamma = \frac{C}{R} \tag{4-7}$$

用准确已知电导值的标准液标定出电导池常数 C，代入式4-7中即可求出熔体的电导率。因此，通常采用的办法是固定电导池和电极结构以及电极在熔体中的插入深度，然后用准确已知电导值的标准液体来标定电导池常数。

电导池常数的标定，通常采用已知电导率的氯化钾水溶液作标准溶液，氯化钾水溶液的电导率 $\gamma(S/cm)$ 与温度 $t(℃)$ 的关系见式4-8：

$$\gamma = a + bt + ct^2 \tag{4-8}$$

式中　a，b，c——常数，其值与浓度有关。

a、b、c 常数值见表 4-6。

表 4-6　a、b、c 常数的值

浓度 /mol·L^{-1}	每千克水中加入 KCl 量/g	溶液 0℃时的密度/g·cm^{-3}	a /S·cm^{-1}	b /S·(cm·℃)$^{-1}$	c /S·(cm·℃^{2})$^{-1}$
1	76.6272	1.04804	0.06509	1.7319×10^{-3}	4.885×10^{-5}
0.1	7.47896	1.004887	0.0071259	2.1178×10^{-4}	6.850×10^{-7}
0.01	0.746253	1.00372	7.7284×10^{-4}	2.3448×10^{-5}	7.816×10^{-9}

选用摩尔比为 2.4 的冰晶石为基本电解质，添加 3% 氧化铝，采用上述方法测定了氧化钪添加量和温度对电解质电导率的影响结果，见表 4-7。

表 4-7　$2.4NaF·AlF_3-Al_2O_3-Sc_2O_3$ 的电导率（S/cm）

温度/K	3% 氧化铝	3% 氧化铝+1% 氧化钪	3% 氧化铝+5% 氧化钪
1273	2.15	2.01	1.98
1243	2.07	1.93	1.74
1213	1.96	1.86	1.68

根据测定结果，经拟合得到温度和氧化钪对电解质电导率的影响关系曲线如图 4-11 和图 4-12 所示。

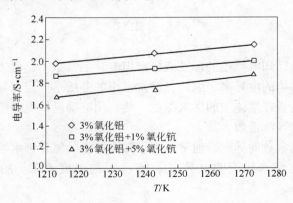

图 4-11　温度对电导率的影响

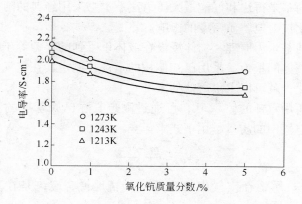

图 4-12 氧化钪添加量对电导率的影响

由图 4-11 和图 4-12 可知，提高温度有助于电导率的增加；添加氧化钪使电导率有所降低，但这种影响并不十分显著，而且随着氧化钪含量的增加，其对电导率的影响进一步减弱。根据资料报道[45]，1273K 温度下，氧化铝添加量对电解质电导率的影响可用式 4-9 描述（误差在 4% 以内）：

$$\gamma = 2.76 - 5.002 w_{Al_2O_3} + 1.321 w_{Al_2O_3}^2 \tag{4-9}$$

可见，氧化钪对电解质电导率的影响与氧化铝对电导率的影响规律相似。总之，在通常铝电解控制的氧化物添加范围内，氧化钪对电解质电导率的影响有限，不会影响电解过程的稳定运行。

4.2.2.3 氧化钪对电解质密度的影响

物质的密度是指单位体积该物质的质量。铝（铝合金）的熔盐电解过程依靠铝液（合金液）和电解质的密度差而分层。电解质密度越低，分层越好，氧化钪对电解质密度的影响也就直接影响电解质与金属液的分层性能，从而影响电解工艺及其技术指标。因此，有必要探明氧化钪对电解质密度影响的规律。

密度的测量方法有很多：基于体积测量的方法有膨胀计法和静滴法；基于质量测量的方法有密度计法和阿基米得法；基于压力测量的方法有压力计法和气泡最大压力法等。对于高温熔盐体系密度的测量，常用阿基米得法和气泡最大压力法。本书采用经典的阿基米得法测定了氧化钪对电解质密度的影响。

根据阿基米得原理，物体浸没在液体里受到的浮力等于物体所排开同体积液体的重力。采用已知体积的重锤，测定其在空气和熔盐中质量的变化，就可以求出熔盐的密度。

测定所用重锤的体积 V_0，可通过测定其在已知密度的液体中的质量和在空气中的质量，用下式求得：

$$V_0 = \frac{m - m_0}{\rho_0}$$

式中 m——重锤在空气中的质量（严格地说，应该是在真空中的质量）；

m_0——重锤在密度为 ρ_0 的液体中的质量。

采用已知密度的纯水来标定重锤的常温体积。纯水（10 ~ 35℃）的密度可按下式计算：

$$\rho_0 = 0.9997 - 1.0 \times 10^{-4}(t - t_0) - 5 \times 10^{-5}(t - t_0)^2$$

式中 t_0——10℃；

t——水的实测温度，℃。

在用铂重锤测定高温熔盐的密度时，其体积已与常温下标定的体积发生了变化，必须加以校正。对于铂重锤高温下的体积 V 可按下式修正：

$$V = V_0[1 + 3(5.05 \times 10^{-6} + 0.31 \times 10^{-9}t + 0.36 \times 10^{-12}t^2)(t - t_0)]$$

式中 V_0——常温下重锤的体积，cm^3；

t_0——测定常温体积时的温度值，℃；

t——密度测定时的实验温度，℃。

在测定熔盐密度时，用电子天平分别测得重锤在空气中与熔盐中的质量差，除以修正后重锤的体积，便计算出熔盐在该温度下的密度值。

$$\rho = \frac{m_0 - m}{V_0} \tag{4-10}$$

式中 ρ——高温熔盐的密度，g/cm^3；

m_0——重锤在空气中的质量，g；

m——重锤在高温熔盐中的质量，g；

V_0——经过校正的重锤体积，cm^3。

采用上述方法测定了摩尔比为 2.4 的冰晶石添加 2%（质量分数）氧化铝的基本电解质体系的密度，研究氧化钪添加量和温度对该电解质体系密度的影响。氧化钪添加量范围为 1% ~ 5.5%（质量分数）；温度范围为 1253 ~ 1350K。测试条件及密度测定结果见表 4-8。

表 4-8 冰晶石-氧化铝-氧化钪系电解质的密度

1% 氧化钪		2.5% 氧化钪		4% 氧化钪		5.5% 氧化钪	
测试温度 /K	密度 /g·cm⁻³	测试温度 /K	密度 /g·cm⁻³	测试温度 /K	密度 /g·cm⁻³	测试温度 /K	密度 /g·cm⁻³
1347	2.027	1346	2.02	1350	2.01	1341	2.008
1316	2.041	1312	2.037	1346	2.018	1310	2.031
1285	2.049	1281	2.052	1314	2.032	1278	2.061
1281	2.05	1259	2.069	1313	2.029	1257	2.078
1264	2.061			1311	2.029	1255	2.076
				1283	2.055	1254	2.081
				1281	2.053	1253	2.086

将实验温度变换为超过 1253K 以上的温度值，对测定结果进行非线性最小二乘法拟合，得到的回归方程见式 4-11：

$$\rho_{电解质} = 2.064795 - 4.282 \times 10^{-4} \Delta t +$$

$$2.6236 \times 10^{-3} w - 5.15 \times 10^{-5} \Delta tw \tag{4-11}$$

式中 $\rho_{电解质}$——电解质的密度，g/cm^3；

Δt——实验温度 T 与 1253K 的差值，（$\Delta t = T - 1253$），K；

w——氧化钪的添加量（质量分数），%。

由回归方程所作温度与氧化钪添加量对冰晶石-氧化铝-氧化钪系电解质密度影响的等高线图如图 4-13 所示。

温度对含钪电解质密度的影响趋势如图 4-14 所示。由图可知，

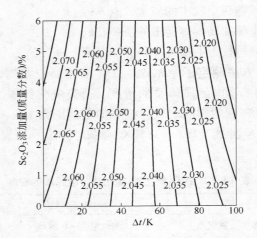

图 4-13　温度与氧化钪添加量对电解质密度的影响

（单位：g/cm³）

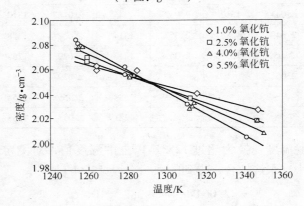

图 4-14　温度对含钪电解质密度的影响

含钪电解质的密度随温度升高而降低，这一趋势随氧化钪添加量的增加而更加明显。氧化钪添加量分别为 1% 和 5% 的电解质，其密度随温度变化的函数关系见式 4-12 和式 4-13：

$$\rho_{电解质} = 2.5731 - 4 \times 10^{-4}T \tag{4-12}$$

$$\rho_{电解质} = 3.1781 - 9 \times 10^{-4}T \tag{4-13}$$

式中　$\rho_{电解质}$——含钪电解质的密度，g/cm^3；

　　　　T——实验温度，K。

图 4-15 是根据上述结果所作的氧化钪添加量与电解质密度的关系图。由图可知，氧化钪添加量对电解质密度的影响不十分显著。在温度较低时，添加氧化钪将使电解质的密度有所增加；而温度较高时，添加氧化钪又会使电解质的密度降低。其可能的原因是在温度较低时，部分氧化钪会与电解质中的氧化铝以及氟化物反应，生成相对分子质量很大的氟氧配离子，使电解质密度升高，其可能的反应式为：

$$4AlF_6^{3-} + Sc_2O_3 \Longrightarrow (3 - n)AlOF_5^{4-} + nScOF_5^{4-} +$$
$$(2 - n)ScF_3 + (1 + n)AlF_3$$

当温度升高时，这种配合物开始分解，并生成纯的氟化物，使电解质密度降低。

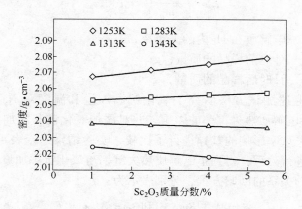

图 4-15　氧化钪添加量与电解质密度的关系

上述测定结果表明：添加氧化钪对电解质的密度影响不大；添加了氧化钪的电解质，其密度随温度升高而降低，且这一趋势随氧化钪添加量的增加而增大。总之，在电解铝钪合金时，向电解质中添加氧化钪，不会对电解质的密度产生很大影响，不会影响电解过程的稳定运行。

4.2.2.4 冰晶石-氧化铝-氧化钪系电解质的热失重率

电解质的不同组分，在高温下其蒸气压的大小不同，造成熔盐体系的挥发损失也不一样。在电解质中加入氧化钪，如果造成挥发损失增大，就会增加电解质的损耗，使电解质的组成发生变化，影响电解生产的稳定进行。如果氧化钪与电解质反应，生成易挥发的化合物，则会直接导致钪的收率降低，较大幅度地增加生产成本。因此，为了评价电解法生产铝钪合金工艺，探明氧化钪对电解质体系热失重率的影响是非常必要的。

将准确称重的电解质放入铂坩埚内，用铂丝吊挂在梅特勒电子天平下，放入刚玉管加热炉，在实验温度下恒温，样品质量在微机上实时读出并记录，计时 1h，由计时前后样品质量差，计算失重率：

$$\eta = \frac{m_0 - m_1}{m_0} \times 100\% \qquad (4\text{-}14)$$

式中 η——电解质在 1h 内的失重率，%；

m_0——计时前样品的质量，g；

m_1——计时后样品的质量，g。

利用上述测试方法研究了氧化钪添加量和温度对 Na_3AlF_6-2% Al_2O_3 体系电解质热失重率的影响，并对添加氧化钪和添加氧化铝对电解质热失重率影响的差异进行了比较，实验结果列于表 4-9。用最小二乘法进行处理，得到了电解质热失重率与氧化钪添加量及热失重率与温度的关系的回归方程，分别表示为：

$$\eta = A + Bw_{Sc_2O_3} \quad 和 \quad \eta = A' + B'T$$

式中 η——电解质热失重率，%；

$w_{Sc_2O_3}$——氧化钪质量分数，%；

T——试验温度，K。

回归方程的回归系数和相关系数列于表 4-10 和表 4-11。表中 R 是相关系数，反映拟合程度。电解质热失重率与氧化钪添加量及热失重率与温度的关系分别如图 4-16 及图 4-17 所示。

表 4-9　氧化钪添加量对热失重率的影响

	试验温度/℃	1070	1040	1010	980
热失重率 /%	2%氧化铝 + 1.0%氧化钪	2.398	1.406	1.125	0.729
	2%氧化铝 + 2.5%氧化钪	2.033	1.345	1.012	0.706
	2%氧化铝 + 4.0%氧化钪	1.820	1.443	1.107	0.716
	2%氧化铝 + 5.5%氧化钪	1.716	1.393	1.097	0.709
	4.5%氧化铝	1.716	1.393	1.097	0.709

表 4-10　热失重率与氧化钪添加量关系回归方程的回归系数和相关系数

温度/K	1253	1283	1313	1343
A	0.7254	1.0838	1.3840	2.4812
B	− 0.0032	− 0.0005	0.0039	− 0.1506
R	0.9588	0.9004	0.9354	0.9371

表 4-11　热失重率与温度关系回归方程的回归系数和相关系数

氧化物添加量（质量分数）	A'	B'	R
2.0%氧化铝 + 1.0%氧化钪	− 21.460	0.0176	0.9587
2.0%氧化铝 + 2.5%氧化钪	− 17.391	0.0144	0.9783
2.0%氧化铝 + 4.0%氧化钪	− 14.512	0.0122	0.9996
2.0%氧化铝 + 5.5%氧化钪	− 13.123	0.0111	0.9984
4.5%氧化铝	− 18.215	0.0150	0.9586

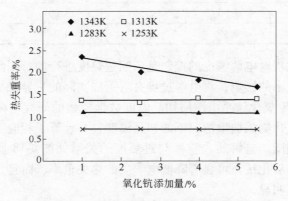

图 4-16　热失重率与氧化钪添加量的关系

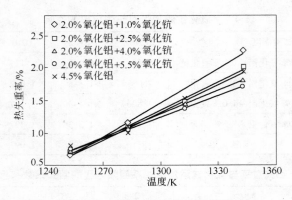

图 4-17　热失重率与温度的关系

由图 4-16 和图 4-17 可知，热失重率随温度的升高而增加。氧化钪添加量对热失重率的影响，在高温时表现为随氧化钪添加量的增加，热失重率降低；在低温时趋势不明显。

为考察氧化钪的热损失情况，在 1010℃ 下恒温 1h，分析测试实验前（w_0）和实验后（w）电解质中氧化钪的含量的变化，结果见表 4-12。数据表明，实验前后氧化钪在电解质中的含量变化不大。说明氧化钪不会因为与电解质发生反应生成易挥发物造成损失而降低金属钪的回收率。

表 4-12　实验前后电解质中的氧化钪含量

试验编号	1	2	3	4
w_0	1.00	2.50	4.00	5.50
w	0.89	2.47	4.24	5.55

电解过程对电解温度的控制是依照过热度进行的。因此考察过热度对热失重率的影响，对电解过程有着更加实际的指导意义。利用冰晶石-氧化铝-氧化钪系电解质初晶温度数学模型的研究结果，分别计算了不同氧化物添加量情况下的初晶温度，并计算了相应实验温度条件下的过热度。电解质失重率与过热度的关系如图 4-18 所示。由图可见，添加氧化钪，可显著降低电解质的热失重率，而且其效果比添加氧化铝更明显。

根据添加氧化钪对电解质初晶温度和热失重率影响的研究结果，

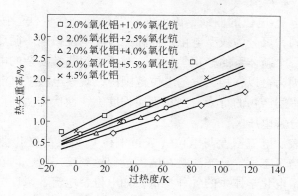

图 4-18 热失重率与过热度的关系

可以发现，添加氧化钪能较显著地降低电解质初晶温度，从而降低电解操作温度，减少电解质的挥发；同时，氧化钪的添加还会降低电解质在同一过热度下的蒸气压，使电解质热失重率降低。在正常电解过程控制的过热度（10~20K）下，在电解质中添加氧化钪可以收到降低电解温度和降低电解质蒸气压的双重效果，有助于减少电解质的挥发损失，减少对环境的污染和原材料的消耗。同时氧化钪本身也不会因挥发而造成损失。

4.2.3 电解法生产铝钪合金的电化学

熔盐电解法制取稀土金属及其合金是一种经济有效的方法，很多稀土金属及它们的合金都是用熔盐电解法制取的。其过程的本质是熔盐电解质中的稀土金属离子在电场力的作用下定向移动到阴极，在阴极上得到电子后被还原成稀土金属原子在阴极上沉积并合金化的过程。对稀土金属熔盐电解电极过程的研究，可以获得稀土金属的还原电位、极限电流、电极反应的电子转移数、离子扩散系数等电解工艺所需要的参数，对熔盐电解制取稀土金属及其合金具有指导意义，而且可以获得熔盐结构及熔盐特性的大量信息。

研究电极过程所采用的电化学研究方法有循环伏安法、计时电位法、计时电流法和交流阻抗法等。循环伏安法和线性伏安法均属于电化学研究方法中的电位扫描法，就是对电极加上一个线性变化的电压，记录电流-电位的曲线，因而又称线性扫描伏安法。按扫描电压波形的不同，可分为线型电位扫描和三角波电位扫描。循环伏安法常用于研究一个新体系的电化学行为，对于了解非常复杂的电极反应十分有用，因为可以在相当大的电位范围内，观察电极上可能发生的反应，研究中间产物的行为，判断可逆程度。线性伏安法则可用来测试化合物的分解电压。

测定表示电流密度与电位（或过电位）关系的极化曲线的方法有稳态法与暂态法。稳态法是在电极过程达到稳态时，即在一定的时间范围内，电化学体系的各种参量，如电位、电流、浓度分布和电极表面状态等，基本保持不变的状态下进行测量的。利用稳态法可以测定交换电流、反应速度常数、扩散系数以及所得的塔菲斜率，推算反应级数，研究反应历程。

熔盐电解稀土金属及其合金的电极过程研究一直是国际上十分活跃的研究领域，国内外很多学者进行了大量的研究工作[46]。G. S. Picard 及其合作者[47]利用伏安法研究了铈族稀土元素在 LiCl-KCl 共晶体系中的氧化还原行为，在所测得的 La^{3+}、Ce^{3+} 和 Pr^{3+} 的伏安曲线上只出现一个还原峰，这是由于阴极上发生了下列电化学还原反应：$RE^{3+} + 3e = RE(s)$，即稀土元素离子是一步获得 3 个电子被还原成金属原子在阴极上沉积的简单的电荷传递过程，并且求得了下列单一稀土元素的电子迁移数 n 值：La^{3+} 为 2.9，Ce^{3+} 为 2.9，Pr^{3+} 为 3.0。但在研究 Nd^{3+} 的阴极还原过程时发现所测得的伏安曲线上出现 2 个还原峰，这表明 Nd^{3+} 是经过 2 步还原成金属 Nd 的。他认为：第一步还原反应是 $Nd^{3+} + e = Nd^{2+}$，第二步还原反应是获得 2 个电子的反应 $Nd^{2+} + 2e = Nd(s)$。Z. Christophe 等人[48]采用循环伏安法、计时电位法和计时电流法研究了 NaCl-KCl(1：1) 熔盐体系中 Nd^{3+} 在 Fe、Pt、Mo 和 W 电极上的反应过程，结果发现在 Pt 电极上 Nd^{3+} 分下列两步还原：$Nd^{3+} + e = Nd^{2+}$，$Nd^{2+} + 2e = Nd(s)$，而在 Fe、Mo 和 W 电极上则发生的是一步获得 3 个电子的电化学还原过程：$Nd^{3+} + 3e = Nd(s)$。经扫描电镜和 X 射线衍射分析可知，在 Fe 电极上发生了合金化过程，生成合金相 Nd_2Fe。文献 [41] 的作者们先后研究了 NaCl-KCl(1：1) 熔盐体系中 La^{3+} 在 Ni、Pt 和 Mo 等电极上、Ce^{3+} 在 Fe 电极上、Pr^{3+} 在 Ni 电极上的电化学还原过程，制得了 LaCu、PrNi 和 LaNi 等合金。杜森林等人[49]研究了 Ce^{3+}、Sm^{3+} 在氯化物熔盐体系中的电化学还原行为，发现 Sm^{3+} 也是分两步还原成稀土金属原子的；他还研究制备了 Al-La 和 Al-Nd 合金，并研究了相应的电极过程。段淑贞等人[50]研究了 LiCl-KCl 熔盐体系中 Y^{3+} 在 Mo 和 Ni 电极上的电化学还原过程。赵立忠等人[51]研究了 Y^{3+} 在 LiF-NaF 熔盐体系中的电极过程。刘冠昆等人[52]研究了氯化物熔体中 Lu 合金形成的阴极还原过程。通过这些电极过程的研究，弄清了电极过程的反应机理和阴极过程的控制步骤，对熔盐电解制取稀土金属及合金的工艺制度的制定有很重要的理论指导意义。

对 Sc^{3+} 在熔盐体系中的阴极还原过程的研究工作的报道很少，只见到 E. V. Nikolaeva[53]等少数研究人员报道了 Sc^{3+} 在 LiCl-KCl 共晶体系中的阴极还原电位。

本书采用三电极体系的实验电解池研究了钪在冰晶石熔盐体系中的电极过程，实验装置如图 4-19 所示。

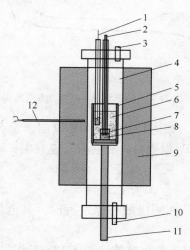

图 4-19　电化学测试系统

1—参比电极；2—工作电极；3—保护气出口；4—刚玉管；5—石墨坩埚；

6—电解质；7—刚玉坩埚；8—高纯铝；9—加热炉；

10—保护气进口；11—辅助电极；12—控温热电偶

实验采用的熔盐体系为：摩尔比为 2.4 的冰晶石，添加 3% 的氧化钪。所用原料：冰晶石为化学纯，氟化铝为工业纯，氧化钪和高纯铝的纯度均大于 99.99%。采用循环伏安法、稳态极化法和线性伏安法对 Sc^{3+} 在冰晶石熔盐体系中铝电极上的电化学还原过程及氧化钪在石墨电极上的分解电压进行了研究。

4.2.3.1 循环伏安测试

在对含钪的熔盐进行循环伏安测试前，先对不含钪的冰晶石熔体（空白熔盐）进行了测试。测试采用摩尔比为 2.4 的冰晶石，温度控制在 1253K，扫描速度为 30mV/s，测试结果如图 4-20 所示。

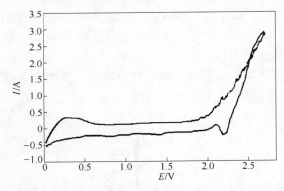

图 4-20 摩尔比为 2.4 的 NaF-AlF$_3$ 熔盐体系的循环伏安曲线

由图 4-20 可知，在电位达到 2.0V 以前，没有任何电极反应进行。当电位达到 2.0V 以上时，有还原反应发生：

$$Na^+ + e == Na$$

$$Al^{3+} + 3e == Al$$

因此，研究 Sc^{3+} 在阴极的还原过程时，其电位扫描范围不应大于 2.0V。

图 4-21 是添加 3% 氧化钪的熔盐在 1253K 温度下，以 30mV/s 的扫描速度测得的循环伏安曲线。由图可知，Sc^{3+} 大约在 1.4V 时开始还原。图中只有一个阴极还原峰出现，而且回扫时，只有一个对应的氧化峰出现，表明其还原过程为一步获得三个电子的简单电荷传递过

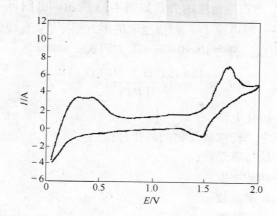

图 4-21 摩尔比为 2.4 的 NaF-AlF$_3$-Sc$_2$O$_3$（质量分数为 3%）
熔盐体系的循环伏安曲线

程，其还原反应式为：

$$Sc^{3+} + 3e \Longrightarrow Sc$$

因此，用电解法生产铝钪合金，不至于因为在阴极发生不完全还原生成低价钪，而使电解过程产生二次反应造成电流效率明显降低。

图 4-22 是添加 3% 氧化钪的熔盐，在 1253K 温度下以不同的扫描速度测得的循环伏安曲线。由图可知，不同扫描速度下的峰电位 E_p 位置不随扫描速度 v 变化而变化，这是可逆过程的主要特征之一。

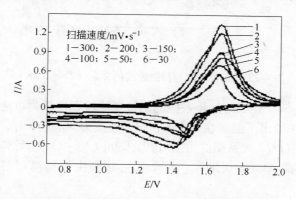

图 4-22 不同扫描速度下测得的循环伏安曲线

峰电流 I_p 与扫描速度的关系如图 4-23 所示。由图可知，在各不同扫描速度下，峰电流 I_p 与扫描速度的平方根 $v^{1/2}$ 呈直线关系，且直线通过坐标原点，符合 Randle-Sevcik 方程式：

$$I_p = \frac{0.4463 (zF)^{2/3} C_0 (D_0 v)^{1/2}}{(RT)^{1/2}}$$

式中　I_p——极化电流；

　　　z——电子转移数（物质的化合价）；

　　　F——法拉第常数；

　　　C_0——初始浓度；

　　　D_0——扩散系数；

　　　v——扫描速度；

　　　R——气体常数；

　　　T——绝对温度。

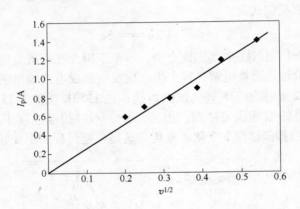

图 4-23　峰电流 I_p 与扫描速度的关系（$T = 1253K$）

因此，Sc^{3+} 在该熔盐体系中的阴极还原过程应该为可逆过程。

图 4-24 给出了温度在 1253K，扫描速度为 30mV/s 时，还原峰的 E-$\ln[(I_p - I)/I]$ 关系图。由图可知，E-$\ln[(I_p - I)/I]$ 近似为直线关系，直线的斜率 $m = 0.0422$。对于反应物和生成物都可溶的可逆体系，有：

$$m = 1.72ZF/(RT)$$

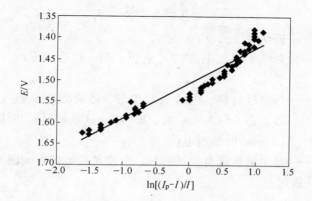

图 4-24　摩尔比为 2.4 的 NaF-AlF$_3$-Sc$_2$O$_3$（质量分数为 3%）
熔盐体系的 E-ln[(I_p - I)/I] 关系图

由此可求得 z = 3.012。因此，Sc^{3+} 的还原反应为一步获得三个电子的简单电荷传递过程。

4.2.3.2　稳态极化测试

测试所用熔盐体系为 NaF-AlF$_3$-Sc$_2$O$_3$（摩尔比为 2.4，Sc$_2$O$_3$ 质量分数为 3%），测试温度为 1253K，扫描速度为 5mV/s，扫描范围 -0.2~0.2V。所测极化曲线如图 4-25 所示。由图 4-25 可知，当 η 大于 0.05V 时，两条曲线都很好地符合 Tafel 关系：

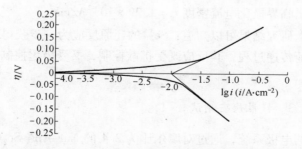

图 4-25　摩尔比为 2.4 的 NaF-AlF$_3$-Sc$_2$O$_3$（质量分数为 3%）
熔盐体系的极化曲线

$$\eta = a + b\lg i$$

式中　i——极化电流密度;

　　　η——对应于极化电流的过电位, 当 i 趋近于零时, η 也趋近于零;

　　　a——与电极材料、电极表面状态、熔液组成及温度有关的常数, 当 $i = 1\text{A/cm}^2$ 时, $\lg i = 0$, 这是 $a = \eta$, 所以 a 是 $i = 1\text{A/cm}^2$ 时的过电位;

　　　b——与电解机理有关的常数, 温度是重要的影响因素。

对阴极过程:

$$b = -\frac{2.303RT}{\alpha zF}$$

式中　α——电子传递系数。

对阳极过程:

$$b' = -\frac{2.303RT}{\beta zF}$$

式中　β——电子传递系数。

根据图 4-25 测得阴极极化曲线的斜率 $b = 0.13$, 可求出 $\alpha z = 1.905$。由于 Sc^{3+} 的还原反应为一步获得三个电子的简单电荷传递过程, 即 $z = 3$, 因此 $\alpha = 0.635$。测得阳极极化曲线的斜率 $b' = 0.18$, 可求出 $\beta z = 1.376$。由于 $z = 3$, 因此 $\beta = 0.459$。从两直线延长段的交点, 可求出临界极化电流密度 $i_0 = 1.29 \times 10^{-2}\text{A/cm}^2$。

从以上研究结果可以知道: Sc^{3+} 的还原反应为一步获得三个电子的简单电荷传递过程, 其反应既受扩散控制, 又受极化控制, 是混合控制过程。

4.2.3.3　线性伏安测试

采用两电极系统, 通过对摩尔比为 2.4 的 NaF-AlF$_3$-Sc$_2$O$_3$ (质量分数为 3%) 熔盐体系进行线性伏安测试, 对氧化钪在 1253K 温度下的分解电压进行了研究。测试结果如图 4-26 所示。

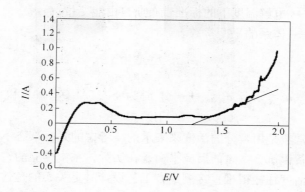

图 4-26 摩尔比为 2.4 的 NaF-AlF$_3$-Sc$_2$O$_3$（质量分数为 3%）
熔盐体系的线性伏安扫描曲线

由图可知，在 1253K 温度下，摩尔比为 2.4 的 NaF-AlF$_3$-Sc$_2$O$_3$
（质量分数为 3%）熔盐体系中，氧化钪在石墨电极上的分解电压为
1.2V，与同温度下氧化铝的分解电压（1.15V，CO$_2$ 的体积分数为
70%）非常接近。因此在电解铝钪合金时，氧化钪不会在电解质中
产生过量积累，能够保证电解过程顺利稳定运行。

4.2.4 电解法生产铝钪合金的热力学

4.2.4.1 电解法生产铝钪合金的平衡常数表达式

从热力学角度研究一个反应进行的可能性或最终可达到的程度，
往往通过计算标准条件下反应的吉布斯自由能变量，进而计算反应的
平衡常数。对电解过程，则是计算反应物的分解电压，通过分解电压
的差值来计算反应的平衡常数[54~56]。对于在铝电解槽中直接电解铝
钪合金的工艺过程，关注的是如下反应的平衡情况：

$$Sc_2O_3(l) + 2Al(l) \xrightarrow{\text{（电解温度）}} 2Sc(l) + Al_2O_3(l)$$

平衡时有：
$$RT\ln K = -\Delta G_T^{\ominus}$$

式中　R——摩尔气体常数；

　　　T——电解时的温度；

$\Delta G_T^{\ominus}$ ——电解温度下的标准吉布斯自由能变量；

K——体系的平衡常数。

$$K = \frac{a_{Sc}^2 \cdot a_{Al_2O_3}}{a_{Al}^2 \cdot a_{Sc_2O_3}}$$

式中　　$a_{Sc}, a_{Al_2O_3}, a_{Al}, a_{Sc_2O_3}$——分别为 Sc、$Al_2O_3$、Al 和 Sc_2O_3 的
活度。

平衡常数是用组分的活度来表示的，考虑的是标准态下的化学平衡。但制备铝钪合金时的反应平衡是在实际体系中建立的，由于生产过程中，活度往往很难直接测定，工艺设计时更关心的是达到平衡时各组分的平衡浓度而不是活度。为此，就需要从以下几个方面进行计算，将各反应物及产物的活度转换成实际工艺操作时较容易测得的浓度。

A　合金液中铝和钪的活度与其浓度的关系[57]

电解铝钪合金时，生成的钪与铝形成合金溶液。在通常使用的铝钪合金中，钪的含量是比较低的，主要成分是铝，因此将铝的活度系数近似地看做是 1，即：

$$a_{Al} = x_{Al}$$

式中　　x_{Al}——合金中 Al 的摩尔分数。

由于钪和其他稀土金属在铝中大多可生成难熔的金属间化合物而大大降低其在铝液中的活度系数，从而可在平衡常数不太大时得到钪含量较高的铝基合金。因此，计算时必须考虑钪在合金中的活度系数。即：

$$a_{Sc} = \gamma_{Sc} \cdot x_{Sc}$$

式中　　γ_{Sc}——Sc 的活度系数；

x_{Sc}——Sc 在合金中的摩尔分数。

如果钪在铝中的浓度足够大而生成金属间化合物，还应同时考虑金属间化合物的吉布斯生成自由能。

B　熔盐中氧化物的活度与其浓度的关系

铝钪合金的电解过程是在以氟化物熔盐为电解质，以铝钪合金为

阴极的电解槽中进行的。电解过程所需的原料——氧化铝和氧化钪均溶解于氟化物电解质中。因此，在研究铝钪合金电解过程的平衡时，要考虑氧化铝和氧化钪在熔盐体系中的活度系数。

根据文献［45］报道，罗林与杜克赖特利用 SnO_2 阳极所做电位测量的研究，求出熔融冰晶石-氧化铝熔体中的氧化铝的活度。得出氧化铝的活度与其摩尔分数之间的关系可用下式表示：

$$a_{Al_2O_3} = x_{Al_2O_3}^3$$

式中　$x_{Al_2O_3}$——氧化铝在电解质体系中的摩尔分数。

罗林与雷伊根据冰点降低法得到的冰晶石熔体中氧化物的活度与其摩尔分数的关系的结果如图 4-27 所示。

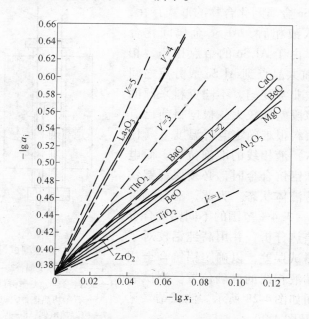

图 4-27　几种氧化物在冰晶石中的摩尔分数与
其活度的关系（V 为曲线斜率）

该关系可用式 4-15 表示。

$$a_i = x_i^n \tag{4-15}$$

可以假设氧化钪在冰晶石熔体中的活度与其摩尔分数的关系也符合这一规律，即：

$$a_{Sc_2O_3} = x_{Sc_2O_3}^n$$

综合以上分析，可得到电解铝钪合金时用摩尔分数表示的平衡常数：

$$K = \gamma_{Sc}^2 \cdot \frac{x_{Sc}^2 \cdot x_{Al_2O_3}^3}{x_{Al}^2 \cdot x_{Sc_2O_3}^n} \qquad (4\text{-}16)$$

4.2.4.2　铝钪合金相图富铝端液相线的测试

由铝钪二元相图可知，钪在固相中以 Al_3Sc 金属间化合物的形式存在，但在进入液相后，Al_3Sc 金属间化合物分解。由于 Al_3Sc 的熔点很高，相图中铝-钪共晶点到 Al_3Sc 成分点之间的液相线非常陡峭，不同资料来源的相图，该段差异较大。根据目前已有的相图资料很难确定电解温度下（比如 1223K）液相线的准确位置。而电解法生产铝钪合金时，必须保证铝钪合金保持液体状态。为此，对含钪量在 0.7% ~3.4% 范围的不同铝钪合金进行了差热分析，并用高纯铝校对了系统的测试误差，以确定铝钪合金相图富铝端液相线的准确位置。测试装置原理图如图 4-28 所示。测试结果见表 4-13 及图 4-29。

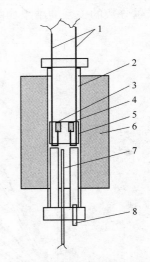

图 4-28　差热测试设备简图

1—测差热电偶；2—刚玉管；
3—试样（合金）；4—标样（氧化铝）；
5—石墨均热体；6—加热炉；
7—控温热电偶；8—保护气进口

表 4-13　不同含量铝钪合金差热分析结果

Sc 质量分数/%		0	0.72	0.8	0.9	1.1	1.5	1.8	2.16	2.36
温度/℃	液相线	658	662.9	681.8	699.2	738.1	778.6	842.9	876.5	912.3
	共晶线	655.4	651.3	653.1	653.6	652.5	652.8	652.0	652.8	653.2

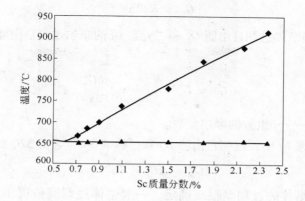

图 4-29 不同含钪量铝钪合金的液相线

从表 4-13 和图 4-29 可知，在所测的含钪量范围内，铝钪二元系相图富铝端的液相线近似为一条直线。实验所测得各含钪量下的合金共晶温度均值为 652.7℃，比 Al-Sc 相图值（655℃，见图 4-1）低 2.3℃，误差小于 0.5%。由实验结果所做的合金液相线可知，在电解温度下（950℃），含钪量在 2% 左右的合金，过热度在 50℃以上。因此，在通常采用的电解温度和合金浓度下，合金液中不会生成固体的 Al_3Sc 金属间化合物，可以保证电解的顺利进行。

4.2.4.3 钪在合金中活度系数的计算[58,59]

高温熔体的活度测量难度很大，特别是对铝钪系这样尚未在工业中广泛应用的体系，基本没有实测数据的报道。目前，利用数学模型计算已成为热力学研究的重要手段之一。其中利用 Miedema 模型[60]并结合一些基本热力学关系式和组元的基本性质（如元素的摩尔体积、电负性、电子密度等），可以对任意二元系中组元的活度系数进行计算。本书利用这一方法对铝钪合金中钪的活度系数进行了如下近似计算。

A 建立模型

由组元 i 和组元 j 组成的二元系中，组元 i 的偏摩尔过剩自由能 $\overline{G_i^E}$ 和其活度系数 γ_i 的关系为：

$$\overline{G}_i^E = RT\ln\gamma_i \tag{4-17}$$

i 的偏摩尔过剩自由能 $\overline{G}_i^E$ 和二元系 $i\text{-}j$ 的摩尔过剩自由能 G_{ij}^E 的关系为：

$$\overline{G}_i^E = G_i^E + (1 - x_i)\frac{\partial G_{ij}^E}{\partial x_i} \tag{4-18}$$

式中　x_i——i 组分的摩尔分数。

二元系 $i\text{-}j$ 中，过剩自由能 G_{ij}^E 和过剩熵 S_{ij}^E 和焓变 ΔH_{ij} 的关系为：

$$G_{ij}^E = \Delta H_{ij} - TS_{ij}^E \tag{4-19}$$

由于熔体的过剩熵很难确定，一般熔体过剩熵值很小，接近于零，在计算时通常假设 $S^E = 0$。

另外，过剩熵 S_{ij}^E 和焓变 ΔH_{ij} 之间的关系可表示为：

$$S_{ij}^E = 0.1 \times \Delta H_{ij}\left(\frac{1}{T_{mi}} + \frac{1}{T_{mj}}\right) \tag{4-20}$$

式中　T_{mi}, T_{mj}——分别为 i 和 j 的熔点。

令　　　　　$\alpha_{ij} = 1 - 0.1T\left(\frac{1}{T_{mi}} + \frac{1}{T_{mj}}\right) \tag{4-21}$

由式 4-19 ~ 式 4-21 可得：

$$G_{ij}^E = \alpha_{ij} \cdot \Delta H_{ij} \tag{4-22}$$

假如令 $S_{ij}^E = 0$，根据式 4-19，则 $G_{ij}^E = \Delta H_{ij}$，那么根据式 4-22，$\alpha_{ij} = 1$。

对二元系 $i\text{-}j$ 而言，其生成热可由 Miedema 模型得到。形成液态合金或固溶体时的生成热为：

$$\Delta H_{ij} = f_{ij}\frac{x_i[1 + \mu_i x_j(\varphi_i - \varphi_j)]x_j[1 + \mu_j x_i(\varphi_j - \varphi_i)]}{x_i[1 + \mu_i x_j(\varphi_i - \varphi_j)]V_i^{\frac{2}{3}} + x_j[1 + \mu_j x_i(\varphi_j - \varphi_i)]V_j^{\frac{2}{3}}} \tag{4-23}$$

式中　x_i, x_j——元素 i 和 j 的摩尔分数；

V_i, V_j——i 和 j 的摩尔体积；

φ_i, φ_j——i 和 j 的电负性；

μ_i, μ_j——常数。

$$f_{ij} = \frac{2pV_i^{\frac{2}{3}}V_j^{\frac{2}{3}}\{(q/p)[(n_{ws}^{1/3})_i - (n_{ws}^{1/3})_j]^2 - (\varphi_i - \varphi_j)^2 - b(r/p)\}}{(n_{ws}^{1/3})_i^{-1} + (n_{ws}^{1/3})_j^{-1}}$$

$$(4-24)$$

式中　$(n_{ws}^{1/3})_i$，$(n_{ws}^{1/3})_j$——i 和 j 的电子密度；

$p,q,b,\dfrac{r}{p}$——常数，且 $\dfrac{q}{p} = 9.4$，对液态合金：$b = 0.73$，对固溶体：$b = 1$。

联立式 4-17 和式 4-18 及式 4-22～式 4-24，就可以得到组元 i 的活度系数随成分 x_i 变化关系：

$$\ln\gamma_i = \frac{\alpha_{ij}\Delta H_{ij}(1-x_i)}{RT}\left\{\frac{1}{x_i} - \frac{\mu_i(\varphi_i - \varphi_j)}{[1+\mu_i(\varphi_i-\varphi_j)(1-x_i)]} + \frac{\mu_j(\varphi_j-\varphi_i)}{[1+\mu_j(\varphi_j-\varphi_i)x_i]} - \right.$$

$$\left. \frac{V_i^{2/3}[1+\mu_i(\varphi_i-\varphi_j)(1-2x_i)] + V_j^{2/3}[-1+\mu_j(\varphi_j-\varphi_i)(1-2x_i)]}{x_i V_i^{2/3}[1+\mu_i(\varphi_i-\varphi_j)(1-x_i)] + (1-x_i)V_j^{2/3}[1+\mu_j(\varphi_j-\varphi_i)x_i]}\right\} \quad (4-25)$$

B　活度系数计算

铝和钪的一些基本参数见表 4-14。

表 4-14　铝、钪的基本物理参数

元素	$n_{ws}^{1/3}$	φ	$V_i^{2/3}$	μ	T_m
Al	1.39	4.2	4.6	0.07	932
Sc	1.27	3.25	6.1	0.07	1812

其他常数参见文献[61]。

下面分别以 $S_{ij}^E \neq 0$ 和 $S_{ij}^E = 0$ 计算在电解条件下（1223K）铝钪合金中钪的活度系数。

当 $S_{ij}^E \neq 0$ 时，由式 4-21 得：

$$\alpha_{ij} = 1 - 0.1T\left(\frac{1}{T_{mi}} + \frac{1}{T_{mj}}\right) = 0.80$$

当 $S_{ij}^E = 0$ 时：$\alpha_{ij} = 1$

将以上已知参数分别代入式 4-25 可得到不同含钪量时的活度系数，计算结果见表 4-15。由表 4-15 可知，在通常电解合金所控制的钪含量范围内，钪的活度系数变化不大，可近似地认为是一常数。通过以上计算可以看出：在电解条件下（比如 1223K），钪的活度系数为 10^{-3} 数量级。正是因为钪的活度系数小，才有利于钪和铝在阴极共同析出形成铝钪合金。

表 4-15 不同含钪量时钪的活度系数 γ_{ij}

α_{ij}	x_i			
	0.005	0.01	0.015	0.02
0.8	1.02×10^{-3}	1.09×10^{-3}	1.18×10^{-3}	1.28×10^{-3}
1	4.26×10^{-3}	4.45×10^{-3}	4.69×10^{-3}	5.01×10^{-3}

C 计算结果的应用

根据用摩尔分数表示的平衡常数表达式 4-16，两边取对数，得：

$$\ln K = \ln \gamma_{Sc}^2 + \ln \frac{x_{Sc}^2 \cdot x_{Al_2O_3}^3}{x_{Al}^2} - n\ln x_{Sc_2O_3}$$

令 $A = \gamma_{Sc}^2$；$Q = \dfrac{x_{Sc}^2 \cdot x_{Al_2O_3}^3}{x_{Al}^2}$

因此有
$$\ln K = \ln A + \ln Q - n\ln x_{Sc_2O_3}$$
$$\ln Q = \ln \frac{K}{A} + n\ln x_{Sc_2O_3}$$

根据实验结果，对 $\ln Q$ 和 $\ln x_{Sc_2O_3}$ 作图，如图 4-30 所示。

在用摩尔分数表示的平衡常数关系式中，氧化钪摩尔分数项的指

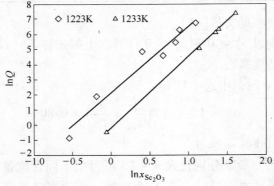

图 4-30　不同温度下 $\ln Q$-$\ln x_{Sc_2O_3}$ 的关系曲线

数大约为 4.3,温度不对氧化钪的活度系数产生显著影响。但由于温度对平衡常数 K 和钪在铝中的活度系数产生较大影响,因而图 4-30 中两个温度下的截距不同。这一规律与文献[45]报道的氧化镧在冰晶石熔体中的浓度与活度的关系相似。

综合前面的讨论,得出如下结论:铝钪合金中,主要成分是铝,因此可将铝的活度系数近似看做是 1,即:

$$a_{Al} = x_{Al}$$

氧化铝在冰晶石熔体中的摩尔分数与其活度的关系近似为:

$$lg a_{Al_2O_3} = 3 lg x_{Al_2O_3}$$

因此,电解铝钪合金的热力学平衡关系可以表述为:

$$K = A \cdot \frac{x_{Sc}^2 \cdot x_{Al_2O_3}^3}{x_{Al}^2 \cdot x_{Sc_2O_3}^{4.3}} \tag{4-26}$$

由于铝钪合金中铝的浓度比较稳定,在通常电解控制的条件下,可近似看作常数。将合金中铝的摩尔分数项、钪的活度系数项以及平衡常数 K 归一为一个常数 K',则式 4-26 可简化为:

$$N_{Sc} = K' \cdot \frac{x_{Sc_2O_3}^{2.15}}{x_{Al_2O_3}^{1.5}} \tag{4-27}$$

其中

$$K' = \sqrt{\frac{x_{Al}^2 \cdot K}{A}}$$

可见,保持电解质中的氧化钪含量在较高水平,同时控制电解质中的氧化铝含量在较低水平,对电解生产含钪量较高的铝钪合金是至关重要的。

4.3 电解法生产铝钪合金工艺

采用在铝电解槽中共同添加氧化铝和氧化钪,使铝和钪在阴极共同析出,直接电解生产铝钪合金具有很多优越性[61,62]。熔盐电解法直接制取铝钪合金,不必像熔配法那样采用价格昂贵的金属钪作为生产合金的原料,而是采用未经高度提纯的含钪氧化物与氧化铝共同电解,因此大大降低了成本。更为重要的是可以通过控制氧化钪和氧化铝的加入量来达到控制合金的含钪量,铝中钪分布均匀,不会引起合金偏析，因而保证合金的高质量和性能。熔盐电解法可实现连续生产，生产规模大，易于实现对生产过程的自动控制。如果在电解槽中同时加入氧化钪、氧化锆和氧化铝，还可以直接电解生产铝-钪-锆三元合金，便于铝钪合金的应用并简化合金生产流程，降低合金生产成本。在三层液精炼铝电解槽中，加入氯化钪或氟化钪，还可以用熔盐电解法以低成本直接生产高纯铝钪合金，进一步提高铝钪合金的性能。总之，用电解法生产那些含有高熔点、难还原、高价格元素组元的铝基合金，是一种流程简短、经济合理、技术可行的生产工艺方案，这一观点已在世界范围内被广泛认同。如果在铝电解槽上直接电解含钪较低的铝钪合金，钪的回收率有可能进一步提高，可用较低的成本直接生产工作合金，甚至是高纯合金，因此是一种较有前途的生产方法。

通过前面几节的讨论，已得到如下结论：

（1）用摩尔分数表示的电解铝钪合金反应的热力学平衡可近似表述为：

$$K = A \cdot \frac{x_{Sc}^2 \cdot x_{Al_2O_3}^3}{x_{Al}^2 \cdot x_{Sc_2O_3}^{4.3}}$$

可见，保持电解质中的氧化钪含量在较高水平，同时控制电解质中的氧化铝含量在较低水平，对电解生产含钪量较高的铝钪合金是至关重要的。

（2）在现代点式下料电解槽的操作条件下，Sc_2O_3 的溶解度可以达到 3% ~ 5%，完全能够满足电解铝钪合金的需要。

（3）氧化钪对冰晶石-氧化铝系电解质的初晶温度、电导率、密度以及热失重率的影响的测定结果表明，该体系可保证铝钪合金电解过程的稳定进行，不会给传统的铝电解工艺带来很大的负面影响。

（4）Sc^{3+} 在铝阴极上的还原过程，是一步获得三个电子的简单过程，不会因生成低价化合物而造成电流效率明显降低。

在这些结论的基础上，采用传统铝电解的冰晶石熔盐体系作为电解法制取铝钪合金的电解质，进一步研究了氧化铝添加量、氧化钪添加量、电解温度、阴极电流密度以及电极距离等工艺条件对电流效率以及铝钪合金中的含钪量的影响，旨在探索优化电解法制取铝钪合金的工艺参数，为扩大试验或工业生产寻求最经济合理的技术途径提供依据。

4.3.1 电解工艺条件

电解工艺的试验采用内径为 $\phi 60mm$、外径为 $\phi 80mm$、高为 110mm、深为 100mm 的高纯石墨坩埚作为盛装电解质及合金的容器，兼作阴极；内衬一个内径为 $\phi 50mm$、外径为 $\phi 60mm$、高为 80mm 的刚玉管将坩埚侧壁绝缘，石墨坩埚放在内径为 $\phi 80mm$、深度为 120mm 的铁坩埚中，阴极用钢棒由铁坩埚导出，钢棒外套有刚玉保护管；用直径为 $\phi 20mm$、高为 60mm 的高纯石墨棒接直径为 $\phi 6mm$ 钢棒作阳极，钢棒外套有刚玉保护管。采用 SK1730SL30A 直流可调稳压电源供给电解所需直流电。实验所需高温环境由高温电阻炉提供，用程序控温仪自动控制温度，控温精度为 1℃。电解系统如图 4-31 所示。

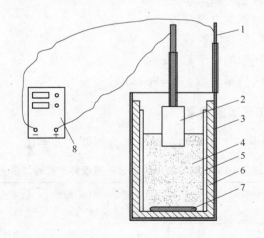

图 4-31　电解系统示意图

1—阴极；2—石墨阳极；3—铁坩埚；4—电解质；5—刚玉管；
6—石墨坩埚；7—合金；8—直流电源

试验所用原料：冰晶石和氧化铝为工业纯；氟化钠、氟化镁和氟化钙为化学纯；氧化钪为 99.99% 级。采用摩尔比为 2.4 的冰晶石，添加4%氟化镁和2%氟化钙作基本电解质,在这一电解质体系中按比例添加氧化铝和氧化钪进行电解。电解的工艺参数范围为:电解质中氧化钪质量分数为0~6.6%,氧化铝质量分数为1%~8.6%,电解温度为945~970℃,电极距离为3.0~4.5cm,阴极电流密度为0.7~1.3A/cm²。通过这些工艺条件的变化,考察电解质中氧化钪和氧化铝质量分数、电解温度、电极距离、阴极电流密度对电流效率以及合金含钪量的影响。

电流效率按式4-28计算:

$$\eta_i = \frac{m}{[M_{Al}(1-w_{Sc})+M_{Sc}\cdot w_{Sc}]\cdot I\cdot t(zF)}\times 100\% \quad (4\text{-}28)$$

式中 m——试验过程实际获得的合金质量,g;

M_{Al}——铝的摩尔质量,$M_{Al}=27g/mol$;

M_{Sc}——钪的摩尔质量,$M_{Sc}=44.956g/mol$;

w_{Sc}——合金中钪的质量分数,%;

I——电解的电流强度,A;

t——电解时间,s;

z——还原的电子数,$z=3$;

F——法拉第常数,$F=96485C$。

4.3.2 电解工艺实验结果

铝钪合金电解工艺实验条件及实验结果见表4-16。

表 4-16 铝钪合金电解工艺实验条件及实验结果

氧化钪质量分数/%	氧化铝质量分数/%	Δt/℃	电极距/cm	电流密度/A·cm^{-2}	钪质量分数/%	电流效率/%
0.94	7.52	10	4	0.76	0.038	47.7
0.2	8.6	20	4	0.76	0.042	49.6
0.58	4.68	0	4	0.97	0.059	93.7
0.82	9.8	−5	4	1.03	0.078	63.1
2.31	6.4	0	4	0.97	0.48	91.7
2.41	8.53	0	4	1.02	0.48	68.8

氧化钪质量分数/%	氧化铝质量分数/%	Δt/℃	电极距/cm	电流密度/A·cm^{-2}	钪质量分数/%	电流效率/%
5.23	3.09	15	4	1.02	2.6	67.7
4.97	3.72	10	4	1.02	1.2	82.7
6.9	1.81	15	4	1.02	3.8	68.3
1.5	8.2	−5	4	1.02	0.32	65.3
3.14	5.54	−5	3	1.27	0.48	60.1
3.87	4.62	15	4	1.02	1.82	76.9
6.57	2.3	15	3.5	1.03	2.36	88.8
2.98	5.4	15	4.5	1.02	0.7	72.0
1.98	2.98	0	3	1.27	0.66	60.2
3.6	4.83	15	4.5	1.02	1.13	80.9
5.37	3.2	15	4	1.02	1.87	73.7
5.1	4.1	15	4	1.02	1.62	63.0
4.01	1.76	15	4	1.01	0.91	73.1
5.33	1.97	15	4	1.02	2.86	69
4.91	3.3	15	4	1.02	0.91	70
0	5.2	15	4	1.13	0	52.9
0	4.3	15	4	1.02	0	60.2

注：Δt = 电解温度 − 950（℃）。

根据表 4-16 的实验结果，将合金中的含钪量作为因变量，电解质中的氧化钪和氧化铝质量分数、电解温度、电极距离、阴极电流密度为自变量，并分别取自然对数，进行线性最小二乘法拟合。由此得到合金含钪量与氧化钪质量分数、氧化铝质量分数、电解温度、电极距离以及阴极电流密度的关系函数，见式 4-29：

$$\ln w_{Sc} = -5.061 + 1.07\ln w_{Sc_2O_3} - 0.135\ln w_{Al_2O_3} +$$
$$0.0414\Delta t + 0.27h + 3.264i \qquad (4-29)$$

式中 w_{Sc}——合金中的含钪量（质量分数），%；

$w_{Sc_2O_3}$——氧化钪质量分数,%, 0.2% ~ 6.6%;

$w_{Al_2O_3}$——氧化铝质量分数,%, 1.7% ~ 8.6%;

Δt——电解温度减去950℃, -5 ~ 20℃;

h——电极距离, cm, 3.0 ~ 4.5cm;

i——电流密度, A/cm², 0.7 ~ 1.3A/cm²。

在温度为1223K、电极距离为4cm、阴极电流密度为1.0A/cm²的条件下,合金中钪的质量分数与电解质中氧化钪质量分数和氧化铝质量分数的三维关系曲线如图4-32所示。由图可知,在实验采用的参数范围内,合金中钪质量分数随电解质中氧化钪质量分数提高而增加,随氧化铝质量分数增加而降低,而氧化铝质量分数的影响程度较氧化钪质量分数的影响小得多。

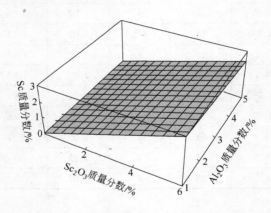

图 4-32　合金中钪质量分数与电解质中氧化钪质量分数及
氧化铝质量分数之间的关系三维图

在温度为1223K、电解质中氧化钪质量分数为4%、氧化铝质量分数为2%、阴极电流密度为1.0A/cm²的条件下,合金中钪的质量分数与温度和极距的关系曲线如图4-33所示。由图可知,温度升高有利于提高合金中钪的质量分数,提高电极距离也有同样的影响趋势。

在电解质中氧化钪质量分数为4%、氧化铝质量分数为2%、电极距离为4cm的条件下,合金中钪的质量分数与阴极电流密度关系

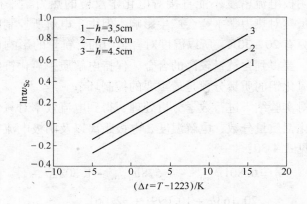

图 4-33 电解温度和电极距离 h 对合金含钪量的影响

曲线如图 4-34 所示。由图可知,阴极电流密度提高,合金中的钪质量分数也相应提高。

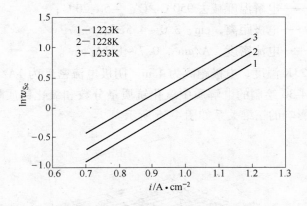

图 4-34 电解温度和阴极电流密度 i 对合金含钪量的影响

由式 4-30 和图 4-32 ~ 图 4-34 可知,在实验采用的参数范围内,合金中钪含量随电解质中氧化钪质量分数提高而增加,随氧化铝质量分数增加而降低;并随电解温度、电极距离以及阴极电流密度的增加而提高。在通常铝电解所采用的温度、电极距离以及阴极电流密度条件下,这三个参数对合金中钪含量的影响并不十分显著。这是因为电极距离和阴极电流密度不能直接对电化学反应的热力学平衡产生影响。温度虽然对热力学平衡会产生影响,但由于电解所控制的温度范围很窄,只有 20～30K,所以温度对合金中的含钪量的影响也非常有限。因此,要得到含钪量较高的合金,保持电解质中氧化钪的质量分数和限制氧化铝的质量分数是最重要的控制环节。

通过对实验结果进行数学分析处理,得到电流效率对氧化钪质量分数、氧化铝质量分数、电解温度、电极距离以及阴极电流密度的函数关系,见式 4-30:

$$\eta = 0.801w_{Sc_2O_3} - 4.578w_{Al_2O_3} - 1.303\Delta t +$$

$$20.163h - 10.099i + 32.661 \tag{4-30}$$

式中　　η——电流效率,%;

$w_{Sc_2O_3}$——氧化钪质量分数,%,0.2%～6.6%;

$w_{Al_2O_3}$——氧化铝质量分数,%,1.7%～8.6%;

Δt——电解温度减去950℃,℃,−5～20℃;

h——电极距离,cm,3.0～4.5cm;

i——电流密度,A/cm²,0.7～1.3A/cm²。

在 1223K 温度、电极距离为 4cm、阴极电流密度为 1A/cm² 条件下,由式 4-30 绘制的电解质中氧化钪质量分数和氧化铝质量分数对电流效率影响的三维关系如图 4-35 所示。

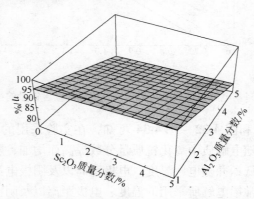

图 4-35　电解质中氧化铝和氧化钪的质量分数对电流效率的影响

在电解质中氧化钪质量分数为 4% 、氧化铝质量分数为 2% 、阴极电流密度为 $1.0A/cm^2$ 条件下，电流效率与电解温度和极距的三维关系曲线如图 4-36 所示。

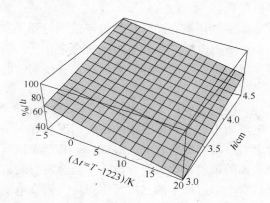

图 4-36　电解温度与电极距离对电流效率的影响

在 1223K 温度、电解质中氧化钪质量分数为 4% 、氧化铝质量分数为 2% 的条件下，电极距离和阴极电流密度对电流效率影响的三维关系如图 4-37 所示。

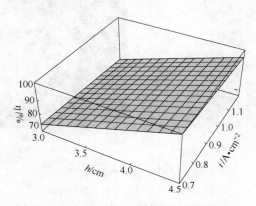

图 4-37　极距和电流密度对电流效率的影响

由式 4-30 和图 4-35 ~ 图 4-37 可知，在实验采用的参数范围内，电解质中氧化钪含量的增加，有助于提高电流效率；氧化铝的作用则相反；采用较低的电解温度可以使电流效率有所提高；电极距离对电流效率的影响较为显著，保持较高的极距可以得到较高的电流效率；阴极电流密度对电流效率的影响不十分显著，但过大的电流密度，会使电流效率有所降低。

在电解质中添加氧化钪有助于提高电流效率得到了实验的充分证实。在同样的条件下将电解纯铝和电解铝钪合金相比，前者的电流效率较低，而添加氧化钪的实验电流效率较高，有些实验的电流效率达到90%以上，在实验室规模的熔盐电解实验中，这一般是很难达到的。实验中发现，纯铝电解时，铝液是以分散的小铝珠形式存在的。而铝钪合金在电解质中以及阴极表面的汇聚情况较好，一般会汇聚成一体；铝钪合金对石墨阴极有较好的湿润性，甚至发现有片状铝钪合金黏附在阴极表面的现象。铝钪合金改善了合金液对炭素阴极的湿润性能，这不仅减少电解过程中的二次反应损失，提高电流效率；而且有利于保护阴极表面，延长电解槽寿命。图4-38（a）和（b）分别为试验室条件下电解出的纯铝和铝钪合金，铝钪合金的汇聚优于纯铝的现象一目了然。

(a)　　　　　　　　　　　　　(b)

图 4-38　试验室电解的铝和铝钪合金
(a) 电解的铝；(b) 电解的铝钪合金

铝钪合金电解过程中，电解温度、电极距离以及阴极电流密度对电流效率的影响规律与传统铝电解相似。关于氧化铝对电流效率的影响，考虑到实验过程中，氧化铝的加入量是在考虑了一个预估电流效率前提下的固定值，实际电流效率越高，则会出现欠料现象，电解质中残余氧化铝就会越少，有可能造成氧化铝质量分数对电流效率的影响被放大，在工业电解槽的实际操作中，氧化铝含量得到自动控制，其质量分数变化对电流效率的影响将会比试验室测定结果小。但电解质中氧化铝含量增加，会大大影响合金中的钪含量，因此需加以严格控制。

实验还对电解法和金属热还原法获得的不同含钪量的铝钪合金进行了大量的金相和显微金相比较。结果表明，电解法合金中的钪比还原法合金更呈弥散分布，晶粒更细小。含钪量为 0.5% 的铝钪合金，Al_3Sc 相晶粒最细小弥散，能更好地发挥铝钪合金的优异性能。当含钪量增至 0.7% 时，Al_3Sc 相晶粒明显变大，特别是金属热还原法的铝钪合金，不但有粗大的原晶，而且有明显的聚集倾向，并相互结合成更加粗大的二次晶。当含钪量达到 2% 时，电解法合金的 Al_3Sc 相晶粒大小变化不大，但金属热还原法合金的 Al_3Sc 相晶粒则变得十分巨大。因此，从电解工艺和合金性能的角度考虑，电解法生产含钪量在 0.5% 左右的铝钪合金应该是最佳选择之一。

Zr 与 Sc 的物理化学性能相近，二者能形成连续溶解的固溶体。如果铝合金中同时加入 Zr 和 Sc，可形成复杂的三元化合物 $Al_3(Sc_{1-x}Zr_x)$ 相。该相是在 Al_3Sc 相基础上的置换固溶体，Zr 的含量不是定组成的，最大可以置换 50% 的钪，其性能也随相中的含 Zr 量变化。该三元化合物中的 Zr 含量越高，相质点的聚集倾向就越小[63~65]。因此，在铝钪合金中加入 Zr，其弥散程度会更高，热稳定性也会进一步提高，从而获得更加良好的力学性能。同时，加入 Zr 可以减少昂贵的 Sc 的用量，使含钪合金的应用更加经济。如果在电解槽中同时添加氧化铝、氧化钪和氧化锆，直接电解生产 Al-Sc-Zr 多元合金，可以缩短合金生产流程，是降低合金生产成本的重要方向之一。值得一提的是，铝土矿不仅是钪的主要资源，而且我国铝土矿一般都含有 0.05% ~ 0.1% 的 ZrO_2，如果结合硅钛氧化铝的生产，同时综合回收 Sc_2O_3 和 ZrO_2，则会使直接电解生产 Al-Sc-Zr 合金的成本更进一步降低。

总之，用电解法生产铝钪合金，不但可以得到性能比热还原法更好的产品，而且可以获得很高的电流效率。在电解工艺参数的控制上，除了可以沿用现代大型铝电解的控制理念，即低电解温度、低氧化铝含量以及低电解质摩尔比外，还应特别注意电解质中氧化钪与氧化铝的相对含量，即钪铝比的控制，一般应将氧化钪与氧化铝之比控制在 2∶1 左右的范围，以得到含钪量较高的合金。

参 考 文 献

[1] 杨昇. 电解法生产铝钪合金的研究[D]. 郑州：郑州大学，2003.

[2] 李广汉，尹志民. 钪的发展动态和发展战略[J]. 稀有金属和硬质合金，1998，134（3）：47～51.

[3] 林肇琦，马宏声，赵刚. 铝-钪合金的发展概况[J]. 轻金属，1992（2）：53～60.

[4] 冯春晖，张宗华. 云南某稀土矿提取氧化钪的研究[J]. 云南冶金，2005，34（3）：14～16，30.

[5] 傅世业. 处理钨渣中钪的分离和提纯[J]. 稀土，1983，（1）：21～26.

[6] 杨智发，孙世清，李道纯. 溶剂萃取法从氯化烟尘中提取钪[J]. 稀有金属，1989，13（3）：217～222.

[7] 谢丽娜. 钪锆的萃取分离[J]. 稀土，1991，12（5）：68～69.

[8] 孙本良，肖飞，翟玉春，等. 含钪氯化烟尘的盐酸浸出液中钪与铁、锰的分离[J]. 稀土，1997，18（4）：12～15.

[9] 张宗华，庄故章. 用萃取法从攀枝花选钛尾矿中提取钪[J]. 稀土，1999，20（3）：23～26.

[10] 李德谦，王忠怀，孟淑兰，等. 铱、钪分离工艺的新进展[J]. 稀土，1996，17（6）：41～43.

[11] 徐刚，廖春生，严纯华. 我国钪资源开发利用的战略思考[C]. 中国有色金属学会第四届学术会议论文，2000.

[12] 肖金凯，雷剑泉，夏祥. 黔中铝土矿及其赤泥中钪的某些特征[J]. 矿物学报，1994，14（4）：388～393.

[13] 杨绍文，等. 氧化铝生产赤泥的综合利用现状及进展[J]. 矿产保护及利用，1999（6）：46～49.

[14] 张江娟，段战荣. 从赤泥中回收钪的研究现状[J]. 湿法冶金，2004，23（4）：195～197.

[15] 钟学明. 伯胺萃取法提取氧化钪的工艺研究[J]. 稀有金属，2002，26（6）：527～529.

[16] 王红. 氧化钪分离富集方法的研究[J]. 分析化学, 2000, 28(6): 787.

[17] 潘青林, 高拥政, 尹志民, 等. Sc 对 Al-Mg 合金组织与性能的影响[J]. 材料科学与工艺, 1997, 5(4): 9~13.

[18] 潘青林, 尹志民, 杨磊, 等. 含 Sc 铝镁合金超塑变形行为与显微组织特征[J]. 中南工业大学学报, 1999, 30(2): 51~55.

[19] 杭吕. 俄罗斯的航空用高强高韧铝合金[J]. 航空制造工程, 1996, (5): 19.

[20] 孙伟成, 张淑荣, 侯爱芹. 稀土在铝合金中的行为[M]. 北京: 兵器工业出版社, 1992.

[21] 中山大学金属系. 稀土物理化学常数[M]. 北京: 冶金工业出版社, 1978.

[22] GSCHNEIDNER K A, EYRING L. Handbook of the Physics and Chemistry of Rare Earths (Vol. 6) [M]. North-Holland, Amsterdam and New York, 1984: 575.

[23] 尹松波, 黄伯云, 贺跃辉, 等. 微量钪对 TiAl 基合金高温力学性能的影响[J]. 中国有色金属学报, 1999, 9(2): 253~258.

[24] 高彩茹, 等. Al-Sc 合金高温力学性能研究[J]. 轻金属, 2001(2), 53~56.

[25] 潘青林, 尹志民, 杨磊, 等. 含 Sc 铝镁合金超塑变形行为与显微组织特征[J]. 中南工业大学学报, 1999, 30(2): 179~181.

[26] 肖于德, 熊建民, 黄龙坚, 等. 钪、锆对 Al-Cu-Mg-Fe-Ni 系铝合金显微组织与力学性能的影响[J]. 稀有金属, 1999, 23(5): 331~335.

[27] 肖于德, 熊建民, 黄龙坚, 等. 钪对 7005 铝合金组织性能的影响[J]. 稀有金属, 1999(2): 9~12.

[28] 周静, 王红华. 钪对 7A04 合金组织与性能的影响[J]. 轻金属, 1999(6): 57~59.

[29] 蒋晓军, 李依依, 桂全红, 等. Sc 对 Al-Li-Cu-Mg-Zr 合金组织与性能的影响[J]. 金属学报, 1994, 30(8): 355~361.

[30] 杨少华, 邱竹贤, 张明杰. 铝钪合金的应用及生产[J]. 轻金属, 2006(4): 55~57.

[31] LEVELL A W. Aluminum-Scandium Alloy: US 3619181[P]. 1971-11.

[32] 姜峰, 尹志民, 李汉广, 等. 铝钪合金的制备方法[J]. 稀土, 2000, 22(1): 41~46.

[33] 张康宁. 金属钪的制备与提纯[J]. 稀有金属, 1982(6): 20.

[34] 胡华业. 高纯金属钪的制备[J]. 稀土, 1999, 20(4): 70~72.

[35] 路贵民, 刘学山. 冰晶石熔体中铝热还原法生产铝钪合金[J]. 中国有色金属学报, 1999, 9(1): 171~174.

[36] BAILAR J C, et al. Comprehensive inorganic chemistry[J]. Scandium, Pergamon, Oxford, 1973(3): 329.

[37] 段淑贞, 乔芝郁. 熔盐化学——原理和应用[M]. 北京: 冶金工业出版社, 1990.

[38] 杜森林, 唐定骧. 熔盐电解法制取稀土金属和合金在我国的某些研究进展[J]. 稀有金属, 1986(2): 287~292.

[39] 张明杰, 梁家骁. 铝钪合金的性质及生产[J]. 材料与冶金学报, 2002, 1(2):

110 ~ 114.

[40] REDDY R G, KUMAR S G. Solubility and thermodynamic properties of Y_2O_3 in LiF-YF$_3$ melts[J]. Metallurgical and Materials Transactions B, 1994, 25B(2): 91 ~ 96.

[41] 杨昇, 李强, 顾松青. 氧化钪在冰晶石-氧化铝系电解质中的溶解性能研究[J]. 稀有金属, 2003, 27(3): 418 ~ 420.

[42] 路贵民, 刘学山. 氧化钪在 nNaF·AlF$_3$-ScF$_3$ 熔盐体系中的溶解[J]. 中国有色金属学报, 1999, 9(3): 624 ~ 626.

[43] 杨昇, 李强, 顾松青. nNaF·AlF$_3$-Al$_2$O$_3$-Sc$_2$O$_3$ 系电解质初晶温度数学模型的研究[J]. 有色金属（冶炼部分）, 2003（5）: 27 ~ 29.

[44] 马柏祥. nNaF·AlF$_3$-Al$_2$O$_3$-MgF$_2$ 系熔体初晶温度的非线性数学模型的研究[J]. 轻金属, 2002(6): 32 ~ 36.

[45] 邱竹贤. 铝冶金物理化学[M]. 上海: 上海科学技术出版社, 1985.

[46] 杨绮琴. 熔盐电沉积稀土金属及其合金的研究——中山大学电化学研究工作介绍[J]. 电化学, 1997, 3(2): 117 ~ 124.

[47] PICARD G S, MOTTOT Y E, TREMILLON B L. Acidic and redox properties of some lanthanide ions in molten LiCl-KCl eutectic[J]. Electrochemical Society Extended Abstracts, 1985, 85(2): 709.

[48] CHRISTOPHE A, et al. Study of the deposition mechanism of neodymium on an iron consumable cathode and a molybdenum unconsumable cathode in NaCl + KCl (1:1) in the temperature range 700 ~ 850℃[J]. Journal of Electroanalytical Chemistry, 1989, 263(2): 399 ~ 413.

[49] 杜森林, 申家成. 熔盐电解富镨钕氧化物合成 NdPrFe 合金的研究[J]. 稀有金属, 1994, 18(3): 167 ~ 171.

[50] 段淑贞, 周春根. 循环伏安法用于钇在钼和镍电极上的电极过程研究[J]. 中国稀土学报, 1992, 10(2): 116 ~ 119.

[51] 赵立忠, 李国勋. 钇离子在氟化物体系中的电化学还原[J]. 中国稀土学报, 1993, 11(3): 271 ~ 273.

[52] 刘冠昆, 杨绮琴, 童叶翔, 等. 氯化物熔体中 Lu 合金形成的研究[J]. 金属学报, 1995,（13）: B001 ~ B009.

[53] NIKOLAEVA E V, KHOKHLOV V A. Thermodynamics of lanthanide chloride formation reactions in fused alkali chlorides[J]. Rasplavy, 2004（4）: 24 ~ 42.

[54] 路贵民. Al-Sc 合金热力学性质的研究[J]. 有色金属, 1999, 51(2): 76 ~ 78.

[55] 杨昇, 顾松青. 电解铝钪合金及其热力学可行性分析[C]. 第四届全国轻金属冶金学术会议, 青岛, 2001.

[56] 杨昇, 李强, 顾松青. 电解铝钪合金的热力学[J]. 有色金属, 2003(2): 26 ~ 29.

[57] 丁学勇, 范鹏, 韩其勇. 三元系金属熔体中的活度和活度相互作用系数模型[J]. 金属学报, 1994, 30(2): B: 49 ~ 59.

[58] 谢刚, 宋宁. 熔融 NaF-AlF$_3$ 体系活度的测定[J]. 金属学报, 1994, 30(5): B: 199~203.

[59] 路贵民, 马贺利. Al-Mg-Sc 合金中组元活度及活度相互作用系数[J]. 稀土, 2000, 21(2): 43~45.

[60] MIEDEMA A R, De CHATEL P F, De BOER F R. Cohesion in alloys——fundamentals of a semi-empirical model[J]. Physica, 1980, 100B: 1.

[61] 张明杰, 李金丽, 梁家骁. 熔盐电解法生产 Al-Sc 合金[J]. 东北大学学报, 2003, 24(4): 358~360.

[62] 李广宇, 杨少华, 李继东, 等. 熔盐电解法制备铝钪合金的研究[J]. 轻金属, 2007(5): 54~57.

[63] 肖于德, 熊建民, 黄龙坚, 等. AlCuMgFeNiSc(Zr)系铝合金再结晶过程与退火行为的研究[J]. 材料科学与工艺, 1999, 7(1): 51~55.

[64] 高拥政, 尹志民, 潘青林. 微量锆对 Al-Mg-Sc 合金力学性能与显微组织的影响[J]. 稀有金属, 1998, 22(3): 212~215.

[65] 尹志民, 高拥政, 潘青林. 微量 Sc 和 Zr 对 Al-Mg 合金铸态组织的晶粒细化作用[J]. 中国有色金属学报, 1997, 7(4): 75~78.

5 电解法生产其他铝基合金

5.1 电解法生产铝硅合金

电解法生产铝硅合金与前述铝硅钛合金的不同点主要在于所用原料不同。铝硅合金的原料是工业纯氧化铝和氧化硅，铝硅钛合金的原料是硅钛氧化铝。因为原料不同，可能引起以下差别：

（1）原料成本的差别。以生产含硅 8% 的合金而言，铝硅合金的原料（氧化铝和氧化硅）成本为工业氧化铝的 93%～94%，硅钛氧化铝的成本为工业氧化铝的 75%～80%，而且随规模的扩大和装备水平的提高，硅钛氧化铝的成本存在很大的下降趋势。

（2）产品成分的差别。电解法生产的铝硅合金是 Al-Si 二元合金。铝硅钛合金是 Al-Si-Ti 的多元合金，以相当于铝的成本获得了价格更昂贵的合金元素钛，还有一定数量的稀土和锆等有价元素。

（3）原料在电解质中的溶解度和溶解速度的差别。如 2.3 节所述，SiO_2 在电解质中的溶解度和溶解速度因 Al_2O_3 的共同存在而显著增加。电解铝硅合金的原料是两种工业原料的混合物，有可能混合不均，存在局部产生沉淀的可能性。而硅钛氧化铝中的 Al_2O_3 和 SiO_2 主要是以铝硅酸盐的化合物形态存在，溶解性能优于氧化铝和氧化硅的混合物，减少了因混合不均而在电解质中产生沉淀的可能性。

5.1.1 电解法生产铝硅合金的理论基础

5.1.1.1 SiO_2 的还原机理

不同的研究人员通过实验室试验和工业电解槽试验，论证了在普通铝电解槽中直接电解还原溶解于电解质中的 SiO_2 和 Al_2O_3，生产 Al-Si 合金的可行性及 SiO_2 的还原机理[1~4]。有些研究人员明确提出合金中 Si 的获得可能有两种途径：铝的直接还原（铝热还原）和电解还原。

直接还原的依据是：

$$3SiO_2(溶解) + 4Al(l) \Longrightarrow 2Al_2O_3(溶解) + 3Si(l)$$

该反应在电解温度下的标准吉布斯自由能变化呈很大的负值：$\Delta G_{1300}^{\ominus} = -583900 J/mol$，反应有向右进行的很大趋势。K. Grjotheim 等人[5]的实验室试验发现，这一铝热反应一直进行到熔体中的 SiO_2 几乎全部耗尽。

电解还原的依据是：在电解条件下 SiO_2 的分解电压有可能达到与 Al_2O_3 分解电压相当的值。通过对 1300K 温度下的吉布斯自由能变化的计算，得出氧化硅和氧化铝的标准分解电压分别为 1.675V 和 2.17V，利用炭阳极并假定阳极的一次产物为 CO_2，则氧化硅和氧化铝的分解电压分别为 0.65V 和 1.15V。如果活度均为 1，则首先沉积于阴极上的金属必定为硅。但在非标准条件下，随温度、电解质组成和阴极材料等的变化而有所变化。不同研究人员获得的数据稍有不同。

K. Grjotheim 等人曾认为，Na_3AlF_6-Al_2O_3-SiO_2 体系的电解，有希望取代制备 Al-Si 合金的传统方法，他们测得 SiO_2 在冰晶石熔体中的分解电压介于 $(0.95 \pm 0.05) \sim (1.30 \pm 0.05)V$，而 Al_2O_3 对应的值是 $(1.20 \pm 0.05) \sim (1.50 \pm 0.05)V$。这就提供了两种金属共同沉积的可能性。

邱竹贤等人[6]测定了 970℃ 下 $2.7NaF \cdot AlF_3 + 5\% Al_2O_3 + 3\% SiO_2$ 体系中 SiO_2 的分解电压为 1.20V，而 Al_2O_3 为 1.20~1.50V。也说明铝和硅有可能同时析出。

硅被两种途径还原的理论分析得到了大量实验数据的证实。SiO_2 被两种方法还原的速度以及合金中的硅含量，在一定范围内与电解质中 SiO_2 质量分数有关。有实验表明，电解质中 SiO_2 质量分数在 0 ~ 4% 的范围内，合金中 Si 含量随 SiO_2 质量分数增加而增加。浓度再高，合金含硅量几乎不变。

K. Rudolf 等人[7]测定了 SiO_2 还原速度 $v_{还原}$ 随电解质中 SiO_2 质量分数变化的函数关系为：

$$v_{\text{还原}} = 1.2w_{SiO_2}^{1.65}$$

式中　w_{SiO_2}——电解质中 SiO_2 的质量分数。

由此可见，SiO_2 被还原的机理是个很复杂的过程。

5.1.1.2　SiO_2 在冰晶石中的溶解性能

要在冰晶石熔体中实现电解铝硅合金，不能不对 SiO_2 溶解性能给予关注。

许多研究人员测定过 SiO_2 在冰晶石中的溶解度，D. F. Weill 等人的工作比较经典，众多研究人员引用过他们的研究结果。他们制作了 800℃ 和 1010℃ 下 Na_3AlF_6-Al_2O_3-SiO_2 的等温相图（见图 2-18），认为 SiO_2 的溶解度与共同存在的 Al_2O_3 的量密切相关。

K. Grjotheim 曾报道过在冰晶石熔体中，Al_2O_3 和 SiO_2 相对溶解速度的研究结果。发现该相对溶解速度随晶体种类和粒子大小而改变，粒度相同时，SiO_2 溶解速度主要决定于晶体种类。关于 Al_2O_3 和 SiO_2 的相对溶解速度之比，石英石为 1.3，建筑砂为 2.2。而低铁高岭石之类的天然矿物，其溶解速度比纯 SiO_2 高得多，粒度相同时，其溶解速度基本与 Al_2O_3 相同。

如 2.3 节所述，硅钛氧化铝在冰晶石熔体中的溶解性能优于工业纯 Al_2O_3 + SiO_2，甚至优于中间状氧化铝，这与硅钛氧化铝的物相组成及晶体结构密切相关，其规律与 K. Grjotheim 和 D. F. Weill 等人的研究结果基本一致。

K. Rudolf 等人得到的电解条件下 SiO_2 在含有一定氧化铝的电解质中的溶解度为 2%。

邱竹贤等人测定了 2.8NaF · AlF_3-0 ~ 6% Al_2O_3-0 ~ 5% SiO_2 体系的初晶温度，并给出如下回归方程：

$$t = 1001.5 - 6.683w_{Al_2O_3} + 4.905w_{SiO_2} \cdot w_{Al_2O_3} - 0.410w_{SiO_2} - 1.044w_{SiO_2}^2$$

式中　t——体系的初晶温度，℃；

　$w_{Al_2O_3}$——电解质中 Al_2O_3 质量分数，%；

　w_{SiO_2}——电解质中 SiO_2 质量分数，%。

显然，在这里，当初晶温度一定时，SiO_2 的溶解度也是与 Al_2O_3

的含量密切相关的。如果 Al_2O_3 质量分数为 3%，根据上述回归方程，1000℃下 SiO_2 溶解度为 1.0%。

SiO_2 溶于冰晶石-氧化铝熔盐体系的机理及溶解后溶液的微观结构还没被彻底弄清楚。但作者认为，溶解过程会发生类似下列的反应：

$$9SiO_2 + 2Al_2O_3 + Na_3AlF_6 === 2AlF_3 + 3NaAlSi_3O_8$$

或

$$6SiO_2 + 4Al_2O_3 + 2Na_3AlF_6 === 4AlF_3 + 3(Na_2O \cdot Al_2O_3 \cdot 2SiO_2)$$

K. Rudolf 等人的工业试验发现，电解铝硅合金时的 AlF_3 消耗低于纯铝电解，每吨产品的 AlF_3 消耗约减少 4kg。他们将其原因也归功于上述能生成 AlF_3 的反应。

存在上述反应的假设还可以解释实际存在的两种现象：其一，溶解反应生成的铝硅酸钠大分子或铝硅配阴离子团，降低了电解质的流动性能和电导；其二，Al_2O_3 的存在有利于上述反应向右进行，从而有利于 SiO_2 的溶解；如果不存在 Al_2O_3 或 Al_2O_3 含量过低，则有可能发生另一种反应而引起 SiF_4 的挥发损失：

$$3SiO_2 + 4Na_3AlF_6 === 12NaF + 2Al_2O_3 + 3SiF_4 \uparrow$$

或

$$SiO_2 + Na_3AlF_6 === 2NaF + NaAlO_2 + SiF_4 \uparrow$$

$$3SiO_2 + 4AlF_3 === 2Al_2O_3 + 3SiF_4 \uparrow$$

但实验室试验和工业生产实践都表明，这些反应即使发生，其速度也很慢，不会有大量 SiF_4 挥发而引起电解质组成的明显改变。K. Grjotheim 等人在 970℃ 即接近工业电解温度下，实验室测得 SiO_2 损失量在实验误差范围内；而测得工业试验电解槽废气（标态）仅含 $2\sim4mg/m^3$ 的氧化硅，典型的铝电解槽烟气载量是 $130mg/m^3$。这些数据都证明了 SiO_2 在冰晶石-氧化铝熔体中的稳定性。

5.1.2　电解法生产铝硅合金工业试验

K. Grjotheim 的实验室试验曾经获得含硅超过 30% 的 Al-Si 合金，但工业条件下这么高的含硅量是达不到的。国内外曾经分别在 60kA、

80kA、90kA 的自焙槽和预焙槽上进行了电解铝硅合金工业试验和试生产。随着所用原料的不同，合金含 Si 分别达到 8%、11% 和 16%。比较一致的意见是，合金含硅超过 11% 时，电解槽操作非常困难，常见的问题是电解质组成容易波动、槽底容易产生沉淀、阳极容易长包、壳面较软、容易塌壳、槽电压和槽温容易偏高等。要维持电解槽的正常运转，需要特别精心的操作。精心操作的关键是保持正常而稳定的槽温，保持槽温的关键之一是控制电解质中 SiO_2 的含量。该量不宜超过 3%（质量分数），最大值最好是 2%（质量分数）。

上述工业试验结果，平均电流效率在 84% 左右，低于同样槽型和同样操作水平的纯铝电解（电流效率为 88% ~ 90%）。一般合金中每增加 1% Si，电流效率降低 0.5% ~ 0.7%。电流效率下降的主要原因是析出的硅被二次氧化。二次氧化有两种可能途径：一种是在阴极表面析出的硅，硅的熔点为 1414℃，远高于电解质温度，只有部分硅进入合金液参与合金化，另一部分以细小树枝状晶体脱离阴极表面，进入电解质，在电解质中分散并飘浮，一旦进入阳极区就可能被阳极气体氧化。另一种是部分阴极铝液被溶解于电解质中，遇到溶解在电解质中的 SiO_2 发生还原反应生成硅的细小晶体。这种还原反应发生在电解质临近铝液界面区域的几率更大，因为这里有更多溶解的铝。还原反应消耗了 SiO_2，使该区域电解质更加碱性化，铝的溶解度也随之增加，还原反应加剧。发生在电解质中的还原反应生成的硅晶体只有一部分受电场力作用汇聚于合金液参与合金化，大部分分散在电解质中，同样有可能漂浮至阳极区被二次氧化。

这些溶解—氧化—溶解的反复过程，降低了电解铝硅合金的电流效率。但电流效率不应该是衡量工艺优劣的唯一标准，应该看最终的综合经济效益和社会效益。

5.2　电解法生产铝钛合金

电解法生产铝钛合金与生产铝硅钛合金的主要差别也在于原料的不同。电解铝钛合金的原料用的是冶金级氧化铝和工业纯氧化钛，如人造金红石和钛白粉等，原料成本高于硅钛氧化铝。但其产品作为中间合金，应用范围比铝硅钛合金稍广，可用于含钛而不含硅的合金牌号。

5.2.1 电解法生产铝钛合金的基础理论

已有若干研究者发表论文[8~10]，论述从熔融冰晶石-Al_2O_3体系中电解生产铝钛合金的可行性。

不同研究者测得 TiO_2 在熔融冰晶石中的溶解度稍有不同，但 1000℃下，测得的值基本都在 4% ~7%（质量分数）范围内。

邱竹贤等人[11]测得 1020℃时，TiO_2 在纯净冰晶石熔体中的溶解度为(5.3±0.1)%（质量分数），并且随熔体中 Al_2O_3 质量分数的增加而减少，其原因被认为是 TiO_2 溶解时发生如下反应：

$$4Na_3AlF_6 + 3TiO_2 === 12NaF + 2Al_2O_3 + 3TiF_4$$

Al_2O_3 的存在有利于上述反应向逆反应方向进行。

TiO_2 在冰晶石电解质中的溶解度低于 Al_2O_3，但对于电解铝钛合金已经是足够了。因为含钛较高的合金具有高熔点和高黏度的特征，不利于电解工艺的顺利进行，一般只在电解槽中直接生产含 Ti 不大于 1.5%（质量分数）的合金，这时电解质中含 $TiO_2$1.0%（质量分数）左右就能满足要求。

在 2.7NaF·AlF_3 +5% Al_2O_3 +3% TiO_2 的熔融体系中，用石墨阳极，实验室测得 970℃下 TiO_2 的分解电压为 1.5V，比平衡分解电压高 0.7~0.8V，相应条件下 Al_2O_3 的分解电压为 1.20~1.50V。所以认为，电解溶解于冰晶石中的 TiO_2 和 Al_2O_3，铝和钛会在阴极上共同析出。

实验室试验发现，在电解槽预先放置液态铝的情况下，电解前期钛的表观电流效率可以超过 100%，原因在于部分 Ti 是靠消耗 Al 而直接热还原得来的，仅就电解而言，Ti 的真实平均电流效率约为 60%。由此认为电解法生产铝钛合金时，电解和热还原的过程同时存在。

试验还发现，电解纯铝时，铝在石墨坩埚（兼作电解槽和阴极）底部形成小的球状液滴，因为铝对石墨是不浸润的。电解铝钛合金情况大不相同，合金在石墨坩埚底部蔓延开来，甚至爬上坩埚壁，说明铝钛合金对炭素材料具有很好的湿润性。这与电解铝硅钛合金工业实验观察到的现象非常吻合。

5.2.2 电解铝钛合金的生产工艺

В. Нерубащенков 于 1977 年发表文章[12]，报道了在铝电解槽中电解铝钛合金的研究结果：为了确定在铝电解槽中制取铝钛中间合金的可能性及经济效果，在第聂伯铝厂的部分电解槽上进行了工业试验。实验选用了三种不同的钛原料：其一是海绵钛；其二是钛渣，组成（质量分数）为：TiO_2 86.3%、SiO_2 2.27%、Fe_2O_3 5.1%、Al_2O_3 3.72%、MgO 0.44%；其三是含钛大于 90% 的钛合金废屑。实验表明，后两者作为钛原料比前者更有实际意义。

钛原料同氧化铝一起加入电解槽中，试验槽的主要技术参数接近于铝电解槽，平均槽电压、效应系数、槽底电压降、槽膛形状和大小等与铝电解槽基本相同。采用钛渣作钛原料时，每吨中间合金的单耗是：冰晶石 28.7kg，AlF_3 25.1kg，阳极消耗速度为 21.6mm/d（作为对比的铝电解槽为 20.6mm/d）。用钛合金废屑作钛原料时，相应的单位产品消耗是：冰晶石 28.1kg，AlF_3 24.6kg，阳极消耗速度为 19.89mm/d。当铝液中钛含量达 1.15% ~ 1.20% 时，电解槽工作正常；但达 1.8% ~ 2.0% 时，金属铸锭困难，有 10% 的金属留在抬包中，成为结块和沉渣。

В. Нерубащенков 认为：这一工艺可以省掉制备中间合金的工序，并可利用廉价的钛原料。用该法生产含钛 3% 的中间合金时，每吨合金可比熔配法节约 155 卢布（当时价）。

国内分别在 24kA 和 60kA 侧插自焙阳极铝电解槽上完成了电解法生产铝钛合金的工业试验[13~15]。该技术正在部分铝电解厂的多种槽型上推广应用。其基本原理已在本章及第 3 章论述，只是所用原料不同。

电解铝钛合金的工业试验用的原料是工业氧化铝和用高钛渣生产的人造金红石。配比视所需合金成分而定，但合金含钛最高不宜超过 2.5%。高钛渣的组成之一见表 5-1。

表5-1 电解铝钛合金工业试验用高钛渣组成举例

成 分	TiO_2	$MgO + CaO$	Fe	其 他
质量分数/%	92.55	1.50	3.00	3.0

主要工艺条件：电解质组成为（2.7~2.8）NaF·AlF_3-CaF_2-MgF_2-Al_2O_3-TiO_2，其中：CaF_2 3%~4%，MgF_2 3%~4%，Al_2O_3 2.5%~3.5%，TiO_2 0.5%~1.5%；电解温度为955~965℃；槽工作电压为4.8~4.9V；电解质水平为16~17cm；合金液水平为16~17cm；所得合金产品含Ti 1.45%~1.70%，Si 0.140%~0.144%，Fe 0.148%~0.192%。

各种铝基合金牌号中的含钛量一般都很低（在0.3%（质量分数）以下），而合金中含钛量越低，电解过程的工艺条件越好掌握。从这一思路出发，近年来郑州大学对电解法生产低钛铝合金做了大量的工作[16]。从试验室试验到大型预焙槽工业化生产以及在电解法生产的低钛铝合金应用和材料性能试验方面取得了不少成果。

郑州大学电解法生产低钛铝合金试验在两台80kA预焙电解槽上进行。两台电解槽分别作为试验槽（加TiO_2）和对比槽（不加TiO_2）。试验前两台电解槽槽况和生产指标接近,热量和物料均能较好地保持平衡。技术条件和生产指标见表5-2和表5-3。试验用TiO_2的纯度为98.28%（质量分数）的工业钛白粉,其他材料与纯铝电解相同。

表5-2 试验前两电解槽的技术条件

技术条件	槽电压/V	电解温度/℃	铝水平/cm	电解质水平/cm	摩尔比	极距/cm	效应系数/次·（槽·d）$^{-1}$
试验槽	4.3	947	20	20	2.3~2.5	4.8	0.3
对比槽	4.3	948	20	21	2.3~2.5	5.0	0.3

表5-3 试验前的一个月内两槽的生产指标

生产指标	月产量/t	电流效率/%	吨铝交流电耗/kW·h	吨铝氧化铝单耗/kg	吨铝炭阳极毛耗/kg	优质品率/%
试验槽	18.06	90.86	15248	1960	531	100
对比槽	17.90	90.72	15398	1961	533	100

在 3 个月的试验过程中，试验槽的各项技术条件基本保持与正常生产槽一致，槽温略有下降，炉底压降稳定。产品含钛稳定在 0.2%（质量分数）左右，向电解质中加入的 TiO_2 对电解槽工艺参数影响很小，没有破坏电解槽热量和物料平衡，试验槽和对比槽基本上没有差别，电解槽的各种参数正常，生产平稳，产量没有受到任何影响。表 5-4 给出了 3 个月内试验槽和对比槽技术指标的比较。

表 5-4　3 个月内试验槽和对比槽生产指标的比较

时间	电解槽	月产量/t	电流效率/%	吨铝交流电耗/kW·h	吨铝氧化铝单耗/kg	吨铝炭阳极毛耗/kg	优质品率/%
第一月	试验槽	18.05	90.24	15200	1902	502	100
	对比槽	17.94	90.20	14845	1902	502	100
第二月	试验槽	18.07	90.80	15195	1936	501	100
	对比槽	18.05	90.67	15254	1936	501	100
第三月	试验槽	19.09	93.84	14873	1917	512	100
	对比槽	18.70	92.02	15092	1917	512	100

目前，电解法生产铝钛合金一直在工业应用，且逐渐被推广。某厂在 135kA 预焙铝电解槽上直接电解生产了铝钛合金。用含 TiO_2 不低于 98% 的工业氧化钛作为 Ti 的原料，其他原辅料与铝电解槽相同。共生产了含 Ti 0.2%、0.5%、1.0% 和 1.5% 的四种铝钛合金。生产的主要工艺条件为：电流强度为 135kA；槽工作电压为 4.1~4.2V；电解温度为 940~960℃；电极距离为 4~5cm；电解质摩尔比在 2.60 左右；合金液水平为 22~24cm；电解质水平为 16~20cm；炉底压降小于 450mV；效应系数为 0.3~0.5 次/（槽·d）。

根据确定的产品方案（合金中的含 Ti 量），确定电解质中 TiO_2 浓度，从而控制 TiO_2 的添加速度，即控制每次添加量及添加频度。

添加物料要先在槽壳上预热，加料采用勤加、少加的原则，最好和氧化铝掺配着添加。发生效应时，可适当加大 TiO_2 的添加量。为避免对其他电解槽原铝产品的污染，铝钛合金要选择专用抬包。按不同钛含量的合金液在铸造熔炼炉（或保持炉）内进行合理调配，生产出合格的铝钛合金产品。

5.3 电解法生产铝-稀土合金

由于稀土（这里指混合稀土，用 RE 表示）对铝合金能起到除气排杂的净化作用和细化晶粒的变质作用，使铝合金获得较高的常温和高温强度、较高的耐磨性和导电性能，使铸造铝合金的铸造性能、变形铝合金的冷热加工性能和表面着色性能得到改善，因此铝-稀土合金得到了广泛的应用。特别是在电力行业。我国因受自然资源的限制，生产的铝锭含硅量较高。硅是影响导电性能的主要有害杂质，使我国以往生产的铝导线导电性能很难达到国际电工委员会的标准，成为长期困扰我国铝导线行业的一大难题。自从发明用微量稀土处理铝液，获得稀土-铝合金，利用稀土的微合金化作用，使其与硅作用形成硅化物析出晶界，克服硅的有害影响，明显改善了导电性能。由于稀土还能细化晶粒强化基体，提高电线电缆的机械强度和加工性能，使我国生产的铝导线电缆不但导电性能高于国际电工委员会标准，机械强度也比以前提高了 20%，抗腐蚀性能提高了一倍，耐磨性能更是提高了约十倍。一举改变了我国铝电线电缆生产的落后状况，使我国产品达到了国际先进水平。

获得 Al-RE 合金的方法很多，有熔配法、铝热还原法和熔盐电解法[17,18]。而熔盐电解法更能充分发挥稀土的微合金化作用，还可减少金属的二次重熔烧损，节省重熔所需的能耗以及减少二次重熔带来的环境污染，有着较好的社会效益和经济效益，是目前获得 Al-RE 合金的主要方法[19,20]。

熔盐电解法分为氯化物电解质体系和氟化物电解质体系。氯化物体系一般以 NaCl、KCl、$CaCl_2$、$BaCl_2$ 和 $MgCl_2$ 中的一种或几种和 $RECl_3$ 按合理比例组成电解质，以液态铝为阴极，RE 在铝阴极上析出形成 Al-RE 合金。待 RE 达到一定浓度后，更换液体铝，如此进行半连续电解。而以氟化物为电解质的体系，在工业铝电解槽中添加稀土化合物直接生产 Al-RE 合金是目前规模最大和最经济的方法。本书仅对此法略作介绍。

5.3.1   电解铝-稀土合金的理论基础

5.3.1.1   铝和稀土在阴极上的共同析出

稀土氧化物的标准分解电压略高于氧化铝[21,22]，即反应

$$RE_2O_3 + 2Al \Longrightarrow 2RE + Al_2O_3$$

其标准自由能变化为正值。但在电解条件下，当 RE 在铝阴极上析出生成 Al-RE 合金时，很大幅度地降低了 RE 的活度。资料报道[23]，Al-RE 合金化自由能变化为 −142 ~ −200kJ/mol。这就使得上述反应的实际自由能变化可能成为零或负值。根据：

$$\Delta E = \frac{-\Delta G}{nF}$$

由于合金化将使稀土氧化物的分解电压降低 0.49 ~ 0.69V，而稀土氧化物理论分解电压仅比氧化铝高 0.3V 左右，因此 RE 与 Al 共同析出成为可能。

同样原因，电解质中铝也可能直接还原稀土氧化物生成 Al-RE 合金。

5.3.1.2   稀土氧化物在电解质中的溶解度和溶解速度

从制备条件、经济效益以及对电解工艺的影响等各因素考虑，多采用稀土碳酸盐作为原料而不用稀土氧化物。稀土碳酸盐在电解槽中热分解转变成三价稀土氧化物，在冰晶石中三价氧化物比四价氧化物溶解度大得多，三价铈和镧的氧化物溶解度可达 13%（质量分数）左右，这足可满足电解 Al-RE 合金的要求。

赵无畏等人[24]曾研究过在 1000℃下，2.7NaF·AlF₃-CaF₂-MgF₂-LiF-Al₂O₃-RE₂O₃ 体系中 MgF₂ 和 LiF 质量分数对稀土氧化物溶解度的影响，并得出如下经验公式：

$$w_{RE_2O_3}^0 = 4.37 + 0.0036w_{MgF_2} - 2.115w_{LiF} + 0.0020w_{MgF_2}w_{LiF}$$

式中 $w_{RE_2O_3}^0$——RE₂O₃ 的溶解度（质量分数），%；

   w_{MgF_2}——电解质中 MgF₂ 的质量分数，%；

w_{LiF}——电解质中 LiF 的质量分数,%。

可见,稀土氧化物在电解质中的溶解度随 LiF 的质量分数增加而减小,随 MgF_2 的质量分数增加而略有增加。

稀土氧化物在电解质中的溶解速度也能满足电解工艺的要求,不容易形成沉淀。沈祥清等人[25]研究过影响稀土氧化物溶解速度的某些因素,认为:随电解质中稀土氧化物浓度的增加其溶解速度略有下降;随碳酸稀土在 600~850℃ 范围内焙烧分解温度的升高,其溶解速度下降;溶解速度随电解质中 Al_2O_3 的浓度增加而下降,随电解质摩尔比(NaF/AlF₃)值的增加而下降。但在研究的条件范围之内,都仍能满足电解工艺的要求。

5.3.1.3 稀土氧化物对电解质电导的影响

试验证明,稀土氧化物的加入对电解质电导的影响不很明显,且生产常用 Al-RE 合金时电解质中稀土氧化物质量分数很有限,这种影响几乎可以忽略不计。曾获得在 1000℃ 下,组成(质量分数)为:MgF_2 3%、LiF 1%、其余为 2.7NaF·AlF_3 + RE_2O_3 的电解质体系中,电导率随 RE_2O_3 质量分数变化的经验公式:

$$\gamma = 2.917 - 0.5794 w_{RE_2O_3} + 2.835 (w_{RE_2O_3})^2$$

式中 γ——电解质电导率,S/cm;

$w_{RE_2O_3}$——RE_2O_3 的质量分数,%。

比如 $w_{RE_2O_3} = 1\%$,则 $\gamma = 2.911$S/cm。

5.3.2 电解铝-稀土合金的生产工艺

某厂用 60kA 侧插自焙阳极的普通铝电解槽生产铝-稀土合金[26~28],电解槽结构参数同 3.1.3 节中 60kA 铝硅钛合金电解槽。所用原料为工业氧化铝加稀土碳酸盐。稀土碳酸盐的化学组成(换算成氧化物计)为:La_2O_3 25.00%,CeO_2 49.05%,Pr_6O_{11} 5.31%,Nd_2O_3 17.09%,Sm_2O_3 0.71%,Eu_2O_3 0.45%,Gd_2O_3 2.35%,Tb_4O_7 0.035%,Lu_2O_3 0.055%;主要杂质含量为:Fe_2O_3 0.002%、MgO 0.0089%、MnO_2 0.0017%。电解质组成为:2.7~2.8NaF·AlF_3

+3% MgF_2 + 3% CaF_2 + 1% LiF + 2% ~ 7% Al_2O_3 + 0.15% ~ 0.5% RE_2O_3。主要工艺参数为：电解质温度为 960~970℃；槽工作电压为 4.3~4.5V；电解质水平为 15~18cm；合金液水平为 27~31cm；效应系数为 0.15~0.3 次/（槽·d）；合金液抽取周期为 48h。所得产品含稀土 0.34% ~0.37%（质量分数）。稀土在合金液或合金锭中分布均匀。电流效率和综合电耗与同样装备水平的铝电解槽相当，每吨 Al-RE 合金制造成本略高于纯铝。

目前，电解法生产铝-稀土合金一直在被工业应用，特别是在大型预焙槽上得到推广，将铝电解的技术进步应用于电解铝合金，取得了比在自焙槽上更好的技术经济指标。

5.4 电解法生产铝锰合金

铝锰合金的特点是具有好的机械强度和可塑性，优越的焊接性能和抗腐蚀性。因此，这类合金被广泛应用。我国 26 种铸造铝合金牌号中，有 10 种是含合金元素锰的，它们被用作汽车活塞、柴油机活塞、闸轮、滑轮、变速箱、曲轴箱、水冷汽缸头、轴承及其他车船发动机零件。

在变形铝合金中，3×××系列是以锰、镁为主要合金元素，5×××系列也有部分牌号需要加入锰以获得更好的加工硬化性能。它们分别属于锻铝、硬铝和防锈铝，被用作铝盔、铝罐、飞机油箱、汽油及润滑油管等。

铝锰合金的传统生产方法也是熔配法。熔配法所用的金属锰价格昂贵，而且在合金化过程中被部分烧损。直接热还原或电解冰晶石-氧化铝熔体中的氧化锰，可能成为生产铝锰合金的可供选择的方法。

邱竹贤等人[29] 比较了在有铝存在的情况下，从溶解于冰晶石-Al_2O_3 熔体中的氧化锰生产 Al-Mn 合金的两种方法。第一种方法是在 960℃下直接热还原；第二种方法是在相同温度下，在试验室的小型铝电解槽中进行电解。

5.4.1 氧化锰的溶解性能

根据 A. I. Belyaev 的文献报道[30]，Mn_3O_4 在 1000℃熔融冰晶石中

的溶解度为 2.19%（质量分数），当向冰晶石中加入 5% Al_2O_3 时，溶解度降至 1.22%。

邱竹贤等人用试验确定了 MnO_2 在冰晶石熔体中的溶解度，测定了不同 MnO_2 含量的冰晶石熔体的初晶温度。发现 Na_3AlF_6-MnO_2 体系在 991℃和 2.5% MnO_2 处有一低共熔点。这相当于每 1% MnO_2 降低冰晶石的初晶温度 7℃。

实验还发现 MnO_2 的溶解度随 AlF_3 含量增加而降低。添加 Al_2O_3 和 MgF_2，在使体系初晶温度下降的同时，MnO_2 的溶解度也下降。在 NaF 对 AlF_3 的摩尔比为 2.7 时，低共熔点是 984℃和 1.5%（质量分数）MnO_2；而加入 3% Al_2O_3 和 5% MgF_2 时，低共熔点降至 950℃和 1.0%（质量分数）MnO_2。

Mn 是多价元素，MnO_2 加热至 459℃会转变成 Mn_3O_4（MnO_2·2MnO），而加热至 813℃随之转变为 MnO。因此，氧化锰在 960℃的冰晶石熔体中可能以 MnO 形态存在，或者更准确地说是以二价锰离子存在。如果加入超过饱和限量的 MnO_2，则有可能出现含 MnO_2 的固体相。

5.4.2 氧化锰的热还原

氧化锰的铝热还原反应可用式 5-1 表示：

$$3MnO_2(溶解) + 4Al(1) \longrightarrow 2Al_2O_3(溶解) + 3Mn(1) \quad (5-1)$$

当反应物和生成物都处在标准状态，即活度都为 1 时，式 5-1 的标准吉布斯自由能变化 $\Delta G_T^\ominus$ 可以用式 5-2 表示为绝对温度 T 的函数：

$$\Delta G_T^\ominus = -3238.5 + 0.03138T\lg T - 1.3767T \quad (5-2)$$

在 $T = 1273K$ 的条件下，式 5-2 给出 $\Delta G_{1273}^\ominus = -4867.0kJ$ 或 1mol Mn $-1622.3kJ$。

反应的吉布斯自由能变化具有这么高的负值，表明反应式 5-1 强烈偏向右，从而使氧化锰与铝反应生成 Al-Mn 合金。

热还原试验是在一个直径为 50mm，高为 80mm 带盖的石墨坩埚中完成的。坩埚中装有 NaF 和 AlF_3 摩尔比为 2.7 的电解质，加入质量分数为 3% 的 Al_2O_3 和 5% 的 MgF_2 以及不同数量的 MnO_2。装置用电炉加热，实验过程中温度保持960℃不变。

热还原试验的结果为生成 Al-Mn 合金，合金中锰的含量随电解质中加入的 MnO_2 量增加而直线增加。当电解质中 MnO_2 含量为7%时，合金中 Mn 质量分数高达28%的最大值。这与 Phillips 给出的 Al-Mn 相图基本相符（见图5-1）。相图中的液相线表明960℃下 Mn 在液态合金中的溶解度为30%。合金中 Mn 含量随实验延续时间的变化曲线几乎是平直的，还原反应的速度很快，实际在实验开始的15min 内已完成。

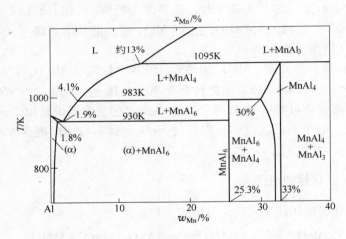

图 5-1 铝-锰二元相图

5.4.3 冰晶石-氧化铝熔体中氧化锰的电解

氧化锰的标准分解电压可以根据吉布斯自由能的变化进行计算。Hamer 等人[31] 给出了1000℃下氧化锰分解电压的计算结果：MnO：$E_d = 1.515V$；Mn_2O_3：$E_d = 1.111V$；Mn_3O_4：$E_d = 0.806V$。

但在 Hamer 之前也有实验数据表明，这三种氧化物的分解电压均为0.81V，而不受氧化物中金属元素的价态影响。

邱竹贤测得相应条件下 Al_2O_3 的分解电压在 $1.20 \sim 1.50V$ 的范围内。根据以上数据认为，用炭阳极且阳极产物主要为 CO_2 时，电解溶解于冰晶石熔盐中的 Al_2O_3 和氧化锰时，锰和铝有可能共同析出。并基于上述理论基础，在一个石墨坩埚中完成了电解试验。石墨坩埚在钢坩埚内，石墨坩埚内再吞装刚玉坩埚，刚玉坩埚底部有一个洞，洞中放 20g 铝作为阴极；插入直径为 10mm 的石墨棒作为阳极；极距为 30mm；电解质总量为 170g，其组成和热还原实验时的一样，温度也保持 960℃ 不变；阳极电流密度为 $1.12A/cm^2$，阴极电流密度为 $0.96A/cm^2$；MnO_2 添加量不大于 5%（质量分数）；实验延续时间为 15 ~ 120min。

试验结果如图 5-2 所示。结果表明合金中 Mn 含量随加入电解质中的 MnO_2 的量增加而增加。电解延续时间对合金中 Mn 含量也有明显的影响，特别是当 MnO_2 加入量较高的时候。

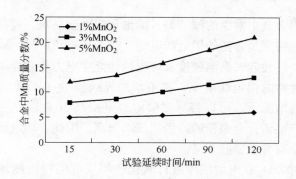

图 5-2　960℃下合金中 Mn 含量随电解延续时间及
MnO_2 添加量变化的规律

电解的 Mn 的表观电流效率 $CE_{表观}$ 可用下式计算：

$$CE_{表观} = \frac{m}{GIt} \times 100\%$$

式中　m——所产 Mn 的质量；

　　　G——Mn（以 2 价 Mn 离子形式）的电化当量，$G = 1.02489g/(A \cdot h)$；

　　　I——电解槽电流强度，A；

　　　t——电解延续时间，h。

计算结果表明，在电解延续时间很短的时候，Mn 的表观电流效率超过 100%，这是因为同时存在铝热还原过程所致。电解延续 2h 以上，Mn 的表观电流效率下降至 20% ~ 70%，下降值随加入电解质的 MnO_2 量不同而不同。

该实验室试验得出的结果：获得了含 Mn 超过 20% （质量分数）的 Al-Mn 合金，表明电解溶解于冰晶石-Al_2O_3 熔体中的 MnO_2 生产 Al-Mn 合金的工艺在技术上是可行的，为工业试验验证其经济效益打下了基础。

5.5 其他几种铝合金的电解法生产简介

5.5.1 电解法生产铝锆合金

锆是铝合金中常用的添加剂，能细化铝合金晶粒，提高抗拉强度和耐热度。特别是含锆的铝电线电缆，作为新一代产品，以其优良的导电性能、热性能、高温强度及抗腐蚀性能在电力行业应用越来越受到重视。含锆的铝电线电缆，在不增加导线质量（不增加线径）和杆塔负重的情况下，可以将导线输电容量提高 50% 以上。用传统的熔配法生产铝锆合金因锆的昂贵而成本很高。因此，用电解法直接生产铝锆合金有着重要的意义。

根据对 ZrO_2 在电解液中进行氧化还原反应的自由能及其在电解条件下的分解电压计算得知，ZrO_2 不能够被电解槽中的金属铝还原生成金属锆，但其分解电压与 Al_2O_3 十分接近，所以在当前铝电解的生产条件下，通过在铝电解槽中添加 ZrO_2 生产出铝锆合金在理论上是可行的。

改普通铝电解槽为铝锆合金生产槽时，最好选择槽况较好，运行平稳，原铝品位在 99.7% 以上，槽龄在 1 ~ 2 年的槽子。某厂在这样的 60kA 普通侧插自焙铝电解槽上进行了电解法生产铝锆合金的工业试验和试生产。

由于原料中的杂质会对合金液质量造成不良影响，因此对 ZrO_2 的纯度要有较严格的要求，使用前要取样对 ZrO_2 的成分进行分析，要求 ZrO_2 含量大于 98%，Fe_2O_3 含量小于 0.01%，V_2O_5 含量小于

0.05%。用于生产铝锆合金电解槽的其他原辅料与普通铝电解槽相同。

试验前确定产品方案，对合金中的锆含量要求由低向高按0.2%、0.5%、1.0%和1.5%四种标准进行控制，然后在1.5%左右保持。电解槽中ZrO_2的添加速度则根据合金中不同锆含量的要求，确定每次添加量及添加频度，添加前必须在槽沿板或壳面上对ZrO_2进行预热。加料采用勤加、少加的方式，也可和氧化铝掺配着添加。

选用专用吸铝抬包和敞口包用来出合金，每两天出一次，铸造时选择外铸。电解槽的工艺技术条件控制如下：电流强度为60kA；槽工作电压比普通铝电解槽工作电压提高0.05～0.10V；电解温度为950～960℃；电解质摩尔比为2.70～2.80；其他技术条件与普通铝电解槽保持一致。

试验和试生产期间槽电压变化情况为：随着时间的延长和合金中锆含量的增加，工作电压和炉底压降略有升高，但均处于正常工作范围，槽温变化平稳。总体而言，在电解槽中添加ZrO_2不会对电解槽的技术条件造成明显的影响。

添加ZrO_2对电解槽杂质元素的影响为：随着时间的延长和合金中锆含量的增加，电解槽中铁和钒的含量略有上升，这是由于在ZrO_2中含有微量铁和钒的缘故。由于ZrO_2中铁和钒的含量极低，所以上升至一定程度即达平衡，仍能满足合金质量的要求。

5.5.2 电解法生产铝硼合金

铝硼和铝钛硼合金通常用作铝和铝合金的晶粒细化剂，使金属凝固时生成细微的等轴晶粒，这对于防止铝制品脆裂，提高力学性能和表面质量是很重要的；尤其在电工用铝方面，经过硼化处理后的铝液中的微量元素钒和钛降低幅度分别接近50%。

铝硼合金的传统生产方法也是熔配法，通常是在感应加热炉或电弧炉中将硼加入熔化的铝液中，为了使硼的分布均匀，需要加强搅拌和延长熔配时间。硼则是通过KBF_4-KCl熔盐电解B_2O_3而制取的，因此，铝硼合金的造价昂贵。如果将B_2O_3直接加入铝电解槽中，利用Al和B在阴极上共同沉析，直接生产铝硼合金，不仅降低生产成本，而且生产出来的铝合金成分均匀，偏析小，同时能减少能源消耗和减轻对环境的污染，有着重要的经济效益和社会效益。

　　某厂在 60kA 自焙电解槽上直接生产铝硼合金。利用电解法直接生产出的铝硼合金，对电工圆铝杆的铝液进行硼化处理，降低了铝液中微量元素钒和钛，电工圆铝杆的月平均成品率由原来的 50% 提高到 96% 以上，满足了市场需求，给企业带来了可观的经济效益。

　　该厂的做法是：将氧化硼加入普通铝电解槽，直接电解生产铝硼合金。作为原料进厂的氧化硼必须有合格证书。为确保原料符合要求，使用前要取样对氧化硼的成分进行分析，B_2O_3 含量必须大于 98%。用于生产铝硼合金的其他原辅料与普通铝电解槽相同。添加的 B_2O_3 要在槽结壳表面上预热 2~3h，达到 400℃。B_2O_3 的加料速度根据合金中不同硼含量进行控制，采用勤加、少加的方式，也可和氧化铝掺配。

　　为了避免不同产品的相互污染，铝硼合金选择专用抬包。电解槽的主要工艺技术条件如下：电流强度为 60kA；槽工作电压为 4.3~4.5V；电解温度为 960~970℃；极距约 4cm；电解质摩尔比为 2.6~2.8；合金液水平为 27~31cm；电解质水平为 16~18cm。

　　然后用电解所得热的铝硼合金液对电工用铝进行硼化处理。将铝液经过硼化处理后生产的铸坯与铝液未经硼化处理生产的铸坯的结晶组织进行比较，发现硼化处理使铸坯的结晶组织得到明显改善，等轴晶增加，枝状晶明显减少，晶粒细而均匀，如图 5-3 所示。

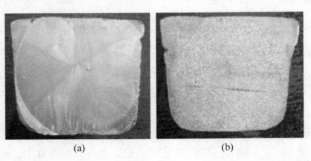

(a)　　　　　　　　　　(b)

图 5-3　电解铝硼合金对电工用铝结晶组织优化的效果
(a) 未经硼化处理；(b) 经硼化处理

5.5.3 电解法生产 Al-Ti-B 合金

Al-Ti-B 合金的生产通常也是采用熔配的方法。将 Ti 和 B 在感应加热炉或电弧炉中加入熔化的铝液中。而利用电解共析法直接生产 Al-Ti-B 合金，同样能收到降低能耗和成本、减轻对环境的污染、改善合金性能等效果。

与铝锰合金一样，试验了在冰晶石熔盐体系中用铝热还原 TiO_2 和 B_2O_3 制取 Al-Ti-B 合金的试验，以及在冰晶石-氧化铝熔盐体系中加入 TiO_2 和 B_2O_3 电解制取 Al-Ti-B 合金的试验。

铝热还原试验是将 170g 冰晶石-氧化铝熔液和 20g 铝加入石墨坩埚中，升温至 960℃恒温，加入适量的 TiO_2 和 B_2O_3（试验加入 1.3% 或 0.6% 等量的 TiO_2 和 B_2O_3），经一定时间取样分析。结果得到含 Ti 3% ~ 4% 和 B1% 以下的 Al-Ti-B 合金。合金中 Ti 对 B 的质量比随着时间的延长趋近于 4 ~ 5。合金中 Ti 和 B 的含量及其质量比随熔体中 TiO_2 和 B_2O_3 含量以及还原延续时间的变化如图 5-4 所示。

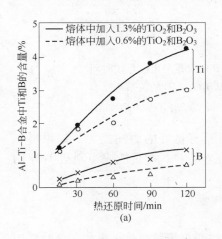 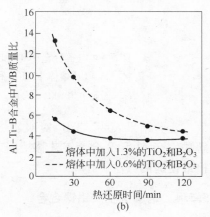

图 5-4 热还原试验合金中的 Ti 和 B 的含量与还原时间
以及熔体中 TiO_2 和 B_2O_3 含量的关系

(a) 合金中 Ti 和 B 的含量；(b) 合金中 Ti 和 B 的质量比

电解实验的工艺条件是：电流强度为 3A；槽工作电压为 3.0V 左

右；电解温度为 960℃；极距为 30mm；电解质摩尔比为 2.6~2.8；
电解延续时间为 15~120min。

电解法所获得的合金含硼量高于铝热还原法，最高达到 1.7%
（质量分数），钛硼比则降至 3 左右。电解合金中 Ti 对 B 的质量比以
及 Ti 和 B 的含量随熔体中 TiO_2 和 B_2O_3 的含量以及电解延续时间的
变化如图 5-5 所示。

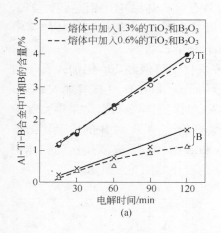
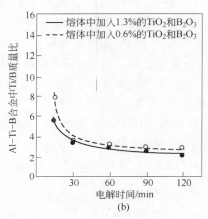

图 5-5　电解合金中 Ti 和 B 的含量与电解延续时间
以及熔体中 TiO_2 和 B_2O_3 含量的关系

（a）合金中 Ti 和 B 的含量；（b）合金中 Ti 和 B 的质量比

实验结果表明，TiB_2 对炭阴极具有良好的湿润能力。如果将电
解法生产 Al-Ti-B 合金工艺移植到工业生产，很可能成为制造 TiB_2 阴
极最便捷的方法。

5.5.4　电解法生产铝锶合金

在普通铝电解槽中直接电解铝锶合金同样也是可行的，这时所用
的电解质为 $NaF-AlF_3-SrF_2$ 体系，但一般不直接使用 SrF_2 或 SrO，而
是以 $SrCO_3$ 为原料。根据杨宝刚等人[32]的报道，最佳工艺条件为：
电解质摩尔比在 2.7 左右；电解质 $SrCO_3$ 质量分数为 5%~6%（其
中 1 个百分点以 SrF_2 为添加剂加入）；电解温度为 950~970℃；阴极

电流密度为 $0.5 \sim 1.0 A/cm^2$。

但更多的实验是在氯盐体系电解质中完成的。一般用 KCl-SrCl$_2$ 为电解质，用液体铝作阴极，Sr 在铝液表面析出，溶解于铝而形成合金。将 SrCl$_2 \cdot 6H_2O$ 脱水后作为原料，并与 KCl 按比例组成电解质，用石墨材料作阳极，铝液作阴极。可以采用上阴极法，但一般采用上阳极法。相关物质的物理化学性质列于表 5-5。

表 5-5　相关物质的物理化学性质

相关物质	Al	Sr	SrCl$_2$	KCl	70% SrCl$_2$ + 30% KCl
熔点或初晶温度/℃	660	769	873	768	638
密度 /g·cm^{-3}	2.36 （800℃）	2.62 （室温）	2.69 - 4.5 $(t-900) \times 10^{-4}$	1.54 - 5.97 $(t-750) \times 10^{-4}$	2.237 （750℃）
800℃分解电压/V			3.469	3.441	

注：表中 SrCl$_2$ 和 KCl 的密度是随温度 t（℃）变化的函数。

试验表明较理想的工艺条件为：电解质组成（质量分数）为 75% SrCl$_2$ + 25% KCl，最好添加 1% SrF$_2$ 作添加剂；电解质体系中杂质 Si 的含量越低越好；电解温度为 730 ~ 750℃；阴极电流密度为 $0.3 \sim 0.5 A/cm^2$；所获得的 Al-Sr 合金中含 Sr 4% ~ 10%（该范围内可自由选择）。在此工艺条件下，电解质挥发损失主要是 KCl，SrCl$_2$ 几乎不挥发损失。

在包头铝厂和抚顺铝厂进行的工业试验，试验槽内衬采用石墨材料，结果电解质容易发黑，电流效率也较低。陈建华等人[33]的试验室试验采用一种非石墨质内衬材料，避免了电解质发黑现象，电流效率达到 90% 左右。而根据《铝业信息》2001 年第 5 期的报道，长春应用化学研究所的试验结果，电流效率为 70%，Sr 的实收率为 80%，与熔配（对掺）法相比，不仅改善了合金的综合性能，且成本降至对掺法的 73%。

参 考 文 献

［1］ АНУФРИЕВА. Электролит для Получения Алюминево-кремниевых Сплавов：СССР，918336［P］. 1982.

［2］ TABEREAUX A T，McMINN C J. Electrolytical Production of aluminium-silicon alloy［J］. Light Metals，1978，1：209.

［3］ ПРУТЦКОВ Д В. Взаимодействия в расплаве Na_3AlF_6-Al_2O_3-SiO_2 ［J］. Цветние Металлы，1989(6)：67～70.

［4］ ЧЕРНОВ Р В. Ионные расплавы，Вып. 3 ［J］. Киев，Наук. Думка，1975：108～120.

［5］ Grjotheim K，et al. The electrodeposition of silicon from cryolite melts ［J］. Light Metals，1982：333～341.

［6］ QIU Zhuxian，et al. Formation of Al-Si alloys by electrolysis and by thermal reduction of silica in cryolite-alumina melts［J］. Aluminium，1987，63：1247～1250.

［7］ Rudolf K，et al. Reduction of silicon in an aluminum electrolysis cell［J］. Light Metals，1990：333～340.

［8］ 杨昇，等. 冰晶石系电解质中钛的还原过程研究[J]. 轻金属，2006(7)：47～51.

［9］ 秦臻，等. 冰晶石熔体中钛离子的阴极过程研究[J]. 有色金属（冶炼部分），2006(5)：17～19.

［10］ 高希柱，等. 电解生产铝钛合金研究与实践[J]. 轻金属，2006(5)：48～51.

［11］ QIU Zhuxian，et al. Formation of aluminium-titanium alloys by electrolysis and by thermal reduction of titania in cryolite-alumina melts[J]. Aluminium，1988(64)：606～609.

［12］ НЕРУБАЩЕНКОВ В. Опытно-промышленные исследования по получению лигатуры алюминий-титан в электролизных ваннах[J]. Цветние Металлы，1977(7)：29～31.

［13］ 钟社恩，等. 在铝电解槽中生产铝钛合金 ［J］. 有色金属，1990(1)：14～15.

［14］ 车承焕，等. 电解法制取铝钛合金[J]. 辽宁冶金，1987(6)：47～50.

［15］ 邱竹贤，于亚鑫，张明杰. 在铝电解槽中生产 Al-Ti 合金[J]. 轻金属，1986(4)：32～37.

［16］ 宋天福，等. 电解法生产低钛铝合金的可行性研究[J]. 郑州大学学报（理学版），2004，36(1)：37～40.

［17］ 于旭光，等. 熔盐电解制备稀土铝合金的研究 ［J］. 稀土，2006，27(6)：33～36.

［18］ 杜森林，等. 熔盐电解法制取稀土金属和合金在我国的某些研究进展[J]. 稀有金属，1986(4)：287～292.

［19］ 唐定骧. 熔盐电解制取稀土铝合金进展[J]. 有色金属（季刊），1986，38(2)：57～65.

［20］ 赵敏寿，等. 浅议铝电解槽制备铝-稀土合金方法[J]. 稀土，1986(3)：48～52.

[21] 赵晓伟，等. 稀土氧化物熔盐电解过程数学模型的研究[J]. 稀土，1996，17(5)：28~31.

[22] 栗万仲，等. 直接电解生产含锆和稀土的电工铝合金的电化学研究[J]. 轻金属，2007(4)：56~58.

[23] 沈时英，等. 在工业铝电解槽中直接制取三种铝基稀土合金的研究 [J]. 稀有金属，1986(3)：198~201.

[24] 赵无畏，等. 铝-稀土共电解技术[J]. 有色金属（冶炼部分），1986(1)：14~19.

[25] 沈祥清，等. 碳酸稀土在冰晶石-氧化铝系熔体中的溶解速度[J]. 稀土，1990，11(4)：15~17.

[26] 赵敏寿，等. 60kA 铝电解槽添加稀土碳酸盐制取铝-稀土应用合金工艺的研究 [J]. 稀土，1986(5)：30~34.

[27] 姚广春. 炭阳极添加稀土化合物降低过电压[J]. 轻金属，1988(1)：18~21.

[28] 陈本孝，等. 电解法制取 Al-Si-RE 铸造铝合金[J]. 江西冶金，1989(5)：16~19.

[29] QIU Zhuxian, et al. Formation of Al-Mn master alloys by thermal reduction and by electrolysis of manganese dioxide in cryolite-alumina melts [J]. Aluminium, 1988, 64 (6)：603~605.

[30] BELYAEV A I, RAPOPORT M B, FIRSANOVA L A. Elektrometallurgiya Alyminiya[M]. Moscow：Metallurgizdat, 1953.

[31] HAMER, et al. Manganese. Encyclopedia of Electrochemistry of the Elements[J]. Marcel Dekkre, 1973(1)：361.

[32] 杨宝刚，高炳亮，杨振海，等. 制取铝锶合金在我国的研究进展[J]. 轻金属，1999(1)：33~35.

[33] 陈建华，等. 熔盐电解制取铝锶合金[J]. 山东冶金，1999(5)：18.

6 电解铝合金的微观结构和性能

6.1 电解铝合金的组织结构

电解法生产的不同成分的铝合金锭具有细小的宏观和显微组织[1,2]。以电解法生产的铝硅钛合金和铝硅合金为例，硅呈现以细小、扭曲等为特征的变质态。这些合金具有较高的塑性和强度以及优异的耐蚀性和耐磨性，可以用于生产汽车发动机零部件，并可进行锻造以及焊接。本章将重点介绍这些合金的组织结构。

6.1.1 铝及固溶体型铝合金的晶粒细化

变形铝合金主要合金元素有铜、锰、镁和锌等，属于固溶体型铝合金，初生铝相构成合金的主要金相组成。其尺寸大小反映了晶粒大小，影响合金变形能力和产品表面光洁度。细小晶粒的变形铝及铝合金具有良好的塑性和冲压性，是生产型材、管材、带材、铝箔、饮料罐以及发动机散热片等的理想材料。但纯铝锭通常晶粒较粗大，可以达到1mm以上，难以满足冲压工艺要求，生产上必须进行细化处理，减小晶粒尺寸，才能获得令人满意的加工性能和优质冲压件。细化铝或铝合金晶粒的方法很多，可以归纳为化学孕育法（也称变质法或化学添加剂法）、快速冷却法、加强液体运动法，以及实践经验表明，通过电解工艺让合金元素在阴极与铝共同沉积实现合金化，可以细化晶粒组织。

快速冷却法即加快冷却速度，增加结晶时的过冷度。一般，过冷度越大，晶核的形成速率和晶体长大速度都增大，但前者随过冷度的变化比后者更大一些。因此，增加冷却速度可细化晶粒。

加强液体运动法包括电磁搅拌、机械振动、加压浇铸及离心浇铸等。其本质是增强液体流动，使液体与产生的枝晶发生剪切作用，加快枝晶的剥落与繁殖而达到细化晶粒的目的。

用电磁处理熔体是近年来出现的细化合金铸态组织的新工艺。铝或铝合金在电场或磁场中凝固可以消除铝锭的粗大柱状晶，并可细化晶粒。但尚未在工业上普遍应用。

快速冷却法和加强液体流动法均有专著论述，这里不予讨论。以下简述化学孕育法和电解法。

6.1.1.1 细化晶粒的化学孕育法[3]

化学孕育法是生产上最常用的工艺，主要细化元素有 Ti、B、Zr 和 V 等。这种工艺只需在合金熔体中加入细化剂即可，具有操作简便、加入量少、效果良好的优点。细化剂可以是铝基中间合金，也可以是盐类。工业上常用的细化剂多为铝基中间合金，例如铝钛、铝锆、铝钛硼以及铝钛碳中间合金等，这些中间合金生产流程长、工艺复杂、成本高。有些厂家使用价格较低的盐类，如 K_2TiF_6、KBF_4 和 K_2ZrF_6 等，也取得令人满意的晶粒细化效果，但这种工艺操作复杂，只适于小批量生产。

20 世纪 50 年代发现变形铝及铝合金加入钛或铝钛中间合金可以消除铝锭柱状晶，并获得细小的铝锭晶粒，大幅度提高了变形铝及铝合金的塑性和压延性能[4,5]。此外，B、Zr、V、Cr 和 Nb 都可细化 α 固溶体。随后，又将该项细化技术移植到 Al-Cu 和 Al-Mg 等固溶体型铸造铝合金，也取得了令人满意的细化效果[6]。后来，又应用到多相铸造 Al-Si 和 Al-Zn 合金上，也取得细化 α 固溶体的效果。应当指出，随着铝或铝合金化学成分以及金相组织的不同，细化剂的效果也不一样。例如，单独的铝硼中间合金对纯铝的晶粒细化效果甚微，但加入铝合金却有显著的效果[7]。

A Al-Ti 合金细化剂

含钛3% ~5%的铝钛合金是生产上应用最广泛的细化剂,其他细化剂是在此基础上发展起来的。通常钛加入量范围在 0.02% ~0.15% 之间,能使纯铝晶粒尺寸由 1.1 ~1.5mm 减小到 0.5 ~0.8mm[8]。

不少学者提出各种理论解释钛的细化晶粒作用，其中包括包晶反应的晶粒细化机理[9]。从 Al-Ti 二元相图上看，在钛质量分数为 0.15%，温度为 665℃时，出现包晶反应：

$$液态铝合金 + TiAl_3 \longrightarrow \alpha 铝固溶体$$

当钛含量超过 0.15% 时，这种因包晶反应在 $TiAl_3$ 颗粒表面生成的铝固溶体大量弥散分布在液态铝合金中，作为同质晶核，促使铝相形成细小晶粒。可见，只有钛含量超过 0.15% 时，才应具有细化铝晶粒的作用。但生产经验表明，钛含量仅为 0.03%，甚至 0.025% 时，也可有效地细化铝晶粒。一种观点认为[10]，这是因为熔体中的其他元素降低了钛在铝中的溶解度，使包晶反应点大幅度左移。其中硼的作用最显著。微量硼（0.001%）存在时，钛含量仅为 0.026%，包晶反应即可进行，从而使铝晶粒得到细化。

应当指出，Al-Ti 中间合金作为晶粒细化剂，存在一定缺点：

（1）$TiAl_3$ 能否充当铝相的晶核，与其颗粒形态及表面状况有密切关系。$TiAl_3$ 属于面心四方晶系。当为小平面晶体，形貌呈大块状时，在这种光滑表面上，难以形成新相，因此，细化铝相晶粒的作用减弱，甚至不起细化作用。反之，$TiAl_3$ 呈非小平面条状时，尺寸较小，则细化效果显著。生产这种细化剂时，钛的偏析难以避免，Al-Ti 金属间化合物的形态难以控制，因此，各批合金的细化效果经常波动，给生产上带来很大困难。

（2）铝熔体保温时，$TiAl_3$ 容易聚集长大，以致中间合金细化作用迅速衰退。有报道说[11]，它的细化作用仅能保持 40min 左右，然后，晶粒急剧变大；保温 50min 后，细化作用完全消失。

B Al-Ti-B 系列合金细化剂

Al-Ti-B 中间合金是在 Al-Ti 细化剂基础上发展起来的。目前，钛硼含量比为 5∶1 ~ 10∶1 的中间合金在生产上得到了广泛应用。它的细化作用比 Al-Ti 合金强得多[12]。当钛含量在 0.02% 左右，硼为 0.001% 时，即可获得细小晶粒，尺寸降至 0.3mm 以下，并且保温时间超过 400min 以上，才出现细化作用衰退。

硼大幅度强化 Al-Ti 合金细化作用的原因有二。一是硼细化 $TiAl_3$ 颗粒，并且在颗粒表面形成许多硼化物，出现许多凹坑或者开裂，从而降低了形核自由能，提高了形核率。二是因为硼使 $TiAl_3$ 颗粒分布得更分散，难以聚集长大，延长了有效的细化时间。

但该细化剂仍有如下不足之处，希望能得到改进[13~15]：

（1）倘若铝熔体中含有少量 Zr、Mn 和 Cr 等元素，Al-Ti-B 合金将中毒，失去细化作用。

（2）硼可以与钛反应，生成 TiB_2，而 TiB_2 与基体之间密度差别较大，熔体保温过程中 $TiAl_3$ 和 TiB_2 逐渐聚集、沉淀，导致细化作用衰退。

（3）TiB_2 熔点高，硬度高，残留在合金内部形成硬质点，难以加工，影响产品表面质量。

研究发现，用线状 Al-Ti-B 在线细化技术逐渐取代块状炉内细化技术，使合金中的第二相粒子变得细小，细化剂分布更加均匀、稳定，避免了粗大化合物的生成，提高了 Ti 和 B 的利用率，而且可以实现细化处理自动化，保证在铸造过程的每一时刻都充分细化；同时因为是在炉外进行细化，不会对炉体产生污染。这一技术改进大大提高了 Al-Ti-B 细化剂的功能。但尽管如此，Al-Ti-B 的抗衰减性能仍然难以解决，因为 TiB_2 相易聚集沉淀，仍难以避免在被细化的产品中有时出现质量问题。

近年来在 Al-Ti-B 合金细化剂的基础上，我国开发出了含稀土的 Al-Ti-B 合金细化剂[16,17]。这种细化剂可以防止 $TiAl_3$ 或 TiB_2 聚集，不出现细化剂中毒现象，细化作用时间可长达 10h。铝或铝合金的晶粒可细化到 130～180μm。但这种中间合金细化效果与它的显微组织密切相关，变化很大，影响铝及铝合金质量的稳定性。此外，使用这种中间合金时各元素回收率较低。

C　Al-Ti-C 系列中间合金细化剂

20 世纪 50 年代提出了"碳化物颗粒"理论，用来解释钛的细化晶粒的作用，认为在 Al-Ti 中间合金中存在 TiC 颗粒，加入铝熔体后形成大量弥散分布的外来异相质点[18]。TiC 与 Al 都属于面心立方晶型，晶格常数相近，分别为 0.43258nm 和 0.40496nm，二者有较好的共格关系，其错配度为 0.68%，并且 TiC 熔点高达（3147±50）℃，因此，TiC 可成为铝相的异质形核中心，只要铝液中有万分之几的碳原子，就能形成大量的 TiC 颗粒使铝晶粒得到细化。近年的试验证实，在铝基体、Al-Fe 金属间化合物以及尺寸为 0.2～0.8μm 的（Ti，V）Al_3 金属间化合物的晶粒中心确实存在 TiC 或其他化合物。

但在尺寸大于 2μm 的第二相金属间化合物颗粒中没有发现 TiC。

20 世纪 80 年代中期，Banerji 和 Rief[19,20] 根据"碳化物颗粒"观点，开发出了 Al-Ti-C 细化剂，其显微组织中包含许多细小 TiC 颗粒，分布在铝晶粒边界或在铝枝晶区域。加入铝熔体后将形成弥散分布的晶核，细化了铝晶粒。目前，国际上公认的最佳成分为 Al-5% Ti-0.25% ~ 0.30% C。细化剂加入量为 0.2% 时（相应的钛加入量在 0.006% ~ 0.01%，碳量为 0.0005%），工业铝晶粒尺寸由 1500μm 降为 180 ~ 200μm，与 Al-Ti-B 细化剂最佳细化效果相当[21]。该细化剂现已广泛应用在铝锭和铝合金铸件上[22~24]。与 Al-Ti-B 中间合金相比，Al-Ti-C 细化剂不因铝中存在 Mn、Cr 和 Zr 等元素而中毒失效，并且不出现硬质点。但仍有明显的细化衰退现象，而且其细化效果与生产工艺参数、TiC 的形态和数量等因素密切相关。无论是 Al-Ti-C 细化剂，还是 Al-Ti-B 多元细化剂，出现粗大块状或条状 TiAl$_3$ 之后，它的细化效果甚微。反之，出现细小金属间化合物，例如 TiC、TiB$_2$ 和 TiAl$_3$ 则细化作用大增。

20 世纪 90 年代初，又开发出了 Al-Ti-C-B 多元细化剂[25,26]。其成分为：Ti 5%，C 0.46%，B 0.6%。在工业纯铝中加入 0.2%，晶粒尺寸仅为 100μm，超过 Al-Ti-B 的细化效果。

关于化学孕育法可以归纳几点：钛是铝及其合金最重要的晶粒细化元素；钛的金属间化合物，例如 TiAl$_3$、TiB$_2$、TiC 以及 (Al, Ti) B$_2$ 的化学成分、数量、尺寸、分布以及形态等都影响细化效果[27]，其中 TiC 和 Al 都为面心立方晶型，并且晶格常数错配度很小，可能成为铝晶粒晶核；钛与碳或硼共存时，钛含量仅为 0.01% ~ 0.02%，即可有效地细化铝晶粒；各种细化剂生产工艺都很复杂、成本高，质量波动范围大；我国是钛资源大国，但钛的产量不高，供不应求，价格昂贵，因此，开发成本低、细化作用强而稳定的新型低钛细化剂是我们面临的一项重要任务。

6.1.1.2 电解低钛铝及铝合金的晶粒细化[28]

20 世纪 90 年代末，在直接电解硅钛氧化铝生产铝硅钛合金的基础上，谢敬佩等人[29]在普通铝电解槽中加入少量金红石，直接电解出含少量钛的铝。通常含钛 0.10%，铝晶粒尺寸降至 $200\mu m$，达到铝钛硼中间合金的细化水平，电解钛在合金中分布均匀，并且在晶粒中心以 TiC 颗粒形态出现，而成本比熔配合金低得多。显然，这与电解工艺过程有关。在电解法生产铝硅钛合金的工业试验过程中发现：钛在阴极与铝共同析出，并在炭素阴极上形成一层致密的钛的保护层，与炭阴极结合十分紧密。在研究过程中，王汝耀根据这一现象，并通过系列试验工作后提出假设：在电解的合金熔体中应当存在少量弥散分布的 TiC，起着细化剂的作用。这种细晶粒在铝重熔后，TiC 难以聚集，仍然保持细晶的显微组织特征。

电解的低钛铝合金，含钛量低于 0.15% 时仍有显著的晶粒细化作用，部分学者认为可能是因为共同存在的其他稀有元素大大降低了钛在铝中的溶解度，使包晶反应移向了低钛的一侧；也可能是因为生成弥散分布的 TiC 所起的异质核心作用。其机理的另一种解释则是[30]：从电解槽获得的铝钛合金中的 Ti 均匀弥散分布于铝液中，结晶过程中，Ti 在液相和结晶固相中的溶解度不同，发生不平衡凝固时，Ti 在液固界面的液相一侧富集，结果在液固界面液相一侧形成成分过冷，从而促使非自发形核，使晶粒得以细化。

抑制晶粒生长是实现晶粒细化的另一途径。铝合金液中的溶质元素大多有抑制晶粒生长的作用，其作用强弱可用抑制因子 GRF 表示：

$$GRF = mC_0(K_0 - 1)$$

式中　C_0——合金中溶质成分含量；

　　　m——该含量时液相线的斜率；

　　　K_0——溶质的分配平衡常数。

GRF 值越大的溶质元素抑制晶粒长大的作用越强。在铝合金的所有合金化元素中，Ti 是抑制晶粒长大作用最强的元素之一。电解过程中钛在铝液中分布的均匀弥散程度是熔配法所不可比拟的，因此也就将钛的这种抑制晶粒长大作用发挥到极致。所以含钛量低于 0.15% 的铝合金，成分过冷引起的非自发形核以及 Ti 对晶粒长大的抑制作用可能是实现晶粒细化的重要原因[31,32]。

用电解的低钛铝合金再经过熔配，仍具有细小 α 铝相晶粒的特征[33]。例如，用这种电解的低钛铝熔配压延铝合金 6063，当钛含量在 0.05% ~ 0.10% 范围内，晶粒度可达到 1 ~ 2 级标准。左秀荣，宋谋胜等人[34,35] 分别研究了电解钛含量对熔配的 6063 晶粒大小的影响，并与常规 Al-5Ti-1B 细化剂的效果进行了对比，发现含钛量为 0.018% ~ 0.02% 时，电解的铝晶粒尺寸降至 180μm，而加入 Al-Ti-B 的为 260μm，电解的效果明显高于常规细化剂的作用。倘若再添加 Al-5B 中间合金和（或）Al-10RE 中间合金，晶粒尺寸可降至 87 ~ 115μm。此时，钛含量仅为 0.024% 左右，远低于电解原合金中钛的含量。

王三军等人[36] 用 Al-Ti 中间合金和 Al-Ti-B 中间合金通过熔配法制备的低钛铝合金，与电解的低钛铝合金进行比较，发现电解加钛和由中间合金熔配加钛样品的晶粒尺寸都随钛含量的增加而下降，当钛含量低于 0.20% 时，三种样品的晶粒尺寸随钛含量的增加迅速下降；钛含量超过 0.20% 时，晶粒尺寸的下降趋于平缓。电解加钛样品的晶粒大小与 Al-Ti-B 细化处理样品的晶粒大小相当，试验得到的最小晶粒尺寸均为 106μm，明显小于 Al-Ti 合金细化处理的样品。整个试验范围内，电解加钛与 Al-Ti-B 的细化效果接近，均明显好于 Al-Ti 中间合金。因此，电解加钛对变形铝及铝合金具有很好的晶粒细化作用。

6.1.1.3 电解 Al-Sc 合金的晶粒细化

Al-Sc 合金与低钛铝合金有些类似，也是固溶体型铝合金。对不同含钪量的电解法 Al-Sc 合金和热还原法 Al-Sc 合金进行了金相组织的比较，发现含钪量为 0.48% 的电解法 Al-Sc 合金中的钪呈非常弥散分布，颗粒细小，放大 400 倍的金相照片也难以分辨出 Al_3Sc 相；更大分辨率的电镜照片才发现面心立方结构的 Al_3Sc 相，其质地坚硬，在抛光后，依然保持结构完整的原有形貌。

含钪量为 0.7% 的 Al-Sc 合金与含钪量为 0.48% 的 Al-Sc 合金相比，Al_3Sc 相较为粗大。特别是热还原法合金的 Al_3Sc 相显现出明显的聚集倾向，由多个小晶粒聚集成大的晶粒，使晶粒明显变得粗大，放大 50 倍的电镜照片已可以清晰看到 Al_3Sc 相的形貌。

电解法含钪量大于 2% 的 Al-Sc 合金与含钪 0.7% 的 Al-Sc 合金相

比，Al_3Sc 相的晶粒更加密集，但晶粒并未明显增大，也没有明显的聚集倾向。但热还原法制备的含钪 2% 的 Al-Sc 合金中，Al_3Sc 相的晶粒非常粗大。

综上所述，从合金应用的角度出发，用电解法生产含钪量在 0.5% 左右的 Al-Sc 合金较为适宜，这时的产品 Al_3Sc 相晶粒细小、弥散，能更好地发挥铝钪合金的优异性能。

6.1.2 电解亚共晶铝硅合金的晶粒细化

Al-Si 系合金用量占铸造铝合金的 85% ~ 90%。加入微量钛可以细化 α-Al 枝晶，提高合金力学性能。据统计，美国铸造铝合金几乎全部含钛 0.05% ~ 0.25%，日本也如此。我国铸造铝合金标准 GB/T 1173—1995 中，Si 作为合金元素的品种有 18 个，其中只有 5 个品种规定加钛，远远落后于发达国家。现今，我国一些工厂自行加入微量钛，获得了明显的细化晶粒，达到提高合金力学性能的效果。但由于钛的昂贵而使加钛的范围受到限制。电解法生产 Al-Si-Ti 合金将为扩大铸造铝合金加钛范围，缩小与发达国家的差距提供一条新的途径。

电解 Al-Si 合金金相组织不同于熔配的合金，未经变质处理即具有变质态显微组织，并且对冷却速度不敏感，多次重熔仍有遗传性[37,38]。随机抽取不同厂家生产的几个电解 Al-Si-Ti 合金锭试样，它们的化学组成见表 6-1。

表 6-1 电解 Al-Si-Ti 合金试样化学组成（质量分数，%）

试 样	Si	Ti	Fe	Mg	Cu	Ni	Mn	Zn	Cr
1	7.24	0.11	0.11	0.36	<0.01	0.02	0.01		
2	9.20	0.66	0.65			0.12	0.045	0.020	0.018
3	9.30	0.52	0.65			0.04	0.001	0.014	0.012
4	9.50	0.48	0.70			0.15	0.060	0.030	0.010
5	9.50	0.52	0.44	<0.01	<0.02	0.04	0.001		
6	11.60	0.20	0.25	0.65	1.95	0.30	0.62		
7	12.12	0.09	0.25	0.91	0.88	0.81	0.01		
8	12.15	0.12	0.11	0.02	0.01		<0.01		

注：表中 1、6、7 号试样是在混合炉中添加 Mg、Cu、Ni、Mn 等合金元素，经过成分调配的。

从表中成分来看，如果用传统熔配法生产的这类未变质亚共晶 Al-Si 合金，它们的硅相通常应以粗大片状形态出现在粗大 α-Al 枝晶间；一旦钛含量超过 0.3%，钛相常以粗大针状形态出现，贯穿 Al-Si 共晶团；铁相也经常以针状形态出现。但电解的 Al-Si-Ti 合金与之不同，对上述试样的分析，发现其显微组织有如下特点：

（1）电解合金无论含硅高低，其共晶 Si 相呈变质状态，异常细小，大多呈纤维状，直径为 2μm 左右，少数呈棒状，直径为 5μm 左右，均匀分布于细小 α-Al 枝晶间。其显微组织的另一特点是，金相组织中出现大量树枝状初生 Al；含 Si 量 12.5% 的共晶 Al-Si 合金仍然保留相当数量枝晶初生 Al 相（见表 6-2），并发现电解合金共晶成分含 Si 量右移至 16% 左右。这样的金相组织与钠变质或锶变质金相组织毫无差别。但电解的 Al-Si-Ti 合金中所含变质剂 Na、Sr、RE、K 和 Ca 等都较低（见表 6-3），不足以引起如此强烈的变质效果，这种现象被称做自变质现象。

表6-2 电解铝合金及常规变质铝合金铸锭各部位初生铝相体积分数（%）

合金牌号	ZL101	ZL102	ZL109		
			铸锭边沿	铸锭顶部	铸锭底部
电解生产	72	41	50	43	47
锶变质	74	33	35	30	35
非变质熔配合金	40	0	0	0	0

表6-3 电解 Al-Si-Ti 合金中的微量元素（质量分数,%）

试样编号	Na	Sr	RE	K	Ca	Sb	P	Zr
1	0.005 ~ 0.014	0.001 ~ 0.003	0.035	0.004	0.008 ~ 0.011	0.0001	0.0004	0.035
4	0.0045	0.0026	0.030					
5	0.004	0.004	0.010			0.002	0.0003	
7	0.005	0.000			0.010			0.007
变质所需最低含量	0.005	0.003	0.030		0.006	0.0001		0.11

注：试样编号与表6-1同。

（2）电解 Al-Si-Ti 合金中 Ti 和 Fe 含量均可高达 0.5%，通常这样的 Ti 相和 Fe 相应以粗大针状或片状出现，贯穿初生 Al 相和 Al-Si 共晶团。但在电解 Al-Si-Ti 合金中，Ti 相和 Fe 相却大多呈细小弯曲条状，少量呈细短针状或钝头杆状，分布在 Al-Si 共晶团周边，与压铸件的形态相似。一般熔配的含 Ti 铝合金不具备这种组织特征。可见在电解合金中，Ti 相和 Fe 相也发生了自变质现象。

（3）电解合金的金相组织对冷却速度不敏感。分析了 Si 含量为 12% 左右的电解合金锭不同部位的金相组织，发现在冷却速度较大的锭边沿初生铝粗大，数量较多，Si 相弯曲、细小、充分变质。在冷却速度较慢的中心部位，初生铝数量较少，但共晶 Si 仍很细小，只是共晶团晶界上出现少量细片 Si 相。如此厚大的铸件仍能保证充分变质，表明电解合金锭金相组织对冷却速度不敏感。同时发现 Ti 相和 Fe 相形态也不因冷却速度不同而呈现明显变化。这是电解合金的一大优点，为生产厚大铸件提供了一种新的材料。

（4）电解合金具有组织遗传性，重熔后微量元素含量下降，但金相组织自变质状态仍能遗传。经 1～2 次重熔后仍有大量枝晶初生 Al 相，硅的变质程度为 4.5 级，Ti 相和 Fe 相仍呈弯曲条状，共晶转变温度略有下降，过冷度仍在 9℃ 以上。经 3～4 次重熔后变质作用才逐渐消失，出现细片状 Si 相，不再出现过冷。

（5）只要在炉料中添加 30% 以上的电解合金，就能获得令人满意的自变质效果。电解合金的加入量、重熔次数及保温时间都会影响合金组织。当电解合金加入量降至 10%、保温时间超过 2h 或重熔次数超过 2 次以上，才会出现自变质作用的明显衰退。这时可以用添加变质剂的办法予以弥补，而且变质剂加入量比常规的低得多。比如补加 Sr 变质剂，只需 Sr 含量达到 0.003% 就可获得变质组织，这个量不到常规加入量的 1/2，因此在降低成本的同时可以降低变质剂给合金带来的缺陷，提高铸件品质。

根据上述不同研究人员从不同角度的研究结果表明，相对于熔配法，电解法生产的铝合金结晶更加细密，组织更加均匀。对电解 Al-Si-Ti（或 Al-Si）合金为什么具有如此优良的金相组织，已有过很多研究工作，但还没有很完整、准确的一致认识，目前主要有以下解释：

（1）微量元素的作用。表6-3中数据表明，电解 Al-Si-Ti 合金中的 Na、Sr、RE、Ca 和 P 等微量元素含量都已达到或接近临界变质含量，部分地对 Si 相起到变质作用，几种微量元素的共同存在使这种变质作用得到了加强；Ti 则远远超过临界变质含量，起到强烈细化 α-Al 枝晶组织的作用。

（2）电解工艺过程的作用。电解过程中各合金元素都以原子形态连续地共同析出，实现合金化，各元素之间相互分布的均匀程度是熔配法所不可比拟的。Na、Sr 和 RE 等元素均匀分布在 Si、Fe 和 Ti 等原子之间，即使含量低于临界变质量，仍可起到有效的变质作用，使 Si、Fe 和 Ti 等各相形态发生相应变化。而且，电解工艺使合金化过程一直在隔绝空气的条件下进行，大大减少了合金液吸气和氧化夹杂的可能，因此也就减少了合金锭的组织缺陷。电解过程中，合金液始终通过强大的电流，在电磁力的作用下不停地运动，近年的研究获悉，Al-Si 合金熔体经电流处理后，Si 相得到细化，并且电流强度越大，这种细化作用越强。

（3）增加过冷度的作用。根据电解 Al-Si-Ti（或 Al-Si）合金重熔后微量元素急剧下降而自变质组织仍能遗传的现象，认为微量元素在电解合金的 Si 相自变质中的作用甚微，至少不起很大的作用，而认为电解合金的自变质效果与过冷度有着直接关系。用实验揭示了电解 Al-Si-Ti 合金重熔时，不同的过冷度与 Si 相变质程度的关系。过冷度增加则变质程度提高，过冷度超过 $8 \sim 9℃$ 时，Si 相即可完全变质；而过冷度小于 $2℃$ 时，Si 相不变质，以片状形态出现。至于电解 Al-Si-Ti 合金为什么具有较大的过冷度，则主要得益于电解过程合金化的工艺特征，诸如上述的元素分布均匀和强电流的作用等。

6.2 电解法生产的铝合金的材料性能

6.2.1 电解铝合金的强度

杜晓晗等人[39]用熔配法制备了 ZL108 号合金试样（记作 ZL108）、用 Al-Ti 中间合金熔配成含 Ti 的 ZL108 合金试样（记作

ZL108R）和用电解的低钛铝合金配制含 Ti 的 ZL108 合金试样（记作 ZL108D），比较了它们的力学性能。它们的化学组成见表 6-4，它们的强度比较见表 6-5。

表 6-4 三种试样的化学组成（质量分数,%）

合金名称	Si	Cu	Mg	Mn	Ti	Sr	Fe	Al 及其他
ZL108	11.85	1.55	0.83	0.54		0.036	0.13	余　量
ZL108R	11.60	1.50	0.86	0.53	0.21	0.037	0.14	余　量
ZL108D	11.85	1.49	0.85	0.56	0.20	0.039	0.12	余　量

表 6-5 三种试样机械强度比较

合金名称	$\sigma_{0.2}$		σ_b		δ		HV	
	平均值/MPa	标准方差/%	平均值/MPa	标准方差/%	平均值/%	标准方差/%	平均值	标准方差/%
ZL108	314	5.9	360	5.1	1.2	0.07	139	4.5
ZL108R	331	4.9	376	6.9	1.2	0.19	148	2.7
ZL108D	336	5.9	372	5.1	1.0	0.07	152	2.4

数据表明，ZL108D 的机械强度明显优于 ZL108，与 ZL108R 相当，但比 ZL108R 性能更稳定；而且减少一次 Al-Ti 中间合金的熔配，成本低于 ZL108R。

张兵临等人做了同样的实验，只不过他们所用的电解合金不是低钛铝合金，而是 Al-2% Si-0.25% Ti 的铝硅钛合金。试样名称分别记为 ZL108、ZL108Ti（Al-Ti 中间合金熔配所得）、AST108（电解合金熔配所得）。它们的化学组成和抗拉强度分别列于表 6-6 和表 6-7。

表 6-6 试样化学组成（质量分数,%）

合金名称	Si	Cu	Mg	Mn	Ti	Fe	Al 及其他
ZL108	12.00	1.67	0.48	0.70		0.12	余　量
ZL108Ti	11.75	1.70	0.66	0.72	0.21	0.16	余　量
AST108	12.08	1.62	0.63	0.71	0.23	0.36	余　量

表 6-7 试样的抗拉强度平均值 （MPa）

合金名称	室温抗拉强度	300℃抗拉强度
ZL108	348	157
ZL108Ti	367	172
AST108	367	181

注：数据来自郑州大学材料物理实验室研究报告：《电解法生产的 Al-Si-Ti 合金应用的基础研究》。

数据表明，AST108 的抗拉强度高于 ZL108，特别是高温强度，AST108 比 ZL108 提高 15.3%，比 ZL108Ti 也提高 5.2%，但成本低于 ZL108Ti。

其实，对于类似 ZL108 的亚共晶 Al-Si 系合金，采用电解的 Al-6%～8% Si-0.2%～0.6% Ti 的铝硅钛母合金进行配制会更好。如 6.1.2 节所述，这种电解合金含有较高的 Si，将会充分发挥其自变质功能，获得更好的金相组织和更优越的力学性能。而且这种母合金的生产又最适合我国铝矿资源和硅钛氧化铝的生产工艺特征，对于合金电解的工艺和技术经济指标也仍然在较合理范围内。如果电解的合金含硅量能更高，比如达到或接近 ZL108 11.0%～13.0% 的含硅量，合金的组织和性能会更优越。但这会给电解工艺带来较大困难。

鲁薇华等人[40]用电解的 Al-7Si-Ti 配制 ZL108 与熔配的 ZL108 进行比较，测试 300℃高温抗拉强度，发现用不同方式加入 Ti 都能大幅度提高高温强度，而用电解加入，高温强度又更高一些。随着电解合金加入比例的增加，高温强度也有所提高，数据见表 6-8。

表 6-8 用电解 Al-Si-Ti 配制的 ZL108 合金力学性能

合金名称	电解合金加入量/%	含 Ti 量/%	300℃抗拉强度/MPa
常规 ZL108	0	0	75
加钛 ZL108	0	0.15	90
电解 ZL108	15	0.10	92
	40	0.30	96

他们还在工业生产条件下用电解的 Al-7% Si-Ti 合金调配成 ZL101A，与熔配法制备的 ZL114A 和 ZL101A 进行比较，其化学组成

除熔配的 ZL114A 加 Be 及 Mg 含量稍高，电解的 ZL101A 含 Fe 量稍高外，其他成分基本一致。它们的力学性能比较列于表 6-9。

表 6-9 电解合金与熔配合金性能的比较

合金名称	抗拉强度/MPa	屈服强度/MPa	伸长率/%	硬度 HB	热处理	加工工艺
熔配 ZL114A	290	214	10	90	T7	半固态锻造
熔配 ZL101A	235 ~ 270	125 ~ 150	12 ~ 17	68	T6	低压铸造
电解 ZL101A	305 ~ 350	224 ~ 267	10 ~ 12	92	T6	低压铸造

ZL101A 和 ZL114A 都为轮毂合金，其成分与美国牌号的 A356 基本一致。数据表明，电解 ZL101A 的抗拉强度和屈服强度高于半固态铸造的熔配 ZL114A，更远高于常规的 ZL101A。在另一组实验中，只用了 1/3 电解的 Al-7% Si-Ti，其余炉料为回炉料，用 Al-10Sr 合金变质，Sr 含量仅为 0.003%，远低于正常范围。结果，电解合金的抗拉强度、伸长率和冲击韧性都比常规 Sr 变质熔配合金高得多。炉料中添加 15% 的电解合金，仍然有提高强度的一定效果。

6.2.2 电解铝合金的耐磨性

对表 6-4 中的 3 个试样在室温干摩擦条件下进行磨损试验，结果表明，三种合金的磨损量随着时间的延长基本上成正比增长，并且差距逐渐拉大，两种加钛合金的磨损量都小于 ZL108 合金，其中电解加钛合金的磨损量最小，耐磨性最好。三种合金 20min 的磨损量数据见表 6-10。

表 6-10 三种合金室温干摩擦 20min 的磨损量

合金名称	磨损量/mg	方 差
ZL108	14.3	0.343
ZL108R	13.3	0.263
ZL108D	12.7	0.397

由于电解加钛对金相组织的细化效果优于熔配加钛，使电解加钛合金的硬度和屈服强度略高于熔配加钛，在磨损过程中抵抗磨粒磨损和黏着磨损的能力增强，同时，强度与硬度越高，塑性变形抗力越

大，越不容易在接触点形成焊合，摩擦系数也越低，因而 ZL108D 合金的耐磨性最好。

将表 6-6 中的三种合金经 Sr 变质和 T6 热处理，进行室温和高温下的耐磨性实验，室温（26℃）磨损 30min，高温（260℃）磨损 10min，磨损量用磨痕的横截面积表示，磨痕横截面积越小，材料的耐磨性越好。耐磨试验结果见表 6-11。

表 6-11　三种合金的磨损量数据

合金名称		ZL108	ZL108Ti	AST108
磨损量平均值 /μm²	室　温	1193	1090	1039
	高　温	1844	1673	1600

数据同样表明：电解合金制备的 AST108 耐磨性能优于熔配合金。

6.2.3　电解铝合金的体积稳定性

将表 6-6 中的三种合金经 Sr 变质和 T6 热处理，加工成 $\phi 4mm \times 25mm$ 的试样，然后 150℃ 退火消除加工应力。在室温~300℃进行热膨胀实验。体积稳定性用试样长度随温度的相对变化 dL/L_0 以及线膨胀系数 α 表示，L_0 为试样在室温时的长度。dL/L_0 及 α 数值越小，体积稳定性越好。结果见表 6-12。

表 6-12　三种合金的体积稳定性

温度 /℃	ZL108		ZL108Ti		AST108	
	dL/L_0	α	dL/L_0	α	dL/L_0	α
室温	4.8004×10^{-5}	1.6000×10^{-5}	6.2385×10^{-5}	2.0363×10^{-5}	6.1817×10^{-5}	1.7799×10^{-5}
100	166×10^{-5}	2.1000×10^{-5}	168×10^{-5}	2.0984×10^{-5}	163×10^{-5}	2.0511×10^{-5}
200	395×10^{-5}	2.2097×10^{-5}	398×10^{-5}	2.2151×10^{-5}	378×10^{-5}	2.1096×10^{-5}
300	664×10^{-5}	2.3841×10^{-5}	657×10^{-5}	2.3505×10^{-5}	626×10^{-5}	2.2444×10^{-5}

数据表明，三种合金中 AST108 具有最小的线膨胀系数，越到高温这种趋势越明显。ZL108 合金主要用到汽车及柴油机活塞，其次用到轴承和滑轮等。这些用途对材料体积稳定性都有较高的要求。电解

合金体积稳定性优于熔配合金，有希望改善活塞和轴承的性能。

根据上述不同研究人员的一系列测试数据，可以得出一致性的结论：电解法生产的铝合金力学性能（包括高温强度、耐磨性能和体积稳定性）明显优于常规的熔配合金。

参 考 文 献

[1] 王文焱，等. 电解低钛铝合金微观组织的高分辨研究[J]. 电子显微学报，2006，25 (B08)：130~131.

[2] 李伟，等. 电解低钛铝合金微观组织的分析[J]. 材料开发与应用，2006，21 (3)：1~3，22.

[3] 李纯迟，蒋显全，等. 铝合金晶粒细化剂的发展趋势[J]. 轻合金加工技术，2006，34 (5)：14~16.

[4] EASTON M, StJOHN D. Grain refinement of aluminum alloys part(Ⅰ):the nucleate and solute paradigms-a review of the literature[J]. Metal Trans. 1999, 30A(6): 1613~1623.

[5] EASTON M, StJOHN D. Grain refinement of aluminum Alloys, part (Ⅱ):confirmation of and a paradigms——a reviews of the literature [J]. Metal Trans. 1999, 30A (6): 1625~1633.

[6] MONDOIFO L F. Aluminum Alloys: Structure and Properties[M]. Butterworths. London and Boston, 1976: 385.

[7] GRUZLESKI J E, CLOSSET B M. The Treatment of Liquid Aluminum- Silicon Alloys[M]. The American Foundrymens Society Inc. , 1990: 136.

[8] HADLET D, McMARTNEY D G, THISTLETHWAITE S R. Grain refinement of commercial purity aluminum using Al-Ti master alloys[C]. Solidification processing 1987. Third International Aluminum Conference. Sheffield U. K. , 1987: 112~115.

[9] MONDNLFO L F. Grain refinement in the casting of non-ferrous alloys[C]//ABASCHIAN G J, DAVID S A. Grain Refinement in Castings and Welds. The Minerals, Metals and Materials Society, 1983: 3~50.

[10] MONDOLFO L F, FAROOQ S, TSE C K. Grain refinement of aluminum Alloys by titanium and boron [C]. Solidification processing 1987. Third International Conference. Sheffield U. K. , 1987: 104~107.

[11] GUZOWSKI M M, SIGWORTH G K, SENTER D A. The role of boron in the grain refinement of aluminum with titanium[J]. Metal. Trans. , 1987, 18A: 603~619.

[12] LIU X F, BIAN X F, MA J J. A new grain refining technique for pure Al by addition of molten AlTiB alloys[J]. Mater. Sci. Forum, 2000: 331~337.

[13] BANERJI A, REIF W. Producing Titanium Carbide: US, 2171723A[P]. 1986.

[14] BANERJI A, REIF W. Producing Titanium Carbide Particles in Metal Matrix and Method of

Using Remelting Product to Grain Refine: US, 4748001[P]. 1988.

[15] VAN P, WIGGEN S, BELGRAVER J. From AlTiB to AlTiC developments in aluminum grain refiners[J]. Aluminium, 1999, 75(11): 98 ~ 994.

[16] FU G S, CHEN W Z, QIAN K G. Refining effect of a new $Al_3Ti_1B_1$RE master alloy on aluminum sheet used in can and behavior of rare earth in the master alloy[J]. Rare Earth, 2003, 21(5): 571 ~ 576.

[17] 朱云, 等. 稀土铝钛硼晶粒细化剂的生产及应用[J]. 轻合金加工技术, 1999, 27(1): 19 ~ 21.

[18] HAN Xinglin, JING Wenhui, REIF W. Grain Refinement of Aluminum by Al-Ti-C-B master alloy[C]. Aluminum Conference, 1990.

[19] BANERJI A, REIF W, Banerji A, REIF W. Development of Al-Ti-C grain refiner containing TiC[J]. Metall. Trans. , 15A (1985): 2065 ~ 2068.

[20] BANERJI A, REIF W. Development of Al-Ti-C grain refiner containing TiC [J]. Metall. Trans. , 17A (1986): 2127 ~ 2137.

[21] 李英龙, 曹富荣, 石路, 等. Al-Ti-C 晶粒细化剂的细化机理试验研究[J]. 特种铸造及有色合金, 2005, 25 (8): 451 ~ 453.

[22] 谭敦强, 等. Al-Ti-C 晶粒细化剂对工业纯铝的晶粒细化[J]. 特种铸造及有色合金, 2003, 13 (2): 1 ~ 4.

[23] HADLET D, McCARTNEY. Grain Refinement of Commercial Purity Aluminium Using Al-Ti Master Alloys[M]. Sheffield, 1987: 112 ~ 115.

[24] VAN P, WIGGEN S, BELGRAVER J. From Al-Ti-B to Al-Ti-C developments in aluminum grain refiners[J]. Aluminum, 1999, 75(11): 989 ~ 994.

[25] 姜文辉, 韩行霖. Al-Ti-C-B 中间合金细化剂的研究[J]. 特种铸造及有色合金, 1997 (1): 19 ~ 22.

[26] 韩行霖, 姜文辉, 等. Al-Ti-C-B 晶粒细化剂及其生产工艺: 中国, 90105092 [P]. 1990.

[27] KIUSALAAS R , BACKERD L. Influence of Production Parameters on Performance of Al-Ti-B Master Alloys[M]. Sheffield, 1987: 108 ~ 111.

[28] 詹成伟, 谢敬佩, 王文焱, 等. 电解低钛铝合金的相组成和细化机理的研究[J]. 热加工工艺, 2003(6): 14 ~ 16.

[29] 谢敬佩, 王爱琴, 王文焱. Al 基合金原位 Ti 合金化及自身晶粒细化[J]. 特种铸造及有色合金, 2004(6): 60 ~ 62.

[30] 王明星. 电解低钛铝合金工业试验及其组织与性能的研究[D]. 中国科学院研究生院, 2002.

[31] 刘忠侠, 宋天福, 谢敬佩, 等. 低钛铝合金的电解生产与晶粒细化[J]. 中国有色金属学报, 2003, 13(5), 1257 ~ 1261.

[32] 范广新, 王明星, 刘志勇, 等. 电解加钛与熔配加钛对工业纯铝晶粒细化作用的研

究[J]. 中国有色金属学报, 2004, 14(2): 250~254.

[33] 王明星, 刘志勇, 宋天福. 电解生产低钛铝合金工业试验及产品中钛分布的均匀性分析[J]. 轻金属, 2003(4): 41~44.

[34] 左秀荣, 仲志国, 李立祥. 细晶铝锭熔炼的铝合金组织与性能研究[J]. 特铸, 2005, 25(10): 587~589.

[35] 宋谋胜, 刘忠侠, 李继文. 加钛方式及钛含量对 A356 合金组织和性能的影响[J]. 中国有色金属学报, 2004, 14(10): 1728~1734.

[36] 王三军, 王明星, 刘志勇, 等. 电解低钛铝合金微观组织细化及在铸造铝硅合金制备中的应用[J]. 有色金属, 2006, 58(1): 26~30.

[37] 王汝耀, 鲁薇华. 电解 Al-Si 合金自变质显微组织及力学性能[J]. 特种铸造及有色合金, 2007, 27(1): 35~39.

[38] 孟祥永, 等. 电解低钛铝制备 Al-9%Si 合金的晶粒细化[J]. 铸造, 2006, 55(9): 886~889.

[39] 杜晓晗, 翁永刚, 刘志勇, 等. 不同加钛方式对 ZL108 合金磨损性能的影响[J]. 郑州大学学报（理学版）, 2007, 39(1): 79~83.

[40] 鲁薇华, 杨涤心, 王汝耀, 等. 电解 Al-Si-Ti 合金金相组织和性能[J]. 特种铸造及有色合金, 1999(1): 10~12.

7 电解铝合金的应用实例

7.1 电解铝硅钛合金在汽车发动机上的应用

为了进一步考验电解铝合金的优良性能，用电解的铝硅钛合金制作汽车发动机中的活塞、缸体和缸盖进行应用试验[1]。这些零部件形状复杂，在高温高压的环境下工作，不但要承受较大的静荷载，还要承受一定的振动荷载。因此，对材料的性能要求较为苛刻，需要具有良好的铸造性能，较高的机械强度、硬度、耐磨性、耐热性、体积稳定性以及优良的机械加工性能。如果材料能满足这些要求并经受耐久性和可靠性考验，其优良的综合性能则得以充分体现。

7.1.1 合金成分调配

针对汽车发动机活塞、缸体、缸盖对材料的要求，将电解的铝硅钛中间合金（用 AST 表示）调配成除 Ti 以外其他合金元素和杂质含量都符合 GB1173 中 ZL108 或 ZL104 要求的工作合金，分别记作 DJ108 或 DJ104，并与熔配的 ZL108 或 ZL104 进行比较。它们的化学组成列于表 7-1。

表 7-1 对比试验的几种合金化学组成

合金名称	化学组成（质量分数）/%							
	Si	Cu	Mg	Mn	Ti	Fe	其他杂质含量	Al
AST	7.6				2.08	0.69		
DJ108	12.0	1.5	0.9	0.7	0.3	0.2	符合 GB1173	余
DJ104	9.2		0.25	0.35	0.3	0.2	符合 GB1173	余
ZL108	12.0	1.5	0.8	0.7		0.2	符合 GB1173	余
ZL104	9.2		0.25	0.35		0.2	符合 GB1173	余

注：1. DJ108 和 DJ104 分别配制了含 Ti 量为 0.3%、0.5%、0.7%、1.0% 和 1.5% 几种。其含 Fe 量随着含 Ti 量增加而有所增加，但最高不大于 0.5%，均符合 GB1173 的要求。

2. 资料来源：郑州轻金属研究院实验研究报告：《直接电解的铝硅钛合金在汽车发动机中的应用试验》。

这批实验所用的 AST 中间合金，是在 12kA 自焙槽上生产的那 15t 产品（见 3.1.2 节），是较早期在工业电解槽上生产的铝硅钛合金。当初对在电解槽中控制合金中钛含量对电解工艺的重要性认识不足，加之动员一次工业试验十分不易，想用有限的工业试验产品能配制更多的工作合金，做更广泛的应用试验，所以电解的中间合金含钛量较高，配制的工作合金含钛量也较高。根据以后陆续取得的经验，电解的中间合金含钛量应控制在 1.5%（质量分数）以下，最好在 1.0% 以下。这不仅有利于电解槽的稳定运行，也更适合工作合金的调配（见 3.1.3 节和 3.1.4 节）。如果某种牌号的工作合金（一般含钛量在 0.3% 以下）需要量达到一定数量，也可以直接在电解槽中生产这种低钛的铝硅钛合金，只需在电解车间的混合炉中调整其他合金成分（如 Mg 和 Mn 等），则更能减少合金调配次数，更方便于组织生产。

7.1.2 物理化学及力学性能测试

首先，对准备用于制作汽车发动机活塞、缸体、缸盖等零部件的几种合金材料进行物理化学及力学性能测试，并与传统的熔配合金进行比较。

7.1.2.1 电解合金的结晶组织及化学成分的均匀性

电解合金的金相组织分析和测试结果表明：合金无论是否经过三元钠盐变质处理，其结晶组织具有同样的细化效果。α 相基体与共晶硅晶粒均被细化，α 基体的树枝状结晶不明显，共晶硅呈点状分布。合金中含 Ti 量高低对基体和共晶硅的细化程度影响不明显，但针状 $TiAl_3$ 的数量和尺寸随含 Ti 量的增加而增大。特别是含 Ti 量超过 0.7% 以后，粗大的 $TiAl_3$ 急剧增加。含 Ti 量的高低不影响其他合金成分的分布均匀性，但 Ti 本身的偏析程度随含 Ti 量的变化而不同。当含 Ti 不大于 0.5% 时，几乎无偏析现象。含 Ti 0.7% 时偏析不很明显，但含 Ti 量继续增高，偏析现象急剧严重。

7.1.2.2 电解合金的结晶温度和流动性

结晶温度的测定结果表明，含 Ti 0.3% 的 DJ108 与熔配的 ZL108

没有明显差别。但随着含 Ti 量的增加，液相线缓慢上移，与固相线距离扩大，合金液的初晶温度升高，合金液完全凝固的时间略有延长。DJ104 与 ZL104 相比，有类似的规律。

采用内螺旋式砂型流动环测试流动性的实验结果表明，含 Ti 0.3% 的 DJ108 流动性能与 ZL108 没有明显差别，随着含 Ti 量增加，流动性下降，但这可以用提高浇铸温度予以弥补。试验表明，含 Ti 0.5% 的 DJ108 在 730℃ 时的流动性能以及含 Ti 1.0% 的 DJ108 在 760℃ 时的流动性能均与 ZL108 在 710℃ 的流动性相同。DJ104 的初晶温度和流动性能也有相似的规律。

制定铸造工艺时应考虑电解合金的结晶温度和流动性的特点，根据合金含钛量的高低，将精炼和浇铸温度提高 10～30℃ 为宜。

7.1.2.3 电解合金的线膨胀系数

比较了含 Ti 0.7% 的 DJ108 和熔配的 ZL108 的线膨胀系数，测定结果示于表 7-2。

表 7-2 合金的线膨胀系数

试验温度范围/℃		17.3～100	17.3～200	17.3～300	17.3～400
合金的线膨胀系数/℃⁻¹	DJ108（0.7%Ti）	20.88×10^{-6}	21.64×10^{-6}	22.77×10^{-6}	22.96×10^{-6}
	ZL108	21.55×10^{-6}	23.09×10^{-6}	23.62×10^{-6}	25.07×10^{-6}

数据表明，DJ108 的线膨胀系数低于 ZL108，这对于活塞材料具有较重要的意义，可以减小配缸间隙，增加功率，节省燃料，有利于活塞的正常工作。

7.1.2.4 电解合金的力学性能

测定了不同含 Ti 量的 DJ108 和 DJ104 样品常温下的抗拉强度 σ_b、布氏硬度 HB、冲击值 α_k 以及伸长率 δ，并与 492Q 型发动机铸铝合金零件的技术标准进行比较。还测定了含 Ti 0.6% 的 DJ108 合金 300℃ 下保温 30min 的抗拉强度和伸长率，与熔配的 ZL108 进行比较。两组数据分别列于表 7-3 和表 7-4。

表7-3 电解合金的常温力学性能

合金名称	含 Ti 量(质量分数)/%	σ_b/MPa	HB	α_k /kJ·cm^{-2}	δ/%
DJ108	0.3	292	110	4.6	0.15
	0.5	288	108	4.2	0.15
	0.7	280	108	4.0	0.12
	1.0	272	103	3.8	0.1
DJ104	0.3	264	78	4.9	2.02
	0.5	264	75	4.8	2.01
	0.7	260	74	4.6	2.0
	1.0	252	70	4.0	1.5
技术标准	活 塞	≥250	105~140		0.2~0.8
	缸体、缸盖	≥240	≥70		≥2

表7-4 300℃下 DJ108 的抗拉强度 σ_b 和伸长率 δ 与 ZL108 的比较

合金名称	σ_b/MPa	δ/%
DJ108 (0.6% Ti)	102	3.83
ZL108	74	3.7

注:表中数据是多次试验加权平均值。

数据表明,电解合金的常温力学性能随含 Ti 量增加而有所下降,下降幅度不大。DJ104 的伸长率当含 Ti 量超过 0.7% 以后急剧下降。对照 492Q 型发动机铸铝合金零件技术标准,含 Ti≤0.7% 的 DJ108、DJ104 均可满足或超过标准要求。特别是 DJ108 的高温强度明显高于熔配的 ZL108,这对发动机零件特别是活塞而言是很有意义的。

7.1.2.5 电解合金的耐磨性

汽车发动机中推力盘对耐磨性要求很高,推力盘通常用 ZL110 合金铸造。因此,用电解的铝硅钛中间合金调配了除 Ti 以外的其他成分均符合 ZL110 标准的合金,记为 DJ110。测定 DJ110 合金的耐磨性,并与熔配的 ZL110 比较。耐磨性试验是在 MM200 型磨损试验机上完成的,合金成分及磨损开始剥落时间列于表7-5,数据为多次试验加权平均值。结果表明，DJ110 耐磨性超出 ZL110 两倍以上。

表 7-5　DJ 合金耐磨性试验结果

合金名称	合金化学组成（质量分数）/%							磨损开始剥落时间/h
	Si	Cu	Mg	Ti	Fe	其他杂质	Al	
ZL110	5.5	5.6	0.37		0.49	符合标准	余	6.9
DJ110	6.0	5.3	0.31	0.9	0.36	符合标准	余	24.0

7.1.3　活塞等零部件加工工艺条件

在工业条件下，用 DJ108 合金试制了 130 型汽车发动机的"212"活塞、"解放"活塞、"东风"活塞。用 DJ104 合金试制了 130 型汽车发动机的缸体、缸盖、曲轴瓦盖、飞轮壳、正时齿轮罩、水泵支架和水嘴等 7 种零件。目的是考核电解合金应用的加工工艺可行性。所用合金化学组成见表 7-6。

表 7-6　工业性试验所用合金化学组成（质量分数,%）

合金名称	Si	Cu	Mg	Mn	Ti	Fe	其他杂质	Al
DJ108(1)	11.6	1.4	0.78	0.6	0.6	0.46	符合标准	余
DJ108(2)	12.00	1.52	0.70	0.55	0.42	0.4	符合标准	余
DJ104	8.8		0.42	0.35	0.6	0.45	符合标准	余

零部件加工工艺条件见表 7-7。

表 7-7　零部件加工工艺条件

零件名称	所用合金	精炼温度/℃	浇铸温度/℃	铸造工艺	淬火（温度,时间）	时效(温度,时间)
"212"活塞	DJ108(1)	740~750	730~740	水冷铸铁模重力铸造	515℃,6h	195℃,9h
"解放"活塞	DJ108(1)	710~730	700~720	液态模锻	515℃,铸淬	200℃,7h
"东风"活塞	DJ108(2)	730~750	720~740	液态模锻	515℃,7h	195℃,9h
缸体、缸盖等	DJ104	740~750	730~740	砂芯低压铸造	535℃,5h	165℃,11h

7.1.4 产品质量检验

7.1.4.1 宏观晶粒度检查及金相显微组织分析

宏观组织分析发现,熔配的 ZL108 合金液态模锻活塞柱状晶明显,薄壁之处甚至可见穿晶。而 DJ108 合金,不论是液态模锻或重力浇铸的活塞均不见柱状晶,而且晶粒匀细,符合国家宏观检验标准 2 级以上。

金相显微组织分析表明:DJ108 或 DJ104 合金零件无论液锻或重力铸造,未经钠盐变质处理的共晶硅晶粒都与经钠盐变质处理具有同样的细化效果,均被细化呈点状。液锻活塞比重力浇铸活塞的 α 相基体晶粒更为细小,其针状 $TiAl_3$ 相的尺寸也更小,且有折断现象。这表明电解合金采用液态模锻工艺更为有利。

7.1.4.2 力学性能试验

从活塞的顶部和缸盖原壁部分切取试样,加工成试棒。测试其常温力学性能和300℃下保温 30min 时的抗拉强度及伸长率,结果分别与熔配合金制造的零件进行比较。数据列于表 7-8。数据表明,电解合金试制的发动机零件,其常温机械强度,特别是高温机械强度优于熔配合金零件。

表 7-8 电解合金发动机零件力学性能与熔配合金零件的比较

零件名称	所用材料	常温力学性能				300℃力学性能	
		σ_b/MPa	δ/%	HB	α_k/kJ·cm^{-2}	σ_b/MPa	δ/%
"212"活塞	DJ108	286	0.32	128	3.6		
	ZL108	280	0.7	115	3.8		
"解放"活塞	DJ108	290	0.60	125	3.8	95	3.2
	ZL108	285	0.8	120	4.0	72	3.8
"东风"活塞	DJ108	283	0.52	123	4.0		
	ZL108	283	0.74	117	4.2		
汽缸盖	DJ104	276	2.0	75			
	ZL104	270	2.5	73			

7.1.4.3　切削性能试验

切削试验结果表明：电解合金零件和熔配合金零件的主切削力均为 45 号钢的 30% 左右，进刀量和排屑情况二者没有明显差别，从切削力和加工表面光洁度衡量，两种合金零件的切削加工性能基本相同。

7.1.4.4　零件铸造加工成品率

电解合金试制的零件成品率与熔配合金零件正常生产期成品率年平均值的比较列于表 7-9。数据表明，电解合金零件成品率完全满足工业生产要求。

表 7-9　电解合金零件成品率与传统生产成品率年平均值的比较

零件名称	"212"活塞	"解放"活塞	"东风"活塞	汽缸体	汽缸盖
电解合金成品率/%	96	100	100	80	75
传统生产年成品率/%	90 ~ 95	≥95	≥95	70 ~ 80	60 ~ 70

7.1.5　600h 台架及 50000km 和 150000km 整车使用试验

7.1.5.1　600h 台架试验

用 DJ108 合金试制的"东风"活塞装于"东风"发动机，按 GB 1105—74 试验规范进行了 600h 台架试验。为了对比，在同台发动机中的第 1、3、5 缸装熔配的 ZL108 合金活塞，第 2、4、6 缸装 DJ108 合金活塞。经 600h 试验后，对活塞易磨损部位的尺寸进行检测，结果列于表 7-10。显然，电解合金零件耐磨性远高于熔配合金零件。

表7-10 600h台架试验结果

活塞材料	缸号	销孔最大磨损/mm	第一道气环槽磨损/mm			裙部刀纹磨损/mm
			最大	平均	环槽与环平均边隙	
DJ108	2	0.012	0.021	0.016	0.107	0~0.003
	4	0.005	0.021	0.013	0.09	
	6	0.008	0.026	0.02	0.15	
	平 均	0.008	0.023	0.016	0.116	
ZL108	1	0.032	0.036	0.025	0.159	0.006~0.01
	3	0.012	0.021	0.021	0.121	
	5	0.017	0.042	0.019	0.104	
	平 均	0.020	0.033	0.022	0.128	

7.1.5.2 50000km整车使用试验

用DJ108合金重力浇铸的"212"活塞和DJ104合金低压铸造的缸体、缸盖等零件,安装于ZZ130型2t载重汽车进行50000km运货使用试验(实际行驶50863km)。然后对试验零件宏观及磨损部位进行观察、鉴定和精密测量。结果表明:电解合金的缸体、缸盖、曲轴瓦盖、飞轮壳、水嘴、水泵架、正时齿轮罩等均无变形和裂纹;发动机功率未降,单位里程油耗未增加;行驶过程中发动机温升始终未超过85℃,整车仍继续使用。其他数据列于表7-11。

表7-11 整车行驶50000km后的有关测量数据

测量部位		磨损部位平均磨损量/mm				活塞第一道环槽边隙/mm
		缸体挺杆孔	活塞销孔	活塞裙部	活塞第一道环槽	
零件材料	电解合金	0.007	0.002	0.095	0.073	0.12
	熔配合金	0.02	0.017	0.10	0.12	0.16
工作温度/℃		40~60	约150		约250	

7.1.5.3 150000km整车使用试验

用DJ108合金液态模锻的"解放"活塞安装于JS-140型80座客

车进行150000km长途客运使用试验（实际行驶148716km）。第一环槽与活塞的边隙是影响活塞使用寿命的关键因素，因此，实验过程中先后5次进行拆检，主要检查活塞第一道气环槽与环的边隙因磨损和冲击而增大的情况。检查结果列于表7-12。数据表明，DJ108活塞行驶近150000km仍可继续使用。

表7-12 DJ108"解放"活塞第一环槽与活塞边隙拆检结果（mm）

行驶里程/km		0	39177	75966	104831	120024	148716
缸号	1	0.02	0.08	0.15	0.19	0.20	0.21
	2	0.03	0.08	0.13	0.18	0.19	0.20
	3	0.03	0.07	0.12	0.16	0.18	0.19
	4	0.03	0.07	0.11	0.15	0.17	0.18
	5	0.05	0.05	0.10	0.17	0.18	0.20
	6	0.02	0.05	0.11	0.15	0.18	0.19

分别安装DJ108活塞和熔配的ZL108活塞的两台车，当行驶里程相近时进行拆检，平均每行驶10000km活塞磨损量的比较见表7-13。数据表明，电解合金活塞每10000km磨损量约比熔配合金活塞低30%。

表7-13 不同活塞材料的通道客车平均10000km活塞磨损量的比较

车 号	活塞材料	平均10000km磨损量/mm
41316	DJ108	0.00739
41343	ZL108	0.01098
41429	ZL108	0.01014

上述一系列数据表明：电解的铝硅钛合金用于汽车发动机中的铸铝件，其铸造和加工性能与传统的熔配合金没有明显差别，但其外观质量、显微组织结构、力学性能特别是高温性能、产品成品率等都优于熔配合金。根据实验结果可以断定：用电解的铝硅钛合金作为汽车发动机活塞材料可使活塞寿命提高30%左右。

7.2 电解铝硅钛合金用于柴油发动机活塞

活塞是发动机的重要部件，工作环境恶劣，要求采用热稳定性好的轻质热强铝合金。柴油发动机的工作环境比汽油机更为恶劣，对活塞的技术性能要求更为苛刻。国外普遍采用含 1.3% 左右 Ni 和 0.2% 左右 Ti 的耐热铝合金，但这种材料价格较贵，铸造性能较差。我国常用的 ZL108 合金，不含 Ni 和 Ti，高温强度低，不能满足新型柴油机对活塞性能的要求。国内稍后出现的 66-1 稀土耐热铝合金虽然提高了高温强度，但因铸造性能差，铸造废品率高，推广遇到困难。为了探索新的更价廉物美的活塞材料，同时进一步验证电解合金的优良性能，开展了电解铝硅钛合金用于柴油发动机活塞的研究[2]。

7.2.1 合金铸造性能和活塞铸造工艺

7.2.1.1 合金成分的确定

仍然在工业条件下用电解的铝硅钛中间合金（AST）调配成活塞合金，除 Ti 以外，其他成分均符合 GB1173 中 ZL108 的要求，记作 DJ108。从第 6 章和 7.1 节的叙述可知，少量 Ti 可以细化铝及各类铝合金的晶粒，提高其强度和塑性。Ti 还是铝中热强元素，在铝合金中形成高熔点化合物，强化铝基体，提高合金高温强度和耐磨性[3]，并为采用更接近活塞温度的时效热处理规范提供了条件，从而改善活塞体积稳定性[4]。因此国外耐热铝合金普遍含 0.2% ~ 0.3% 的 Ti。但 Ti 含量过多则容易出现粗大针状组织，使合金变脆，强度下降；同时合金液流动性下降；铸造性能变差[5]。因此，我们将试验用柴油机活塞合金含 Ti 量控制在 0.3% 以下。合金组成见表 7-14。

表 7-14　用于实验的柴油机活塞合金化学组成

合金名称	化学组成（质量分数）/%							
	Si	Mg	Cu	Mn	Ti	Fe	其他杂质	Al
DJ108	12.05	0.80	1.29	0.42	0.21	0.30	符合标准	余

7.2.1.2 合金的铸造性能

对 DJ108 活塞合金的铸造性能主要考察流动性、线收缩率和抗热裂性三个指标，并与熔配的 ZL108 合金进行比较。

A 流动性

采用单螺旋流动性测试装置测定合金流动性。每炉合金在同一浇铸温度下浇铸 3 个试样，取其流动螺旋线长度的算术平均值作为合金流动性标识。结果表明 DJ108 和熔配的 ZL108 合金具有相同的流动性，数据见表 7-15。

表 7-15 合金流动性测定结果

合金名称		DJ108	ZL108
螺旋线长度/mm	范 围	1204 ~ 1329	1218 ~ 1271
	平均值	1254	1249

B 铸造线收缩率

采用 ZSX 铸造合金收缩仪测定合金的自由铸造线收缩率。结果表明上述两种合金自由线收缩率相近，电解合金收缩率更低一些，数据见表 7-16。

表 7-16 合金自由铸造线收缩率测定结果

合金名称	浇铸温度/℃	线收缩率平均值/%
DJ108	710	1.19
ZL108	710	1.23

C 抗热裂性

采用 ZSR 合金热裂倾向性测定仪测定合金的热裂倾向。结果表明上述两种合金最大热应力均为 11000N，都不出现热裂，同样具有良好的抗热裂性[6]。

7.2.1.3 活塞铸造工艺

综合对比两种合金的铸造性能，DJ108 和 ZL108 基本相同。可以不改变现有生产条件，使用现有金属型和铸造工艺浇铸活塞毛坯。用表 7-14 的 DJ108 合金，水冷金属型上抽芯模具，在工业生产条件下浇铸了 95 型和 105 型两种柴油机活塞。合金液在 700℃经 C_2Cl_6 除气，720℃三元变质，720℃浇铸。为了对比，在同样条件下浇铸了 66-1 稀土耐热铝合金活塞和普通 ZL108 合金活塞。三种活塞热处理工艺见表7-17。

表7-17　各种活塞热处理工艺

活塞材料	活塞型号	热处理工艺	试样批号
DJ108	105 型（钠变质）	510℃6h 水淬 +200℃6h 空冷	1
	105 型（磷变质）	510℃6h 水淬 +200℃6h 空冷	2
66-1 稀土铝合金	105 型（生产）	490℃6h 水淬 +180℃6h 空冷	3
	105 型（试制）	510℃6h 水淬 +210℃6h 空冷	4
ZL108	95 型	490℃6h 水淬 +180℃6h 空冷	5

7.2.2　活塞的力学性能

从活塞顶部直接截取试样毛坯加工成抗拉试棒，分别测定常温抗拉强度 σ_b 和高温抗拉强度 $\sigma_b^{300℃}$。高温抗拉强度试验规范为（300 ± 3）℃下保温 30min 后，以变形速度 0.1 ~ 0.3%/min 加载至断裂。同时还测定了活塞顶部的硬度 HB。为了对比，在同样条件下测定了 66-1 稀土耐热铝合金活塞和传统的 ZL108 合金活塞的硬度、常温和高温强度。测定结果列于表7-18。表中试样批号和热处理工艺等与表 7-17 保持一致，数据为多次测量的加权平均值。

表7-18　不同活塞力学性能的比较

试样批号	DJ108		66-1 稀土合金		ZL108	德国 Mahlel24	日本 ART 活塞	GB/T 1148—1993
	1	2	3	4	5			
σ_b/MPa	244.7	229	221	207.5	262.5	215	260	≥200
$\sigma_b^{300℃}$/MPa	95.5			90	78	90	84	≥70
HB	105 ~ 115					100	120	95 ~ 140

数据表明，DJ108 合金活塞的常温和高温强度均高于 66-1 稀土耐热铝合金活塞；前者成品率远高于后者。与 ZL108 合金活塞相比，DJ108 合金活塞高温强度高出 25% 左右，常温强度低 10% 左右。但这是在 ZL108 合金活塞直径小（95 型），所采用的热处理时效温度较低（180℃）的条件下测得的数据，如果将 ZL108 合金活塞放大至 105 型，也经过 200℃ 高温稳定化时效，可以推断，其高温强度比

DJ108 合金活塞会有更大的差距，常温强度也会有所下降。

7.2.3 活塞的体积稳定性

测量活塞顶部垂直和平行于销孔方向的直径尺寸在 250℃ 加热 4h 前后的变化，将垂直和平行方向直径变化百分率的平均值定义为活塞体积稳定性。用 DGY-Ⅲ 型活塞中凸曲线测量仪测量活塞固定直径，精确度为 1μm。测量条件为：环境温度 20.5 ~ 21.0℃，测量前活塞在恒温室放置 24h，然后用鼓风箱式电阻炉加热至 250℃ 保温 4h，经空冷和炉冷，分别测量其直径变化，计算体积稳定性。多次测量结果的数据分布范围见表 7-19。显然，DJ108 合金活塞体积稳定性优于 66-1 稀土铝合金活塞。

表 7-19 不同活塞体积稳定性比较

活塞材料	活塞体积稳定性/%	
	空　冷	炉　冷
DJ108	0.009 ~ 0.01	0.016 ~ 0.025
66-1 稀土耐热合金	0.007 ~ 0.016	0.034 ~ 0.038
德国 Mahlel24		≤0.025
日本 ART 活塞公司		≤0.025
标准 GB/T 1148—1993	≤0.03	≤0.03

7.2.4 活塞的宏观组织和金相组织

随机抽取 DJ108 合金活塞，沿对称面切开，取其断面，用热浸蚀法显示断面宏观组织，均未发现显微疏松、气孔和针孔之类缺陷，说明铸件致密，所用熔炼和浇铸工艺能保证获得合格毛坯[7]。

从 DJ108 合金活塞顶部取样做金相组织分析，其中共晶硅异常细小，均匀分布在 α-Al 相的基体中，未观察到硅粗大针状组织。钛相也不同于常见针片状组织，而是呈钝头杆状。产生这种组织的机理有 3 种解释[8,9]：第一种观点认为 AST 中间合金中所含 K、V、RE、Ga、Ca 和 Na 等元素具有抑制钛相生成粗大针状组织的倾向，并具有强烈的变质作用；第二种观点认为主要是电解工艺的特殊合金化过程，使 Ti 在合金液中的分布特别弥散、均匀，结晶过程不易形成 $TiAl_3$ 的粗大晶体，而在紧接着的 650℃ 包晶反应过程中，细小的针状 $TiAl_3$ 得以钝化，形成细小的钝头杆状；第三种观点则认为这两种作用同时存在。无论机理怎样，客观存在的这种组织起到了改善制品性能的作用。

7.2.5 台架试验和装车使用试验

试制的 DJ108 合金 105 型活塞在河南某柴油机厂完成台架试验。将活塞装在标定功率为 11kW（15 马力）的 ZH1105W 型柴油机上，用 D150 型测功器进行测试。装机后经过余热磨合，柴油机均能达到很好的动力性能，在室温 34℃ 时，实测的最大功率可达 12.5kW 以上，相当于标准状态下 13.23kW。经过 1h 110% 标定功率的超负荷运转，并经过数次突加满负荷和突卸负荷的冲击试验后，运转一切正常。拆机后检查活塞裙部，几乎看不出有摩擦痕迹。由此可以推断，电解的 DJ108 合金活塞比传统的 ZL108 活塞耐磨性好，线膨胀系数小，是一种理想的柴油机活塞。

将 105 型 DJ108 合金活塞安装在小四轮拖拉机上，交付农民用于田间耕作和农村运输，并跟踪检查。通过 1 年的装机使用试验，平均每天工作 8h 以上，试验期间回厂检查 2 次，运行状态一直良好。一年各种工况的使用试验结束后，柴油机上台架复试，各项性能指标与试验前相似。拆检没有发现有烧蚀等不正常现象，表明该活塞有良好的耐热性；从磨损情况看，受力大的部位略有摩痕，受力小的部位加工刀纹还清晰可见，说明这种活塞热稳定性好、强度高、耐磨性好。拖拉机手在使用过程中体会到，这种活塞装机后使用性能良好，功率充足，容易启动。当试验活塞使用一年后换下来，又装上传统的熔配合金活塞时，明显感到功率不如以前。

上述一系列数据表明，电解铝硅钛合金用于柴油发动机活塞，无论材料质量、加工工艺以及 DJ108 柴油机活塞各项性能都能满足国家标准要求，其性能优于目前国内使用的其他柴油机活塞。

7.3　电解铝合金在其他方面的应用研究

7.3.1　电解铝硅钛合金用于汽车及摩托车轮毂

目前，世界各国铝合金汽车轮毂大多采用熔配的美国铸造铝合金牌号 A356，其化学组成与我国 GB 1173—1995 中的 ZL101A 相似。用电解的铝硅钛（AST）中间合金调配成分，使之符合 ZL101A 合金的要求，记作 DJ101，在工业条件下浇铸并加工成汽车轮毂[10]。几种材料的化学组成见表 7-20。

表 7-20　几种汽车轮毂材料的化学组成

轮毂材料名称	化学成分（质量分数）/%									Al
	Si	Mg	Ti	Fe	Cu	Mn	Zn	其他元素		
								每种	总量	
A356.1	6.5 ~ 7.5	0.30 ~ 0.45	≤ 0.20	≤ 0.15	≤ 0.20	≤ 0.10	≤ 0.10	≤ 0.05	≤ 0.15	余量
ZL101A	6.5 ~ 7.5	0.25 ~ 0.45	0.08 ~ 0.20	≤ 0.2	≤ 0.1	≤ 0.1	≤ 0.1		≤ 0.7	
AST	9.3		0.55	0.66		0.04	0.02			
DJ101 (1)	7.15	0.31	0.12	0.13	0.03	0.05	0.05			
DJ101 (2)	6.6	0.28	0.12	0.17						
DJ101 (3)	6.7	0.26	0.10	0.21						

表 7-21 给出了普通熔配的 ZL101A 与 DJ101 两种成分相似的合金力学性能的差别。数据表明，DJ101 的强度、伸长率和冲击韧度均优于 ZL101A。其中 DJ101（3）的含 Fe 量已超过标准要求上限，除伸长率略有下降外，其他性能仍超过 ZL101A。可见，电解铝硅钛合金明显改善了铝合金性能，尤其是减轻铁相脆化铝合金的作用，提高了材料的塑性和韧性[11]。这与电解的铝硅钛合金具有铁相和钛相自变质作用有关。

表 7-21　DJ101 合金的力学性能

材料名称	抗拉强度/MPa	伸长率/%	硬度 HB	冲击韧度/J·cm^{-1}
熔配 ZL101A	215	13.5	68	31.0
DJ101（2）	224	13.7	76	39.0
DJ101（3）	233	12.7	80	35.9

在工业条件下用表 7-20 中的 DJ101（3）试制一批汽车轮毂，从轮毂本体取样测定力学性能，不同材料和铸造工艺的轮毂力学性能的比较见表 7-22。

表 7-22　不同材料和铸造工艺的轮毂力学性能的比较

轮毂材料	铸造工艺	热处理工艺	抗拉强度/MPa	屈服强度/MPa	伸长率/%	硬度 HB
熔配 ZL114A	半固态锻造	T7	290	214	10	90
熔配 ZL101A	低压铸造	T6	235 ~ 270	125 ~ 150	12 ~ 17	68
DJ101(3)	低压铸造	T6	305 ~ 350	224 ~ 267	10 ~ 12	92

DJ101 合金轮毂的疲劳寿命长，冲击韧度好，可以经受住倾斜 30°冲击试验，远远超过普通熔配的 ZL101A（或 A356）合金轮毂。数据见表 7-23。

表 7-23　DJ101 合金轮毂的冲击韧度和疲劳寿命

轮毂材料		DJ101(2)	DJ101(3)	A356.1
冲击韧度	13°	>256mm × 6000kN	>270mm × 6000kN	>230mm × 6000kN
	30°	>230mm × 1010kN	>230mm × 1010kN	
疲劳寿命（失效转数）		>2 × 10^5	>2 × 10^5	

在另一组试验中，1/3 的炉料采用 DJ101 合金，其余 2/3 为回炉料，采用 Al-10Sr 合金为变质剂，Sr 含量为 0.003%，远低于正常范围。但轮毂的抗拉强度、伸长率和冲击韧度仍比常规的高得多。可见电解合金的优越性能具有很强的遗传性。

用表 7-20 中的 DJ101(1)合金在泰安大地精工制造公司生产了一批汽车轮毂，按他们出口产品检验规范进行质量检测，全部合格。其中弯曲疲劳测试施加弯矩值为 2858N·m，试验转数为 1425r/min，结束时螺栓扭矩为 120N·m。达到循环次数 15 万次未发生任何异常（标准为 10 万次）。冲击测试，轮胎充气压力 200kPa，冲击重量 5600~7500kN，冲击高度 230mm，轮辋被冲击宽度 2.5cm，冲击点为轮缘，测试结果完全能承受此冲击力。测得屈服强度为 224.1~276.2MPa，抗拉强度为 304.3~350.2MPa，伸长率为 9.50%~12.50%，弹性模量为 62347.4~80117.3MPa。金相分析结果表明，变质正常，α 枝晶与共晶硅粒度和分布均匀，共晶硅呈点状、颗粒状或短杆状，粒度较细；过烧检验结果表明，组织正常，共晶硅边角已圆滑，并无聚集长大现象。所有这些性质均优于常规铝合金轮毂。

7.3.2   电解铝硅钛合金在摩托车发动机上的应用

国内摩托车生产能力和产量飞速发展，日益扩大的国内市场和国际（特别是东南亚各国）市场对摩托车需求量不可限量。摩托车主要零部件都使用铝硅类合金制造，对铝硅类合金的质量和数量提出了越来越高的要求。

摩托车发动机的左右曲轴箱体、箱盖和缸头等零部件通常采用 ZL111（中国牌号）、ADC12（日本牌号）或 A356.0（美国牌号）等合金制造。用电解的铝硅钛中间合金分别按 ADC12 和 A356.0 的要求进行成分调配[12]，获得成分与其接近的两种合金，分别记为 ADC12（电解）和 A356（电解）。五种合金的化学组成见表 7-24。

表 7-24   五种摩托车零部件铝合金化学组成（质量分数,%）

合金名称	Si	Mg	Cu	Ti	Mn	Fe	Al
ZL111	8.0~10.0	0.4~0.6	1.3~1.8	0.1~0.35	0.1~0.35	≤0.4	
A356.0	6.5~7.5	0.25~0.45	≤0.20	≤0.20	≤0.1	≤0.20	
ADC12	9.6~12.0	≤0.3	1.5~3.5			≤1.3	余量
A356（电解）	6.90	0.37	1.0	0.13		0.12	
ADC12（电解）	11.9	0.006	2.39	0.16		0.22	

7.3.2.1 铸造工艺性能的比较

将 ADC12（电解）和 A356（电解）两种合金分别在工业石墨坩埚电阻炉内化清并升温至 740~750℃，加复合精炼剂进行精炼。然后，ADC12（电解）静置至 700~720℃出炉浇铸；A356（电解）则静置至 710~730℃出炉浇铸。按常规熔配的 ADC12 和 A356.0 合金的处理和浇铸方法分别与以上两种电解合金相同。

按照 JB2330—88 和 JB4022—85 标准对上述合金的流动性、线收缩率及热裂倾向性进行测试并比较。流动性测定采用 ZLL-1500B 型单螺旋合金流动性测试仪，线收缩率测定采用 ZSX 铸造合金线收缩仪，热裂倾向性测定采用 ZSR 合金热裂倾向性测定仪。测定结果见表 7-25。

表 7-25　几种合金的铸造工艺性能对比

合金名称	浇铸温度/℃	流动性/mm	线收缩率/%	抗热裂性
ADC12（电解）	720	1470	1.083	
普通 ADC12	720	1170	0.9~1.0	无裂纹
A356（电解）	730	1200	1.25	
普通 A356.0	730	810	1.1~1.2	

结果表明，两种电解合金的热裂倾向性及自由线收缩率与熔配合金无明显差异，但流动性能 ADC12（电解）比普通 ADC12 提高25%，A356（电解）比普通 A356.0 提高48%。说明电解合金流动性明显高于熔配合金，具有良好的充填成形能力。生产实践中证明电解合金具有优良的铸造性能，用电解合金浇铸的铸件成形好，轮廓清晰，未发现有浇不足的缺陷。

7.3.2.2 显微组织的比较

对表 7-24 中五种合金进行金相分析和比较，两种电解合金组织中树枝状 α 相枝晶发达、细密，硅相特别细小，而熔配的铝硅合金硅相呈粗大的针片状。不同合金金相组织照片如图 7-1 所示。

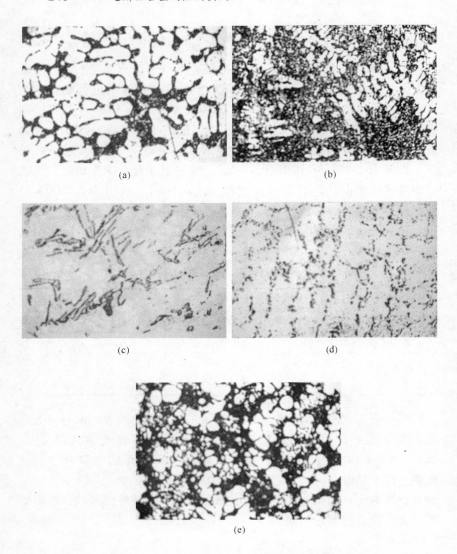

图 7-1 AST 合金显微组织与熔配合金的比较

（a）A356（电解）的显微组织（×100）；（b）ADC12（电解）的显微组织（×100）；

（c）普通 A356.0 的显微组织（×100）；（d）电解合金缸头的显微组织（×100）；

（e）电解合金箱体的显微组织（×100）

7.3.2.3 耐腐蚀性能的比较

为了考察电解合金的耐腐蚀性能，将其成分调配成与 ZL111 合金相近，记为 DJ111，并与熔配的 ZL111 进行比较。为了了解 Mg、Cu 和 Ti 等合金元素对抗腐蚀性能的影响，改变 Mg、Cu 和 Ti 含量，制备 3 种 DJ111 试样，将其放置在盐雾箱内，于 10h、24h、48h、96h 各取出一组试样称重（精确至 1/10000g），用单位面积失重评价材料的抗腐蚀性，失重量越低则抗腐蚀性越强。合金组成及抗腐蚀实验结果见表 7-26。

表 7-26　合金组成及抗腐蚀性能

合金名称	化学成分(质量分数)/%				腐蚀试验失重/mg·m^{-2}			
	Mg	Cu	Ti	其他元素	10h	24h	48h	96h
DJ111(1)	1.5	1.0	0.3	符合 GB 1173	1.5	2.7	7.3	12.6
DJ111(2)	1.5	2.0	0.6		2.9	5.0	12.1	21.2
DJ111(3)	1.0	1.0	0.9		5.6	9.3	16.5	21.5
熔配 ZL111	0.4~0.6	1.3~1.8	0.10~0.35		10.3	16.3	23.3	35.7

测试过程中观察到的现象是：熔配的 ZL111 合金试样在 6h 就开始出现少量黄色蚀坑，此后逐渐增多，至 24h 蚀坑几乎占合金表面的 50%，至 96h 合金绝大部分表面形成一层较厚的黑色腐蚀产物。而与之对比的电解合金（DJ111）试样大约在 10h 才出现少量表面蚀坑，但仍保持金属光泽，随时间延长，蚀坑逐渐增多，至 96h 试样大部分表面变成薄薄一层黑黄色腐蚀产物。所以无论从表 7-26 的数据或观察到的现象，都表明电解合金的抗腐蚀性能比熔配的合金强得多。

7.3.2.4 力学性能的比较

对 ADC12（电解）和 A356（电解）两种合金做了常温力学性能测试，还测定了 A356（电解）合金在 300℃下的抗拉强度 σ_b 和伸长率 δ。结果列于表 7-27。

表 7-27   电解合金的常温和高温力学性能

合金名称	热处理工艺	测试温度/℃	σ_b/MPa	δ/%	硬度 HBS
ADC12（电解）		室　温	252	5.00	85
A356（电解）	T6		285	2.50	85
A356（电解）		300	92	10.5	

数据表明，电解合金的室温力学性能与熔配合金相当，但高温强度比熔配合金约提高 15%。

用上述 ADC12（电解）和 A356（电解）合金，按传统浇铸工艺，在工业生产条件下分别浇铸了 150FM100 型摩托车发动机左右曲轴箱体、右曲轴箱盖和缸头等零部件，铸件成形性好，表面光亮，经机加工后组装成发动机，抽样送国家摩托车质量监督检验中心进行强化台架检验，性能指标全部符合现行国家和行业标准，特别是燃油消耗率和污染物排放量显著下降，综合性能优于传统材料的发动机。

7.3.3 电解铝硅钛合金用于汽车进气歧管和高压电器部件

汽车进气歧管通常用 ZL104 合金铸造，为了考察电解的铝硅钛合金用于汽车进气歧管，将铝硅钛中间合金调配成接近 ZL104 合金成分，记作 DJ104。其化学组成和力学性能列于表 7-28，并与 ZL104 标准进行比较。

表 7-28   DJ104 化学组成和力学性能

合金名称	化学组成（质量分数）/%						常温力学性能	
	Si	Mg	Mn	Ti	Fe	其余元素	σ_b/MPa	δ/%
DJ104	9.0 ~ 10.1	0.14 ~ 0.28	0.32 ~ 0.35	0.17 ~ 0.28	0.35 ~ 0.6	符合 GB 1173	203 ~ 232	1.6 ~ 2.0
ZL104 标准	8.0 ~ 10.5	0.17 ~ 0.35	0.2 ~ 0.5	≤0.15	≤0.6		≥192	1.5

注：郑州轻金属研究院、一拖东方实业公司技术实验报告：《用电解铝硅钛合金批量生产 462Q 进气歧管》。

数据表明 DJ104 力学性能达到或超过标准要求。将该合金在洛阳拖拉机厂批量浇铸成汽车进气歧管，并装车使用，结果表明：DJ104

合金化学成分稳定可靠，具有良好的铸造性能和细化结晶组织的作用，因此大大降低了铸造缺陷，特别是缩松缺陷比原来熔配的 ZL104 下降50%，漏水率下降30%。通过时效处理，其力学性能比原来所用 ZL104 稳定提高，优良的综合性能获得了用户的一致好评。

六氯化硫断路器瓷套用法兰、机座和帽等高压电器部件，通常用 AS7G06 铝合金铸造。用电解的铝硅钛中间合金调配成接近其成分的合金，记作 DJG06。化学组成见表 7-29。

表 7-29   用作高压电器的 DJG06 合金化学组成

元　素	Si	Mg	Ti	Fe	Cu	Zn	Mn	Al
质量分数/%	6.5 ~ 7.5	0.45 ~ 0.6	0.1 ~ 0.2	≤0.2	≤0.1	≤0.1	≤0.1	余量

用该合金浇铸成上述高压电器部件，从铸件本体取样，分别测试了抗拉强度、伸长率、硬度、针孔度、金相组织，并进行了水压试验。结果表明各项性能指标均达到或超过用熔配法合金生产的同类铸件。

电解的铝硅钛合金应用试验研究还有很多，比如耐磨铸件和高性能变形铝合金制品等，都得到了很好的评价，在此不一一赘述。

电解法生产铝合金要在更广泛范围内较快普及还需付出一定努力。问题不单纯是技术性的，甚至主要不是技术性的，需要期待生产习惯的改变，观念的更新，新的评价理念的建立。比如电解法生产铝硅钛合金，人们习惯只看电解这一步，将电解合金与电解纯铝相比，发现电流效率稍有下降，单位产品电耗稍有增加，就过分地估计了它的困难，而忽略了硅钛氧化铝比冶金级氧化铝生产容易、减少合金熔配次数以及改善合金性能等因素。并且习惯将装备水平尚不完善的工业试验指标直接与成熟的大规模工业生产指标进行比较，而忽略新技术随着规模的扩大和实践经验的积累，各项技术经济指标存在较大潜力。这样，无形中给电解法生产铝合金新技术的开发增加了阻力。

电解法生产铝合金，除在改善合金性能、充分利用当地资源、缩短合金生产流程等方面有实际意义之外，还有学者提出了更长远的设想。比如，随着太阳能发电技术的进一步开发以及熔盐电解惰性阳极技术的成熟，就可以充分利用月球上丰富的太阳能和铝硅酸盐矿物资源，在月球上用电解法生产铝合金，在获得铝合金结构材料的同时，获得人类在月球上生活所必需的大量氧气。

呼吁全社会对电解法生产铝合金的技术领域给予足够的关注，让它为合金材料的技术进步做出更大的贡献。

参 考 文 献

[1] 杨冠群，等. 铝矿处理并直接电解生产铝硅钛合金（3）[J]. 有色金属（冶炼部分），1994（3）：8～10.

[2] 杨涤心，杨留栓，等. 铝硅钛多元合金在柴油机活塞中的应用[J]. 热加工工艺，1994（2）：19～21.

[3] 杜晓晗，翁永刚，等. 不同加钛方式对 ZL108 合金磨损性能的影响[J]. 郑州大学学报（理学版），2007，39（1）：79～83.

[4] 潘熏汉，等. 有关内燃机铸造铝活塞材质及其热处理规范的探讨[J]. 特种铸造及有色合金，1992（3）：26.

[5] 王丰，贾振艳. 含钛铸造 Al-Si 合金活塞粗晶断口分析[J]. 特种铸造及有色合金，1992（4）：11.

[6] 刘文才，等. 电解加钛改善活塞合金 ZL108 的疲劳裂纹扩展性能[J]. 轻金属，2006（6）：45～49.

[7] 鲁薇华，杨涤心，王汝耀，等. 电解 Al-Si-Ti 合金金相组织和性能[J]. 特种铸造及有色合金，1999（1）：10～12.

[8] 王汝耀，鲁薇华. 电解 Al-Si 合金自变质显微组织及力学性能[J]. 特种铸造及有色合金，2007，27（1）：35～39.

[9] 杨涤心，李杏瑞. 电解铝硅钛合金的特性[J]. 热加工工艺，2004（9）：56～57.

[10] 杨涤心. 新型铝硅钛压铸合金的应用研究[J]. 热加工工艺，1999（2）：44～45.

[11] 岑昆，等. 电解低钛铝制备 A356 合金动态断裂韧性研究[J]. 郑州大学学报，2006（3）：56～61.

[12] 杨留栓，杨涤心. 新型铝硅钛多元合金在摩托车发动机上的应用[J]. 热加工工艺，1999（4）：54～56.

冶金工业出版社部分图书推荐

书　　名	定价（元）
有色金属行业职业技能培训丛书	
铝电解技术问答	39.00
有色金属行业职业教育培训规划教材	
铝电解生产技术	39.00
铝加工技术实用手册	248.00
预焙槽炼铝（第3版）	89.00
现代铝电解	108.00
铝电解（第2版）	25.00
电解铝生产工艺与设备	29.00
原铝及其合金的熔炼与铸造	59.00
铝合金熔铸生产技术问答	49.00
铝用炭阳极技术	46.00
铝电解炭阳极生产与应用	58.00
铝电解槽非稳态非均一信息模型及节能技术	26.00
现代铝加工生产技术丛书	
铝及铝合金粉材生产技术	25.00
铝合金特种管、型材生产技术	36.00
铝合金阳极氧化工艺技术应用手册	29.00
氧化铝生产知识问答	29.00
氧化铝生产设备	39.00
氧化铝生产工艺	26.00
有色金属冶金学	48.00
有色冶金分析手册	149.00
轻金属冶金学	39.80
有色金属资源循环利用	65.00
常用有色金属资源开发与加工	88.00
有色冶金工厂设计基础	24.00